保山蚕桑志

保山市农业技术推广中心
保山市农业科学研究所 编

云南大学出版社
YUNNAN UNIVERSITY PRESS

图书在版编目(CIP)数据

保山蚕桑志 / 保山市农业技术推广中心，保山市农业科学研究所编. -- 昆明：云南大学出版社，2021

ISBN 978-7-5482-4393-9

Ⅰ. ①保… Ⅱ. ①保… ②保… Ⅲ. ①蚕桑生产—概况—保山 Ⅳ. ①S88

中国版本图书馆CIP数据核字(2021)第184051号

保山蚕桑志

BaoShan Cansang Zhi

保山市农业技术推广中心
保山市农业科学研究所 编

策划编辑：万 斌
责任编辑：万 斌
装帧设计：保山日报印刷有限责任公司

出版发行：云南大学出版社
印　　装：保山日报印刷有限责任公司
开　　本：889mm×1194mm 1/16
印　　张：22.5
字　　数：458千
版　　次：2021年12月第1版
印　　次：2021年12月第1次印刷
书　　号：ISBN 978-7-5482-4393-9
定　　价：98.00元

地　　址：云南省昆明市一二一大街182号(云南大学东陆校区英华园内)
邮　　编：650091
电　　话：0871-65031071 65033244
网　　址：http//www.ynup.com
E - mail：market@ynup.com

若发现本书有印装质量问题，请联系印刷厂调换，联系电话：0875-2122047。

《保山蚕桑志》

编委会

（排名不分先后）

前　言

盛世修志，传承后世。保山市农业农村局历届领导高度重视文化史志资料工作，到目前已累计编辑出版了《保山农牧业志》《保山地区种植业区划》《保山茶叶志》等，成就辉煌。在各级领导的关心重视下，在全体编委的辛勤劳动和广大蚕业同仁的大力支持下，《保山蚕桑志》就要出版了，这是我市农业史志工作的又一项重要成果。本书记载了公元前四世纪哀牢古国至2020年中华人民共和国成立71周年保山蚕业的发展历程，是一本深入了解和认知保山蚕桑的“活字典”。

本书按文稿内容侧重之不同，分为概述、大事记、丝绸之路、地理条件、桑树种植、家蚕饲养、加工与销售、行政管理、科技教育、人物十个部分，约35万字。由于历史久远，机构和人员变动较大，增加了资料收集难度，书中遗漏和谬误之处在所难免，特别是桑园面积、产量、产值等部分，因数据或欠失，或记载不准确，或因来源渠道不同、统计口径不一致，出现相互矛盾，所以本书在完整性、广泛性、系统性和严谨性方面均有不足之处，敬请各位学者和广大读者批评指正，并寄希望于有识之士今后能够查缺补漏、完善修改，继续把《保山蚕桑志》编写得更加全面细致、完美精彩！

《保山蚕桑志》编写出版工作得到了很多领导和前辈们的支持，也大量引用了许多老师的专著和论文中的资料，为了图文并茂，丰富多彩，本书还使用了编委们提供的许多照片，在此对有关作者表示衷心感谢！本书在编纂过程中还得到很多蚕桑行业同事们的大力支持，在此一并表示衷心感谢！

编委会

2021年2月7日

西南大学国家重点试验室博士生导师何佳宁等考察保山市古桑树资源后合影

（何佳宁　提供）

昌宁县田园镇的规范开槽桑地

（张晓露　提供）

试验示范区 （杨国育 提供）

隆阳区板桥镇左所村高产桑园 （范国明 提供）

隆阳区板桥镇西河村丰产桑园

国家茧丝办领导考察保山市蚕桑产业 （汪峰 提供）

上海援滇项目挂职领导隆阳区副区长在瓦房考察蚕桑产业精准扶贫（汪峰 提供）

云南省茧丝绸协会专家进行技术指导 （陈雪峰 提供）

云南省蚕桑体系首席科学家指导生产 （陈雪峰 提供）

隆阳区生产的彩色茧 （范国良 提供）

积极售茧，农、企双赢 （杨国育 提供）

精心选茧 （汪峰 提供）

并丝工艺 （汪峰 提供）

国家商务部、茧丝办领导视察指导工作 （汪峰 提供）

印度东北部贸易联合会前来考察 （汪峰　提供）

全市蚕桑工作现场推进会议 （汪峰　提供）

隆阳区2018年蚕桑生产工作会议 （汪峰　提供）

云南省现代农业蚕桑产业技术体系2013年保山市蚕桑现场观摩会(陈雪峰　摄)

云南省现代农业蚕桑产业技术体系2012年度工作总结与人员考评会议(陈松　提供)

颁发结业证书　(陈雪峰　摄)

强强联手合作发展 （汪峰　提供）

发展不忘回报社会，积极投入社会公益事业 （汪峰　提供）

百名养蚕女能手 （汪峰　提供）

序

保山史称永昌，地处云南省西部，外与缅甸山水相连，国境线长167.78千米，内与大理、临沧、怒江、德宏毗邻，总面积19637平方千米。辖隆阳区、腾冲市、施甸县、龙陵县、昌宁县一区一市三县，2019年末总人口263万人，实现地区生产总值（GDP）960.7亿元，农林牧渔业总产值321.4亿元，财政总收入105.8亿元；农村居民人均收入12499元，贫困人口减少4.54万人，脱贫攻坚成效显著。保山是云南历史上开发较早的地区之一，公元前四世纪保山先民就在这里建立了哀牢国，东汉设置永昌郡为全国第二大郡，西南丝绸之路创造了永昌的繁荣，今天这里又成为中国面向西南开放的重要"桥头堡"，必将再续辉煌。保山市位于东经98°25′～100°02′和北纬24°08′～25°51′之间，属亚热带季风气候，由于地处低纬高原，地形地貌复杂，形成"一山分四季，十里不同天"的立体气候。年均气温在14～17°C之间，无霜期290天以上，年活动积温4596～5893°C，雨量充沛，年降雨量1000～2100毫米。土壤多为黄壤、红壤、黄红壤，pH值4.5～7，土层深厚，有机质含量高。保山四季如春，夏无酷暑，冬无严寒，降水充沛，光照充足，土地肥沃，昼夜温差大，满足了蚕桑生产的独特要求，十分适宜桑树生长和家蚕饲养，造就了保山2000多年种桑养蚕悠久历史。保山是云南优质蚕茧、丝绸制品重要产地，"永昌绸"曾畅销东南亚，享誉四海。经过多年的努力，保山市已建立了从栽桑到养蚕，从蚕茧生产到丝制品加工销售的完整产业链，实现了传统产业与现代纺织工业的有机结合。近年来，随着"东桑西移"产业战略和"一带一路"建设的布局和实施，保山市的蚕桑产业有了大幅度的提升，全市现已建成年产蚕种30万张的企业1个，蚕茧收烘站12个，拥有自动缫丝生产线20组，白厂丝年生产能力达670吨。

近年来，保山市认真总结过去盲目发展的教训，按照"区域规划、规模发展、打造亮点、建设强乡重村"的指导思想发展蚕桑产业。2020年，全市5县（市、区）共有33个乡镇（街道）、190个村（社区）发展蚕桑；培育了12个蚕桑核心基地乡（镇），建成了73个蚕桑重点村，桑园面积累计达到16.56万亩，其中投产桑园15.45万亩，居全省第二位；以隆阳区、施甸县和昌宁县为主的蚕桑产业带基本形成，隆阳区和施甸县被商务部列为“国家级蚕桑基地”，昌宁县被云南省列为省级核心蚕桑基地县。

2019年全市养蚕12.42万张，产鲜茧5014.7吨，实现鲜茧产值1.95亿元，鲜茧产量在全省排名第三名，鲜茧产值在全省排名第五名；2020年保山市克服新冠肺炎疫情给茧丝绸市场带来的巨大冲击，全年养蚕9.85万张，产鲜茧3953.6吨，实现鲜茧产值1.43亿元。蚕桑产业已成为保山市广大山区农民增收致富、促进乡村振兴的重要产业。

这一时期，保山市紧紧抓住国家“东桑西移”、云南发展新定位的重大战略机遇，按照“围绕市场建基地、精深加工促提升、科技创新谋发展、开拓市场增效益”的发展思路，乘势而上，稳步推进，在建成16.56万亩蚕桑基地的基础上，充分发挥龙头企业作用，引领产业发展，开创缫丝及丝产品深加工，桑产业、副产品多元化开发为一体的现代蚕桑丝绸产业发展新格局。保山市已成长为全省产业链最长，加工规模最大，产品种类最多，“三产融合、文旅兼容”程度最高的产业化经营佼佼者，使千年“永昌丝”再次发出绚丽的光芒。

编委会

2021年2月7日

目　录

概　述

一、保山蚕业历史回眸……1
二、中华人民共和国成立后保山蚕桑业发展历程……3

大事记

一、中华人民共和国成立前……16
二、中华人民共和国成立后……17

第一章　丝绸之路

第一节　南方丝绸之路……31
第二节　西南丝绸之路……31
一、西南丝路的由来……32
二、主要线路……34
第三节　主要作用……38
一、经济贸易……38
二、民族迁徙……40
三、文化交流……41
第四节　永昌道遗迹……42
一、汉庄城址……43
二、永昌城址……43
三、板桥古镇……44
四、和顺古镇……44
五、平坡铺驿……45
六、澜沧江霁虹桥……45

七、怒江双虹桥 ……………………………………………………………………46
八、镇夷关石桥 ……………………………………………………………………47
九、水石坎梯云路 …………………………………………………………………47
十、南斋公房东、西坡古道 ………………………………………………………47
十一、玉璧坡石板路 ………………………………………………………………48
十二、猴桥口岸 ……………………………………………………………………49
十三、摩崖题刻 ……………………………………………………………………49
十四、太保山公园碑林 ……………………………………………………………50
十五、板桥集股种桑碑 ……………………………………………………………50
十六、腾阳会馆 ……………………………………………………………………51

第二章　地理条件

第一节　地理位置 …………………………………………………………………52
第二节　地貌特征 …………………………………………………………………52
第三节　蚕桑资源 …………………………………………………………………53
一、气候资源 ……………………………………………………………………… 53
二、水资源 ………………………………………………………………………… 54
三、土地资源 ……………………………………………………………………… 54

第三章　桑树种植

第一节　蚕桑区划 …………………………………………………………………56
一、保山蚕桑的优势地位 …………………………………………………………56
二、蚕桑适宜性划分 ………………………………………………………………56
三、蚕桑分布与地区特点 …………………………………………………………57
第二节　桑树种质资源与品种 ……………………………………………………58
一、保山市种质资源 ………………………………………………………………58
二、古桑树资源 ……………………………………………………………………60
三、引进应用的主要桑树品种 ……………………………………………………65
第三节　桑苗繁育 …………………………………………………………………72
一、有性繁殖 ………………………………………………………………………72
二、无性繁殖 ………………………………………………………………………73
三、育苗技术 ………………………………………………………………………75

第四节 桑树栽培 ……82
一、栽培模式 ……82
二、栽培技术 ……84
第五节 桑园管理 ……85
一、新植桑园管理 ……85
二、投产桑园管理 ……86
三、冬季桑园管理 ……90
第六节 桑树病虫害防治 ……91
一、病虫害发生的主要原因 ……92
二、病虫害防治方针和方法 ……92
三、保山主要桑树病害的防治 ……93
四、保山主要桑树害虫的防治 ……95
第七节 桑园间套种 ……101
一、间套作模式 ……103
二、间套作范围及注意事项 ……107

第四章 家蚕饲养

第一节 蚕品种 ……109
一、蚕种繁育及供给 ……109
二、引进饲养的主要蚕品种 ……110
三、推广的主要蚕品种及性状 ……112
第二节 养蚕方式 ……115
一、蚕种催青 ……115
二、小蚕共育及方式 ……117
三、大蚕饲养 ……120
四、上蔟结茧 ……122
第三节 省力化养蚕技术 ……124
一、小蚕一日两回育技术要点 ……125
二、智能化小蚕共育技术 ……126
三、大蚕活动蚕台育技术 ……131
四、大棚养蚕技术 ……133
五、方格蔟上蔟技术要点 ……136

第四节　养蚕消毒 ……136
一、养蚕前的消毒 ……137
二、抓好蚕期中消毒 ……137
三、重视蚕后“回山消毒”工作 ……138
四、提高消毒效果的措施 ……139
第五节　蚕病防治 ……141
一、蚕病主要类型 ……144
二、蚕病发生的原因 ……144
三、主要蚕病的诊断与防治 ……145

第五章　加工与销售

第一节　鲜茧收烘及管理 ……152
第二节　鲜茧评级标准及价格 ……155
一、鲜上茧收购价格 ……160
二、补正因素 ……160
三、次、下茧价格 ……161
第三节　烘茧技术 ……166
一、收烘设备 ……166
二、蚕茧干燥技术 ……168
第四节　丝绸织物 ……170
一、丝绸发展 ……171
二、永昌丝绸 ……171
三、缫丝技术发展 ……175
四、现代缫丝工艺 ……175
五、丝绵及蚕丝被 ……177
第五节　桑产业开发利用 ……178
一、桑枝利用 ……179
二、桑白皮利用 ……179
三、桑叶利用 ……180
四、桑果利用 ……182
五、桑叶宴开发 ……185
六、蚕蛹利用 ……186

七、蚕沙利用 ……186
第六节 主要加工企业 ……186
一、保山丝绸厂 ……186
二、保山凯喜雅茧丝绸有限公司 ……189
三、保山海宏蚕种生产经营有限公司 ……192
四、云南昌宁茂盛茧丝有限公司 ……194
五、云南林玉航宇生物科技有限公司 ……195
六、腾冲迅一农业发展有限公司 ……198

第六章 行政管理

第一节 管理机构 ……199
一、市(地区)级管理机构 ……199
二、县(市、区)管理机构 ……200
第二节 扶持政策 ……203
第三节 工作会议 ……225

第七章 科技教育

第一节 技术服务机构 ……246
一、技术部门 ……246
二、学会及合作社 ……255
第二节 技术队伍 ……257
第三节 科技成效 ……258
一、科技成果 ……259
二、表彰 ……261
三、注册商标 ……262
四、专利 ……263
五、专著 ……265
六、论文 ……266
第四节 教育培训 ……273
一、市级培训 ……273
二、隆阳区培训 ……277
三、施甸县培训 ……280

四、昌宁县培训 ……281

第八章　人　物

一、市级 ……283
二、县(区)级 ……284
三、企业 ……287

附　录 ……289
一、产业发展意见 ……289
二、蚕桑基地协议书 ……298
三、产业发展规划 ……301
四、技术规程 ……315
五、蚕桑生产统计表 ……331

参考文献 ……340

概　述

我们伟大的祖国是蚕桑生产的发源地，相传黄帝正妻嫘祖首创种桑养蚕之法，抽丝编绢之术，蚕桑文化成为中国农耕文化的重要分支，是五千年华夏文明之中一条绵延不断的溪流。殷商时代的甲骨文中就出现蚕、桑、丝等象形字，青铜器物上铸有蚕形图像，并发现有平纹素丝和菱形图案的丝织物遗迹，周代丝绸生产已有较大发展，据《尚书》的《禹贡》记载，当时中国九个州中有六个州都有丝绸贡品。《诗经》305篇诗歌中，有27篇与蚕桑有关，《大雅》《秦风》《魏风》《卫风》中均出现有关桑、蚕及丝绸的诗句。《孟子》中有“五亩之宅，树之以桑，五十者可以衣帛矣”的话，《史记》则记载“齐带山海，膏壤千里，宜桑麻”和“邹、鲁、滨洙、泗……颇有桑麻之业”等，这些反映了从西周到春秋时期（公元前11—公元前4世纪），黄河中下游流域蚕桑事业已相当发达。

秦统一中国后，农业技术有了很大进步，蚕桑生产发展迅速，逐渐向南传到长江流域，以至闽、粤一带，向西传至川、滇。云南气候良好，种桑养蚕自然条件优越，一年可多次养蚕，至唐代云南已有较发达的养蚕业，并能缫丝织锦，据《新唐书·南蛮传》记载：“今洱海以东有丝、麻、布幅七寸，正月蚕生，二月熟。自曲靖州至滇池，人水耕。食蚕以柘。蚕生越二旬而茧，织锦缣精致。”但那时云南的丝织技术相对而言仍然落后，《蛮书》十卷记载，直到太和三年南诏从四川掳掠巧儿及女工，才使云南纺织绫罗的技术得到进一步发展。

一、保山蚕业历史回眸

保山蚕业历史悠久，《后汉书·南蛮西南夷列传》对云南永昌郡有如下记述：“哀牢地土地沃美，宜五谷、蚕桑。”说明西汉年间保山种桑养蚕已很普遍。据《华阳国志》记载：“孝武帝时通博南山，渡兰沧水、濬溪，置嶲唐、不韦二县。徙南越相吕嘉子孙宗族实之。”对此，《保山县志续编》也有记载，并且说：“吕氏宗族原为大商贾后裔，自能将其生产知识贸迁技能流传到边疆，为生存计。即当辟土种田，栽桑养蚕，置机纺织，积之又久，本地哀牢人亦渐习之，并推而广之。”

据《史记》载，西汉年间保山已是四川经云南进入缅甸、印度，古称“蜀身毒道”，今称“西南丝路”上的一个重镇。保山、腾冲是这条西南丝路的必经之地和物资集散地，栽桑养蚕已有二千多年的历史。东汉时保山蚕桑已很发达,《华阳国志·南中志》记载永昌郡“土地沃腴,(有)黄金、光珠、琥珀、翡翠、孔雀、犀、象、蚕桑、锦、绢、采帛、文绣”。另据《云南古佚书抄》之三载,永昌“郡特好蚕桑”。

至唐宋时,保山蚕桑及加工已进入一个新的发展时期。据《新纂云南通志》记载:“云南纺织工艺远溯及东汉,《后汉书》云:哀牢土地肥美,宜五谷蚕桑,知染彩文绣……云南纺织当唐文宗时已能仿效内地矣。”由于南诏从四川掳掠众多巧儿及女工,使云南纺织绫罗的技术突飞猛进,惠及永昌,所以旧时出产的干崖五色锦、保山永昌绸、大理赵州丝,以及滇缎曾驰名于世。

清朝年间,永昌丝绸产品甚多,质地堪与川丝媲美。除供本地自制作绫罗产品外,大量运销印度、缅甸及南洋、中亚和西亚各国。因此,龙泉门外易罗池南,建有“丝花会馆”。而腾越是邻邦缅甸入滇的主要门户,也是古代西南丝绸之路上重要的通商口岸,分别建有江右会馆、西秦会馆、南京会馆、三楚会馆、云郡会馆等,为贩运丝花客商聚会之所。

清光绪甲辰年(1904年),永昌府开办蚕桑学堂,附设织染科。据民国《保山县志稿》载,永昌府彭继志莅任后,除创办中小学堂外,更推广蚕桑学堂,并于南北教场及四面城埂蓄桑十余万株,又于板桥镇光尊寺后山,饲养山蚕。又据《腾冲县志稿》记载,清光绪三十四年(1908年)迤西道秦树声同知江蕴琛开办蚕桑学堂,设蚕桑局,作为试办并电由黔省购桑蚕种子,由蚕桑局种植桑树数千株,私人种植亦扶疏成林,并从江苏、四川购进蚕种试验推广蚕桑。

1911年10月30日,云南昆明爆发了响应辛亥革命的“重九起义”,成立“大中华国云南军都督府”。清末在提倡养蚕种桑的基础之上,军都督府大力提倡种桑养蚕。

清末民初之际,保山蚕桑曾经历了一段较好的发展时期,当时城区偏僻之街巷和广大农村中栽桑养蚕比较盛行,男女老幼皆养蚕,可谓“家家有蚕室,人人重农桑”。当时在保山有诗云:“三月清明蚕女忙,黄丝卷卷喜登场,纨绔怎知稼墙苦,食衣之本是农桑。”当时国外丝绸价高,刺激了种桑养蚕事业的发展,保山坝子几乎家家种桑、户户养蚕,全县总产量为1600余驮,多数被实业公司收购。

据民国时期的统计资料,民国初期保山年产蚕丝200担左右,1917—1919年间,永昌地产茧量达9600余担,仅1919年从腾冲海关登记出口的“永昌丝”就有500驮(约2.5万公斤)之多。此时保山、腾冲的商业贸易往来中,绸缎行、丝线行也较活跃,据《腾冲县志稿》记载,腾冲街市商店绸缎行有26家,丝线行有8家。“永昌丝”则是保山大宗土特产品,1922年出口蚕丝3000余公斤,总值5万银元,境内自用者尚不在内。

1920年,云南从上海引进缫丝机缫丝织绸,首现机器缫丝厂。那时全省已有45

个县栽桑养蚕，主要分布在金沙江流域的绥江、永善、镇雄、丽江以及滇西的楚雄、大姚、巍山、弥渡、保山等县，产茧量达到3000余担，最多的保山县（现为保山市，后同）达到800余担。民国期间，保山实业所曾组织生产永缎、永绸等丝织品，据1924年出版的《云南农业概况》）记载："保山、腾冲、龙陵县均有桑树，仅保山就有20万株，年产茧30万斤，产丝3万5千斤，茧丝产量居全省之首。"

1930年，云南省建设厅派慎士豪到保山兴办蚕桑产业，在保山城下水河两湖会馆、金刚庵旧址（两湖会馆西面）设蚕桑指导所、蚕丝公司和蚕茧收购站；当时曾经大力推广饲养家蚕改良种，替代传统土种，农民养蚕交售蚕茧和蚕丝，由蚕丝公司收购和经营。据《云南经济》记载："1934年云南实业厅调查，保山县育蚕户数达1952户，有桑46750株，年产丝6745斤，育蚕户和产丝仍居全省之首。"

民国二十五年（1936年），为大力发展蚕桑，云南省政府颁布《推广栽桑养蚕奖励办法》，令全省执行。《龙陵县志》（1937年版）记载："龙陵素号瘠区，所产有限，……除非推广蚕桑，讲求林业、木棉、桐、茶之类……以救济贫困而增富强。"民国二十八年（1939年），国民党中央行政院专门拨款30万元作为云南培育桑田经费，当局在蒙自草坝建立了260余亩的苗圃，播种桑籽13担，育出桑苗3000余万株。另在昆明、保山等地也有不同规模的桑苗圃。据民国三十一年（1942年）6月出版的《云南农业概况》记载，当时保山有桑树20万株，腾冲有桑树4万株，龙陵有桑树3000株。

抗日战争时期，江、浙、川等省行家迁来施甸银川一带兴办蚕业，引导农户在房前屋后、田边地角、沟埂河畔零星种植实生桑，指导妇女养蚕缫丝。养蚕主要以缫丝经营为目的，部分做成丝棉被，除在当地销售外，还远销镇康、耿马等地，并出口缅甸。

20世纪40年代后，由于战争的持续影响，并随着四川丝、改良丝的大量输入，永昌丝大受打击，不能畅销。当地桑蚕业多为土种土法，质劣价低，加工粗糙，多用于绣花线及补制渔网，蚕农养蚕又受高利贷剥削，蚕农无利可图，桑树遭到大批砍伐，蚕农弃蚕不养，蚕桑破坏很大，仅有少数农户保存零星桑园，据1952年统计，保山仅有桑树25760株，鲜茧产量3060公斤。

二、中华人民共和国成立后保山蚕桑业发展历程

中华人民共和国成立初，政府把蚕桑列为一项富民强国的农副业生产来抓，鼓励社队群众积极栽桑养蚕，发展永昌丝绸业，支援国家经济建设，保山蚕桑生产得到了迅速的恢复和发展。20世纪50年代、60年代、80年代和90年代，保山曾数次掀起蚕桑发展高潮，但受"大跃进""文化大革命"冲击，政策改变、机制束缚、技术制约和市场波动等国内、国际诸多因素的影响，蚕桑产业出现了4次较大的起伏。高峰时桑园逾万亩，低谷时仅剩数百亩，保山蚕桑历经坎坷，默默的东河水见证了保山丝绸厂从蹒蹒学步到意气风发，以及最终退出历史舞台的落寞。

进入21世纪以来，保山市委、市政府立足特色资源优势，紧紧抓住国家实施“东桑西移”，对蚕桑产业重新布局的历史性机遇，通过政府引导、政策扶持、龙头带动、农民主动，强势推进，蚕桑产业呈现快速发展良好态势。

（一）起伏徘徊时期（1950—2000年）

1.第一次起伏（1950—1960年）

20世纪50年代初期，云南全省仅产鲜茧250吨，为了鼓励和扶持蚕茧生产的发展，1952年在中央提出“大力发展蚕桑生产”的方针政策指导下，保山专署曾几次召开蚕桑工作会议，号召农户利用现有桑树养蚕，积极缫制蚕丝，支援国家建设，增加农业收入。

1953年至1957年第一个五年计划期间，在党和政府的领导下，保山专区完成了土地改革和对农业的社会主义改造，基本实现初级农业合作化，蚕桑种养走向集体生产。1956年以后，陆续办起社队蚕场和养蚕专业队，桑树纳入植树造林计划，专区及县设有蚕桑领导和技术指导机构，农业、外贸部门协作，并连年招用部分蚕桑辅导员，帮助宜蚕地区发展蚕桑生产。广大农民以主人翁的精神，克服重重困难，努力改善生产条件，运用传统的农业生产方式提高桑园和劳动生产率，蚕桑业得到恢复发展。1952年全专区仅有桑树2.57万株，蚕茧总产量仅3060公斤，到1956年全州（保山并入德宏州）蚕茧产量增加到2.83万公斤，其中保山县2.53万公斤，比1953年的2246公斤，产茧量增加10倍。1956年保山县国营蚕丝厂建成投产，1957年全州总产量下降到2.35万公斤，仍比1952年产茧量增长7.7倍。

1958年1月10日，中共云南省农业厅党组在蒙自县（现为蒙自市，后同）召开全省蚕桑专业会议，总结“一五”时期蚕丝生产经验，安排“二五”时期蚕丝生产计划，并提出措施和意见，云南蚕桑呈现向上发展的大好形势。

1958年5月党的八大二次会议正式通过了社会主义建设总路线。会后，全国各条战线迅速掀起了“大跃进”的高潮，全民大炼钢铁，保山坝的大量乔木桑被乱砍滥伐用作柴火炼铁炼钢；1959年9月起，根据中共中央《关于在农村建立人民公社问题的决议》精神，全区在短时间内就办起了79个“政社合一”的人民公社，生产资料全部为集体所有，禁止个体经营，取消一家一户锅灶，开办了7063个公共食堂，实行“一平二调”“吃饭不要钱”，农民无心养蚕，导致许多桑园被损毁或放荒。虽然1960年2月12—19日在楚雄州召开了全省蚕桑座谈会，提出加快发展蚕桑生产的意见，但是此时蚕业生产已遭到严重破坏，1960年全州产茧降至5150公斤，1961年只产了4050公斤，比1956年减产85.7%。

2.第二次起伏（1961—1979年）

1961年6月，中共中央《关于农村人民公社工作条例》（简称农业六十条）实施后，全州从政策上开始纠正农村工作中“左”的错误做法。1961年11月25日中共云南省委《关于发展棉花、麻类、蚕桑和养羊生产，积极解决群众穿衣问题的几项规定》中规定：“提倡社员私人养蚕，房前屋后种桑。有条件的地区，生产队还可划出小片荒山坡给私人种桑。”保山根据省里有关精神，执行每收购100公斤鲜茧奖售棉布667米和100公斤化肥的政策。1962年起恢复按全省收购鲜茧总金额的3%提取蚕桑改进费，用于扶持发展生产，从而扭转了蚕桑生产下降的趋势。1962年开始，农村工作普遍得到加强，重新开始栽种桑树，县上有蚕桑技术人员，公社有蚕桑辅导员，桑树引进了湖桑良种，蚕种逐渐良种化，蚕茧产量逐渐回升，1963年保山县产茧7200公斤，1964年保山县产茧7500公斤，当年板桥公社赵官大队养蚕获得高产，每张种产茧达到30公斤。

1964年2月7日《云南日报》发表社论《积极领导发展蚕桑》。中共云南省委书记阎红彦带领机关干部亲自动手在省委大院搞栽桑样板，开辟专室养蚕。保山地委、保山县委分别在板桥公社邢家湾、辛街公社杜家大队建设蚕桑示范样板，蚕桑生产先从试验桑园、蚕房中做出样子，然后组织各县、区、公社干部参观学习后，再推广到面上。1964年11月15—18日，保山县召开蚕桑生产会议，与会人员参观了辛街公社杜家大队蚕桑样板，提出今后要在辛街、板桥等共11个公社发展蚕桑。

1965年，保山县人民委员会关于发展蚕桑生产的意见（保会农字〔65〕第20号），提出今后两三年内发展蚕桑生产，以城关、城郊、板桥、辛街为主，西邑、丙麻、蒲缥等适合发展蚕桑的公社约50个，计划栽桑6.5万亩，配备蚕桑辅导员74人，负责蚕桑技术指导工作。1965年保山县产茧1.25万公斤，占全专区产量的90.6%，养蚕主要在保山坝、丙麻、西邑、蒲缥、罗明等地，其中保山坝和丙麻区的产茧量占全县70%以上。

1966年1月，中共云南省委在保山召开现场会，推广保山地委大兴样板田的经验。1966年，保山县制定出台国民经济发展第三个五年计划（1966—1970年），提出重点打造杜家蚕桑样板，要求保山县林业工作站以青阳村为蚕桑发展重点，搞好指导；在落实“三五”计划中，计划用桑树绿化荒山，“从山脚到山头，一个山头一个山头地搞”。

1967年，保山专区在扶持政策上，主要是实行蚕桑奖售政策，农民每交售1担鲜蚕茧，奖售30尺棉布（发布票），交售干茧的按照鲜茧的3倍奖售，交蚕丝的则为6.6倍。

从1961年起，经过调整，开展多种经营，1963年以后，蚕桑又得到逐步发展，1964

年保山地委大办样板田，带动了农业生产的发展，以保山、施甸两坝为主，创办较高标准的蚕桑样板，1965年全区桑园面积恢复发展到4163亩，产茧1.38万公斤。由于领导重视，样板带动，实行奖售政策，调动了农民种桑养蚕积极性，1969年全地区桑园已经恢复发展到15984亩，创历史最大种植面积，产茧6.38万公斤，1970年全地区产茧7.47万公斤，比1961年增长18.2倍。当时保山县、施甸县的蚕桑生产规模和比重已经到了让县、社、队不可忽视的程度。

然而，“文化大革命”期间国家陷入长期动乱，国民经济濒临崩溃，使蓬勃发展的蚕桑生产又遭到严重破坏，桑园骤减，养蚕生产下滑，至1972年桑园下降至1万亩，产茧量跌到4.65万公斤。

1973年2月，保山地委在板桥公社召开全区蚕桑生产工作会议，参会人员有地区、县、公社的干部，会议提出要稳住蚕桑生产，要发展蚕桑基地。7月26—29日，保山县召开蚕桑工作座谈会议，参会人员有公社干部、蚕桑专业队的队长、供销社负责人和蚕桑技术人员共50多人。同年施甸县林业局举办蚕桑培训班，培训家蚕饲养技术，这些措施稳住了蚕桑生产，1973年全地区产茧量增长至6.39万公斤。

1974年保山地区行署制定蚕桑发展规划，提出在保山、施甸和腾冲三县大力发展蚕桑生产。1974年，保山县拥有96个蚕桑专业队，专门从事蚕桑生产的人员1370人，养蚕成为重要的社队副业，蚕桑专业队得到发展壮大，当年产茧5.77万公斤。

1976年2月23日至3月8日，地区农业局在财贸学校举办了保山地区养蚕经验交流会，以提高养蚕技术。同年保山地委分别在保山县和施甸仁和公社召开地区蚕桑工作会议，总结各社队发展蚕桑的经验，提出要大力发展蚕桑生产，调动了各级的积极性。1976年，保山县养蚕2226张，蚕茧产量5.42万公斤，有养蚕公社14个，养蚕量较大的依次是板桥、辛街、河图和汉庄。1977年产茧5.99万公斤，1978年全县养蚕2000多张，产茧6.24万公斤，创新中国成立以来的最高纪录。1979年，保山地区冬春夏连续干旱，对桑树生长有明显影响，加之1978年末修整东河截弯改直后毁桑500多亩，导致蚕茧大减产，全地区养蚕2039张，产茧5.78万公斤，同比减产25.3%。

这期间，蚕桑生产起起伏伏，桑园面积和蚕茧产量变动很大，1979年全区桑园面积3900亩，比1969年最高峰时的15984亩减少12084亩，减少75.6%；1979年的蚕茧产量，与峰值1970年的7.47万公斤相比，减少1.69万公斤，减少22.6%；但生产水平总体提高，亩桑产茧量提高2.1倍。

3.第三次起伏（1980—1991年）

20世纪80年代初期，保山蚕桑产业曾出现积极向上发展的态势。1980年，云南省人民政府召开了第一次蚕桑工作会议，成立了以副省长为组长的蚕桑生产领导小组，确定栽桑养蚕要以生产队为主，也可以联队经营，有条件的公社、大队也可以直接办场栽桑养蚕。同时提倡社员家庭栽桑养蚕，并制定了育苗补贴、蚕房建设贷款和蚕茧收购价格提高20%的扶持政策。1980年5月9日，保山地区召开三级干部工作会，地委书记杨善洲提出大力发展蚕桑生产，并成立了蚕桑生产领导小组。1980年12月3—6日，保山县在板桥公社召开蚕桑工作会议，参会人员有县、公社、大队的领导干部，县外贸局、供销社、农业银行、丝绸厂、蚕桑技术人员、蚕桑专业队负责人等共73人；会议提出，搞桑树育苗和新植桑园给予补助，鼓励发展蚕桑生产，新植桑园移栽成活后，经过组织验收，每株桑树补助苗钱0.03元；搞桑树播种育苗的，补助50%桑种钱。在这一背景下，地区茶叶蚕桑工作站、保山县蚕桑技术推广站等蚕桑生产技术专门机构相继成立。

20世纪80年代，地区、县和人民公社各级党委各级政府都很重视蚕桑工作，保山地委、行署贯彻落实《全省蚕桑会议纪要的通知》精神，加强了对蚕桑生产的领导，制定了相关扶持政策，决定从1982年起，实行交售级内蚕茧1公斤奖售原粮1公斤（1984年又增为1.5公斤）的鼓励措施，调动了群众种桑养蚕积极性；地县外贸局、地县农业局、保山丝绸厂、各供销社都有专人抓蚕桑生产，举办示范样板，推广应用了袋接法繁育桑苗、蚕品种良种化、小容积电温催青、小蚕共育、小蚕防干纸育、炕房育等生产技术，试验了大蚕室外育、引种冷藏、方格蔟上蔟等技术，普及了蚕网、干湿计的使用，全面使用漂白粉消毒。全地区蚕桑生产稳步发展，并涌现了一批蚕桑高产典型，如保山县板桥区赵官村余家国、赵光明、赵如意、孙文清四户社员平均亩产茧达到84.6公斤，茧款收入每户超过3000元；施甸县银川公社罗家村亩桑产茧量逼近200公斤，社员何颜伟在0.38亩自留地种桑养蚕获得收入493.8元的高效益。这些高产典型带动了周围群众，1983年全区桑园面积达3857亩，蚕茧总产98.6吨，创历史最高产量，每亩桑园平均产茧25.6公斤，比1979年单产提高1.7倍。

这一时期，保山丝绸工业得到发展，保山丝绸厂所产生丝品远销苏联、意大利、加拿大、日本等国，其精纺软缎被面及丝绵被等产品获“云南省优良产品”称号。

1983年保山撤县建市，农村实行家庭联产承包责任制，各公社、大队的蚕桑专业队相继解散，原来集体发展的桑园、蚕房被承包到个体农户手上，从而产生了一些蚕桑大户，然而有的大队和生产队采取了简单粗放的办法，把蚕房卖掉，把桑园均分到户，有的农户缺乏技术、劳力、设备而将桑园改种其他作物或丢荒。

1985年财政体制改革包干到县以后，迫使县级经济工作的重点不得不摆在先抓几项基础较好、税收较多、容易为县级财政增加收入的产业上，使蚕桑生产遭遇较为恶劣的外部环境，地、县终止了蚕桑生产的扶持政策。特别是1985年后，一些部门错误估计形势，盛传蚕茧过剩，收购中出现压级压价，使茧价普遍下跌10%以上，而蚕桑生产资料又普遍上涨，严重挫伤了农民积极性，群众纷纷毁桑，改种其他作物，1987年全地区仅有桑园1237亩，产茧量下降至6.1万公斤。

1988年，因蒙自县草坝蚕种场家蚕微粒子病带毒超标，保山等全省蚕区普遍暴发微粒子病。同时，全国蚕茧收购政策发生重大变化，1988年9月22日《国务院关于茧丝收购和出口实行统一经营管理的紧急通知》及1989年4月25日的《补充通知》，要求严格执行鲜茧收购价格（基价）及其收购标准补正规定，不得擅自更改，以往地方自行确定的“价外补贴”“返利”等各种明目的加价同时取消。收购价格的降低，动摇了干部、群众发展蚕桑生产的信心。至1991年末，全区仅零星剩有桑园749亩，产茧5.04万公斤，与1983年鼎盛时期相比，桑园减少80.1%，产茧量下降48.9%；全区蚕茧产值仅55万元，丝绸工业产值360.5万元，利税82万元，蚕桑业产值和利税在国民经济中所占比例甚微，未能发挥出这一优势产业在振兴保山经济中应起的作用。

4.第四次起伏（1992—2000年）

面对严峻的形势，1992年保山地委政策研究室开展了“关于恢复和发展我区蚕桑产业”的专题调研，提出加强领导，搞好规划，加强基地建设，加强科技力量，加快丝绸工业发展步伐，改革管理体制五项对策措施。同年，由地区行署农业区划办公室牵头，制定《保山地区蚕桑开发规划》，提出在“九五”末发展桑园1.5万亩，产茧1125吨的奋斗目标。

由于在产业结构调整中加强了对蚕桑工作的领导，加之1990年以后国际国内市场逐步好转，蚕茧及生丝价格上涨，刺激了农民栽桑养蚕的积极性，保山地区桑园面积逐年增加，1993年恢复到1545亩，1994年达到2935亩，产鲜茧78.7吨。同年保山市（隆阳区）被省人民政府列为“八五”期间全省25个蚕桑基地县和6个优质茧基地之一。1995年1月，保山市人民政府调整充实蚕桑生产领导小组，由徐洪祥副市长兼任组长。同年3月，成立保山市蚕办（保政通〔95〕11号），之后，板桥、辛街、河图、金鸡、汉庄5个乡镇相继成立了蚕桑生产领导小组和乡镇蚕桑办；保山市政府出台政策（保政发〔1995〕20号文件），扶持蚕桑生产发展。1996年，保山市桑园恢复至7400亩，年产鲜茧78.7吨。

1996年，受国际大环境的影响，茧丝绸行业形势又出现逆转，茧价下滑，蚕农生产积极性受到打击，纷纷毁桑弃桑，此后各级政府调整产业结构大力发展烤烟，烟桑矛盾突出。特别是在计划经济向市场经济转变的激流中，保山丝绸厂没有跟上时代的脚步，最终改制为“保山百斯特医疗器械有限公司”，并逐渐停产，蚕茧无人收购，只能转由保山市蚕桑技术推广站小规模收烘，干茧自主经营销往省内周边州市。这一期间，因农业产业结构调整、城乡基础设施建设等不断占毁桑园，而新植桑园却很少，至2000年12月，保山撤地建市，全市桑园仅存1130亩，其中隆阳区980亩，施甸县150亩；隆阳区年末产茧43.4吨，蚕茧产值61万元。

（二）大力发展时期（2001—2020年）

2001年1月浙江海宁丝绸集团有限公司响应国家“西部大开发”和“东桑西移”的号召入驻保山，注册200万元成立“保山茧丝绸有限公司”，并与保山市（原保山县）人民政府签订《关于建设5万亩高产蚕桑基地的协议书》，东西部合作发展蚕丝生产。

2001年8月24日，隆阳区召开新世纪首次全区蚕桑生产工作会议，参会人员有7个乡镇和部分村组干部、蚕桑站工作人员，共80人。同年9月，隆阳区调整充实区蚕桑基地建设领导小组，由副区长张锭任组长，下设办公室在区农业局，之后各乡镇也调整成立了相应机构，大力发展蚕桑产业。2001年11月2日，隆阳区蚕桑基地建设现场会在板桥镇召开，副区长张锭主持会议，代区长杨耀程做蚕桑发展工作报告，到会的有区蚕桑产业领导小组成员单位领导、各乡镇和蚕桑村的领导共120人。同年施甸县恢复发展蚕桑，把蚕桑产业列为发展农村经济，作为调结构、转方式、助农富的骨干产业来抓，当年种桑1500亩，全市累计桑园面积达到2630亩，养蚕1900张，产茧57.1吨。

2002年8月21—22日，全国“东桑西移”优质蚕茧基地建设研讨会在保山兰都饭店召开，全国10个省市区的蚕桑领导和专家共100多人到会，会议由国家茧丝办主办，云南省商务厅、保山市政府承办；会议提出实施“东桑西移”，把云南等地作为“东桑西移”的重点地区，每年投入一定额度的茧丝绸发展风险基金，扶持蚕桑产业发展；会议肯定了隆阳—海宁模式，要求坚持“总量控制、分步实施、配套发展”的原则。10月，隆阳区调整充实蚕桑产业领导小组，由区长杨耀程任组长，区委副书记石明智、副区长张锭、区农业局副局长孙彦任副组长；同年，隆阳区政府安排蚕桑生产扶持资金343.8万元，并公开招聘录用蚕桑专职辅导员41人，培训合格后派往各乡镇负责蚕桑技术指导。2002年，保山市蚕桑产业快速发展，新栽桑6891亩，桑园累计9521亩，养蚕3000张，产茧量首次突破百吨，达到117.3吨。

2003年4月3日，浙江海宁丝绸集团公司与施甸县人民政府签订《2万亩优质桑园建设协议书》，双方携手合作共同发展施甸县蚕桑产业。7月9日，隆阳区召开蚕桑工作会议，参会人员有各蚕桑乡镇主要领导、分管领导、蚕桑办主任，以及部分栽桑村的干部参会共100多人，区委书记刘一丹作报告，区长杨耀程做工作安排，部分乡镇和蚕桑村做了经验交流，会上兑现了蚕桑生产扶持与考核奖惩。按照国家“扶持产业化就是扶持农业，扶持龙头企业就是扶持农民”的原则，保山市蚕桑产业得到了各级政府部门的关心支持，国家茧丝办下拨茧丝发展基金100万元用于扶持保山茧丝绸龙头公司，云南省政府把隆阳区、施甸县列为“十五”蚕桑基地县，云南省计委、省农业综合开发办安排良种引进，基地建设项目资金710万元；隆阳区、施甸县出台隆政发〔2001〕50号、隆政发〔2002〕19号、施政发〔2001〕24号、施政发〔2002〕7号文件，筹措配套资金600万元，对农民种桑养蚕给予扶持。保山茧丝绸有限公司投资180万元，新建了西邑、板桥、辛街三个茧站，年可收烘鲜茧400吨；计划投资4020万元、15组自动缫丝机，年生产600吨生丝的永昌丝麻厂征地兴建。由于领导重视，措施得力，广大干部群众团结奋斗，开拓进取，推动了蚕桑产业的持续发展，2003年，隆阳区7个乡镇，施甸县5个乡镇共发展桑园24661亩，养蚕8628张，产茧量实现翻番达到276.4吨；2004年，全市已发展桑园34458亩，有桑乡镇17个、养蚕农户3579户，全年养蚕20153张，产茧637.4吨，总投资4650.23万元的自动缫丝生产线已落户保山工业园轻纺园区；2006年末，全市发展蚕桑种植面积7.49万亩，涉及蚕桑农户1.6万多户6.7万人，当年养蚕5.26万张，公司收购蚕茧1706吨，实现农业产值4209万元，工业产值8209万元，利税1556万元，蚕桑产业成为优势骨干产业和许多农户的主要经济来源。

2006年，国家实施“东桑西移”工程，云南省被列为全国蚕桑发展重点省份。同年5月23—24日，为贯彻商务部“东桑西移”工程会议精神，加强东西部交流合作，推动茧丝绸产业和社会主义新农村建设健康发展，国家商务部在保山兰都饭店召开“东桑西移”工程东西部蚕桑基地建设洽谈会，全国有关省（区、市）商务主管部门（茧丝办）的领导、专家共计400余人出席了会议。国家茧丝办副主任王北鹰到会讲话，会议期间龙头企业交流了到中西部地区投资蚕桑基地建设的思路、做法、效果等成功经验；中西部地区县市政府介绍在蚕桑基地建设中招商引资的政策、措施、成果等典型经验。

2007年4月12—13日，云南省商务厅召开首次全省茧丝绸协调会议，隆阳区副区长在会上交流蚕桑产业发展经验。同年，隆阳区蚕桑生产获得国家“科技富民强县”项目支持。2007年5月，保山利根丝绸有限公司注册资金200万元，在施甸县成立了“施甸丝缘丝绸有限公司”；公司主要业务为蚕茧收烘、技术辅导等。同年施甸县被国家商务部、国家茧丝办列为“国家级蚕桑基地”。

2007年10月，为进一步优化保山市农业产业结构，保山市政府通过认真调研，把发展茧丝绸产业列为继烟草、甘蔗、茶叶之后的又一个新兴重点支柱产业，出台了《保山市人民政府关于加快蚕桑产业发展的意见》（保政发〔2007〕147号），制定了蚕桑生产向昌宁县延伸，市级财政每年安排200万元用于蚕桑产业化、标准化生产等五项措施，明确提出将保山市建设成为国内一流优质蚕茧生产基地和在国际市场有较大影响力的生丝生产加工出口基地的发展目标。

2008年，按照市委、市政府的总体部署，为加强对蚕桑产业的领导，市级成立了以市政协主席张静为组长的蚕桑产业发展领导小组，下设办公室在市农业局，由市农业局局长张开位兼任办公室主任；隆阳区、施甸县和昌宁县相继成立了蚕桑产业发展领导小组，并抽调精干人员，组建蚕桑产业办公室，积极履行蚕桑生产的组织、协调、指导、检查、督促、产业发展规划、信息提供等工作职责，为蚕桑产业发展提供了强有力的组织保障。

为把蚕桑产业各项措施落到实处，市政府建立健全激励机制，出台了《保山市2008年蚕桑产业发展考核办法》，与三县（区）人民政府签订了《保山市2008年蚕桑产业发展目标责任书》，责任书明确了保山市2008年蚕桑产业发展目标任务、内容要求、发展时限、具体量化考核奖惩标准，同时各县（区）又层层签订责任书，做到责任到人，层层实行责任追究制。

2008年，全市各级政府高度重视蚕桑产业发展，市委、市政府主要领导多次听取蚕桑工作汇报并做出明确指示；市人大于3月18日至21日对保山市蚕桑产业进行了为期4天的视察；7月4日市委、市政府在昌宁召开了三大产业现场会；市蚕桑产业发展领导小组和市政府分管领导先后组织召开蚕桑生产分析会、蚕桑产业推进会各4次，深入基层调研指导蚕桑生产工作11次；11月隆阳区人民政府组建15人的工作队奔赴西山杨柳、瓦房和瓦马三乡，奋力栽桑，开拓新区。

2008年，围绕蚕桑产业发展的目标和任务，保山市政府安排蚕桑产业专项发展资金230万元。昌宁县获得50万元中央财政资金扶持蚕桑生产技术推广项目。为确保蚕桑产业发展开好头、起好步，昌宁县还制定了桑苗补助、蚕房建设、蚕种饲养、辅导员工资等方面的扶持政策。据统计，2008年隆阳区、施甸县和昌宁县共投入蚕桑产业发展扶持资金1255.1万元，保山利根丝绸有限公司投入补助资金355万元，为产业发展提供了资金保障。

2008年，为确保蚕桑产业健康持续发展，保山市蚕桑产业办组织新植桑区乡、村干部和桑农代表8批956人次到蚕桑老区西邑乡八鸭塘、由旺镇永福村及龙头企业参观学习，激发了广大干部群众种桑养蚕的积极性；全市建设37块样板，充分发挥典型引路，样板带动作用；全市配备336名蚕桑辅导员，抽出近百名农科技术人员包干到片、责任到人，开展技术指导服务，举办种桑养蚕技术培训726期共计4.86万人次，编制发放“种桑养蚕实用技术手册”“小蚕一日二回育”和“大蚕一日三回育”等技术资料5万多份，为蚕桑产业健康持续发展提供了强有力的技术支撑。

2008年，全市形成了齐抓共管、多措并举，强势推进产业发展新格局。当年新植桑园4.16万亩，全市累计桑园面积达到13.46万亩，涉及三县（区）31个乡镇、291个村民委员会、1850个村民小组。全市共养蚕77556张，产茧3000吨，实现农业产值6275万元，工业产值7743万元。2008年是保山蚕桑产业的春天，开创了保山蚕桑大发展的新时代。

2009年8月18—19日，云南省委、省政府主要领导率队到保山利根丝绸有限公司和施甸县由旺镇永福村调研蚕桑产业，并在保山召开了“全省蚕桑产业发展调研座谈会”。12月31日出台了《云南省人民政府关于加快蚕桑产业发展的意见》（云政发〔2009〕211号）文件，决定从2010年起，省级财政每年安排蚕桑产业发展专项资金5000万元，重点用于扶持蚕桑产业化基地建设和龙头企业市场开拓，连续扶持5年。省委、省政府的战略决策提振了保山发展蚕桑生产的信心和决心，全市各级投入蚕桑专项资金3261万元，广大干部齐心协力，克服全球金融危机爆发对茧丝行业造成的重大影响，当年新植桑园4.31万亩，养蚕6.1万张，产鲜茧2164吨，实现农业产值6200万元。养蚕生产受到农民喜欢，被形象地比喻为“绿色存折”“月月红”“摇钱树”。

2010年，保山的蚕桑产业得到了各级领导的关心和重视，保山市获得省级蚕桑产业专项发展资金550万元；省委、省政府安排省级扶贫专项资金200万元；5月10日中共云南省委常委、副省长李江一行在市长陪同下，到施甸由旺镇调研蚕桑产业；2010年10月，全国人大环境与资源保护委员会领导到我市调研蚕桑产业和龙头企业发展情况；保山市委把蚕桑列为“一把手”工程亲自抓，市政府、市政协等主要领导不仅多次听取蚕桑工作汇报，而且在规划、动员、种植、饲养、收购等关键时期，经常深入基层、地块，检查、督促和指导，组织召开蚕桑推进会、分析会、总结会和座谈会，帮助解决生产中遇到的困难和问题。2010年，全市共有三个县（区）、33个乡（镇）、312个村、1814个组有32479户农户种桑、11343户养蚕，桑园总面积12.92万亩，全市养蚕61118张，产鲜茧2013吨，实现农业产值7500万元，与“十五”末相比桑园增2.04倍，养蚕量增2.15倍，鲜茧产量增2.23倍，农业产值增5.02倍。

2011年10月23日，时任中央组织部部长李源潮在省委主要领导的陪同下莅临保山利根丝绸有限公司视察茧丝绸加工情况，极大地推进了我市蚕桑产业的发展。2011年，全市各级继续加大投入，扶持蚕桑产业发展。据统计全年投入资金3567.48万元，其中省级950万元、市级200万元、县级2040万元、乡级355.09万元、其他22.39万元。投入的资金重点用于基地、核心乡镇、重点村建设，桑苗补助、蚕房补助、基础设施建设、技术培训和龙头企业扶持等。

2013年7月22日，云南省副省长带领农业、财政、水利、商务等副厅级领导一行，在市县级领导及部门负责人的陪同下，到施甸县永福村调研蚕桑产业，听取市县领导及永福村支书情况介绍。2013年保山市加强了对蚕桑生产的领导和管理工作，重点是开好了四个会：一是针对新植任务进度较慢召开了全市2013年蚕桑工作推进会；二是针对蚕茧收购与蚕种质量监管召开了全市春茧收购及蚕种管理工作会；三是针对蚕桑产业统计工作召开了全市蚕桑生产统计工作培训会及蚕桑核心乡镇座谈会；四是针对技术创新，省蚕桑产业技术体系在昌宁县召开蚕桑技术现场观摩会。四个会议的召开，及时解决了产业发展中出现的新情况、新问题，提高了2013年新桑园的移栽质量，加大了蚕茧市场及蚕种质量的有效监管力度，全面掌握了蚕桑核心乡镇、重点村的发展现状及制约因素，推进了桑园套种、大棚养蚕等新技术试验示范。

2013年，全市桑园面积达到18.44万亩，居全省第四位，养蚕8.98万张，产鲜茧4042吨，实现农业产值2.82亿元（蚕茧产值1.62亿元，桑园套种及副产物产值1.2亿元），全市桑农户均收入8683元。2015年，保山市蚕桑生产砥砺前行，桑园面积首破20万亩大关，养蚕10.39万张，产鲜茧4696.6吨；2015年，养蚕13.06万张，产鲜茧5581.6吨，与“十一五”末相比，桑园面积、养蚕量、鲜茧产量分别增55.1%、100%和177.3%；缫丝厂和丝绵被加工从业人员近千人，涌现出了一批养蚕收入万元户、百万元乡镇、千万元县区，蚕桑业已成为保山市促进农民增收致富和农村经济发展的重要支柱产业。

进入21世纪以来，保山市委、市政府立足特色资源优势，按照“政府推动、企业带动、市场牵动、农民主动、整体出动”的发展思路，采取“公司＋基地＋农户”的经营模式，以促进效益提高、产业升级为重点，通过政策扶持，依靠科技进步和机制创新，不断提高蚕桑规模化、标准化、产业化生产经营水平，蚕桑这一高原特色产业实现了跨越式发展，取得了令人瞩目的成就：

一是基地建设粗具规模。保山市认真总结过去盲目发展的教训，按照“区域规划、规模发展、打造亮点、建设强乡重村”的指导思想，经过优化调整，2020年全市共有33个乡镇（街道）发展蚕桑业（隆阳区14个、施甸县9个、昌宁县6个、腾冲市3个、龙陵县1个），涉桑村（社区）190个（隆阳区105个、施甸县46个、昌宁县35个、腾冲市3个、龙陵县1个）；培育了板桥、瓦房、潞水、田园、由旺、仁和等12个蚕桑核心基地乡（镇），建成左所、长岭岗、乌马、油房、甘塘、四角田、明华、常山、九条沟、永福、查邑共73个蚕桑重点村，全市桑园面积累计达到16.56万亩，其中投产桑园15.45万亩（隆阳区8万亩，昌宁县5.76万亩，施甸县1.59万亩，腾冲市0.08万亩，龙陵县0.02万亩），投产桑园面积居全省第二位；以隆阳区、施甸县和昌宁县为主的蚕桑产业带基本形成，隆阳区和施甸县被商务部列为“国家级蚕桑基地”，昌宁县被云南省列为省级核心蚕桑基地县。另外，腾冲市在团田乡、蒲川乡和滇滩镇发展桑园1443.5亩，腾冲市计划到2021

年建成龙江沿岸区域“千亩种桑养蚕基地”，力促形成新的蚕桑发展区域经济增长点，龙陵县也在勐糯镇发展种植了500亩桑园。

二是科技支撑能力明显增强。保山市连续多年获得国家级和省级多部门列项支持，同时各级政府有效整合资金，先后组织实施了“蚕桑良种工程”“优质蚕茧基地建设”“省力化养蚕技术”“蚕桑高产创建示范推广”“现代农业蚕桑产业体系建设”“自动缫丝生产线建设”和“桑葚干加工”等一批重大项目。依靠科技进步，保山引进“农桑14号”“强桑1号”“菁松×皓月”“秋丰×白玉”“华康2号”“781×7532”等蚕桑良种进行大规模种植和饲养；全面推广方格蔟、小蚕智能化共育、省力化活动蚕台育、地蚕大棚育；因地制宜实施“桑园合理套种技术”，积极开展桑园“夏伐、早秋伐技术”“桑园黑布覆盖免耕技术”“桑园专用控释肥应用”等绿色防控生产技术的研究与推广，大幅度提升了鲜茧的产量、质量和蚕农的经济效益。2019年，全市养蚕12.42万张，产鲜茧5014.7吨，实现鲜茧产值1.95亿元，鲜茧产量在全省排名第三名，鲜茧产值在全省排名第五名；2020年，保山市克服“新冠肺炎”疫情对茧丝绸市场的巨大冲击，全年养蚕9.85万张，产鲜茧3953.6吨，实现鲜茧产值1.43亿元。蚕桑产业已成为保山农民主要经济收入来源之一，产业比较效益凸显，进一步提升了贫困山区农民种桑养蚕脱贫致富的信心和决心。

三是产业化经营水平大幅提升。按照扶持公司就是扶持产业、扶持农民的战略决策，国家、省市，不断加大对蚕桑企业的帮扶力度，推进丝绸精深加工，延伸产业链。目前全市拥有4家蚕桑产业龙头企业，其中“保山凯喜雅茧丝绸有限公司”（原云南保山利根丝绸有限公司）是保山市第一家农业产业化国家级重点龙头企业，“云南昌宁茂盛茧丝有限公司”（原昌宁欣盛恒茧丝有限公司）和“云南林玉航宇生物科技有限公司”为省级农业产业化重点龙头企业，“保山海宏蚕种生产经营有限公司”为市级农业产业化龙头企业。全市已形成年可加工生丝670吨、丝棉被10000条，产蚕种30万张，产桑芽茶、桑葚酒、桑葚酵素等桑产品100吨以上的生产能力。

四是脱贫攻坚成绩斐然。近年来保山市采取“政府+公司+基地+合作社+农户”的模式，在瓦房、瓦马、西邑、芒宽、勐统、漭水、酒房等贫困山区、半山区发展蚕桑生产，开展“造血”帮扶，奠定“乡村振兴”基础，确保“扶得起、稳得住、不返贫”。2017年至2019年，全市累计投入蚕桑产业扶持资金8601.6万元，其中隆阳区投入6901.6万元（沪滇扶贫协作项目资金4413万元）、昌宁县投入1700万元（沪滇扶贫协作项目资金1100万元），在“沪滇合作”项目的推动下，全市兴建了46个小蚕共育中心和一大批大蚕房，改善了道路、水利基础设施及村容村貌，调优了种植结构，建成3万余亩优质高产蚕桑基地，保护了生态环境，实现了绿色发展，蚕桑产业在精准扶贫、脱贫攻坚工作中发挥着越来越重要的作用，全市蚕桑覆盖建档立卡户6007户，2020年隆阳区有42个贫困村3213户建档立卡户，通过栽桑养蚕年增收2000余万元，已全部脱贫摘帽，如：隆阳区板桥镇左所村于2012年开始种桑养蚕，2019年养蚕1006张，单张产量38公斤，总产量38228公斤，总产值161万元，80%以上的农户蚕房内装上了空调；板桥镇西河村从2014年发展蚕桑，累计种植1800亩，2018年卖茧收入达512万元，户均收入超6000元；瓦房彝族苗族乡，是一个典型的深度贫困乡，经过几年发展，蚕桑种植覆盖全乡19个村（社区），目前有桑园19297亩，居全市第一，种桑户1630户，其中贫困户1124户，2019年养蚕8006张，全乡实现售茧收入1073万元，户均收入6583元，通过发展蚕桑产业全部实现了脱贫摘帽；连片贫困地区瓦马乡通过两年发展，2018年全乡360户实现交茧收入348万元，蚕桑业正在成为全乡农民增收脱贫的重要产业；昌宁县勐统镇长山村是全市苗族聚居最多的一个村，该村有303户人家，建档立卡贫困户118户（79户苗族），2015年以来118户全部种桑养蚕，2018年养蚕收入118.15万元，当年就全部实现脱贫，2019年该村桑园面积7000亩，养蚕3799张，鲜茧产值565万元；西邑乡依托优质蚕桑基地建设项目，每年举办“云南隆阳，桑韵西邑”为主题的桑葚旅游文化节，吸引了本地和昆明、玉溪、大理、临沧等州市的游客2万余人，蚕桑系列产品直接销售收入150多万元，把蚕桑产业由传统单一的养蚕功能向集种植、加工、生态、旅游文化等于一体的综合功能方向发展，实现三产融合发展新格局。在保山市，越来越多的桑农尝到了种桑养蚕的甜头，他们由衷感言：“家有二亩桑，有吃又有穿；家有三亩桑，脱贫不用慌；家有五亩桑，致富奔小康。”

这一时期保山市紧紧抓住国家“东桑西移”，云南发展新定位的重大战略机遇，按照“围绕市场建基地、精深加工促提升、科技创新谋发展、开拓市场增效益”的发展思路，乘势而上，稳步推进，在建成16.56万亩优质蚕桑基地的基础上，充分发挥龙头企业作用，引领产业发展，开创缫丝及丝产品深加工，桑产业、副产品多元化开发为一体的现代蚕桑丝绸产业发展新格局。保山市已成长为全省产业链最长，加工规模最大，产品种类最多，“三产融合、文旅兼容”程度最高的产业化经营佼佼者，使千年“永昌丝”再次发出绚丽的光芒。

大 事 记

一、中华人民共和国成立前

蒲缥塘子沟旧石器遗址的考古发掘表明，最早的哀牢先民——“蒲缥人”8000多年前已在保山繁衍生息，属于云南早期智人。

公元前250年，李冰任蜀太守期间，开始修筑由僰道县(今宜宾)通往滇东北的官道。

公元前221年，秦始皇派常頞修筑五尺道，自僰道(今宜宾)经朱提(今昭通)至建宁(今曲靖)，官道长达二千余里。

公元前122年(西汉元狩元年)，张骞奉使西域，发现已有“蜀身毒道”，时西南夷有丝织品，当属永昌郡所产(周廷贤，云南民族史)。

公元前109年(西汉元封二年)，汉王朝势力延伸至澜沧江以西保山境内。《华阳国志·南中志》说：“孝武帝时通博南山、渡兰沧水，置嶲唐、不韦二县。”哀牢国由盛转衰，时有“汉德广，开不宾。渡博南，越兰津。渡兰沧，为他人”的歌谣，这是云南省有史记载最古老的歌谣。

东汉永平十二年(公元69年)。哀牢王柳貌父子率众归附东汉，以其地及洱海区域设当时全国第二大郡——永昌郡(《后汉书·明帝纪》)，沿袭“永世良久，昌盛繁荣”之风，西南丝路官道全线贯通，汉王朝乃得以与缅甸、印度直接交往，永昌郡成了“金银宝货之地、殊方异域的集散地”，西南丝绸古道上的国际大都会。

东汉时期，永昌丝绸纺织业已较为发达，已有较高工艺水平。《华阳国志》记载：“永昌郡……蚕桑、绵绢、彩帛、文绣。”

公元225年，诸葛亮南征平定南中(越嶲郡、牂牁郡、益州郡、永昌郡)四郡后，为加强蜀汉在南中的统治，注意南中的经济开发，从内地引来比较先进的生产技术，提高了这一地区的农业生产力，从而吸引了许多原以狩猎为生的少数民族“渐去山林，徙居平地，建城邑，务农桑”，走向定居的农业社会。

唐宋时期，保山先属南诏，为永昌节度，继归大理，改为永昌府。太和三年(879年)，南诏从四川掳掠巧儿女工，把内地的丝纺丝织技术传入南诏，惠及永昌。所以旧时出产之干崖五色锦、保山永昌绸、大理赵州丝，以及滇缎曾驰名于世。

光绪二十一年(1895年),根据《中英江宁条约》,自五口通商以来,凡因条约开辟之商埠皆设置海关管理,“云南自设蒙自、思茅、腾越三关后,始有正式之国际贸易”。

清光绪年间建成腾阳会馆,当时主要为蚕丝、棉花商贾集中之地,故称为丝花会馆,位置在今隆阳区易罗池东南一带。

清光绪甲辰年(1904年),永昌府开办蚕桑学堂,附设织染科;同年,永昌知府下令在城垣种桑10万余株。清光绪三十四年(1908年)春,迤西道秦树声同知江蕴琛开办蚕桑学堂,设蚕桑局,试办蚕桑。

民国八年(1919年),在李根源的支持下,保山督办李竹斋利用救济款扩建了保山实业团,成立“腾永实业公司”,为开发丝绸、针织品的生产,请来日本技师传授织绸技艺;同时,腾冲则由地方出资选派青年才俊到日本学习蚕桑缫丝手工工艺。

二、中华人民共和国成立后

1950年,保山地区在专员公署下设建设科,主管全区农林、水利、交通等事务,各县也相应设立建设科主管辖区内蚕桑等各项工作。

1950年,保山专区根据国家和省人民政府的有关规定,制定了农林特产税征收办法,纳税品种就包括有桑树。

1952年,在中央提出的“大力发展蚕桑生产”的方针政策指导下,保山专署曾几次召开蚕桑工作会议,号召农户利用现有桑树养蚕,积极缫丝,支援国家建设,增加农业收入。

1955年,保山地委书记郑刚出席中共七届六中全会(扩大会),在会上汇报了保山专区农业合作社的发展情况和景颇族地区直接过渡到社会主义的做法,受到毛泽东等党和国家领导人的肯定,这促进了合作化运动迅猛发展,蚕桑等农业生产恢复了生机。

1956年7月,保山县成立国营蚕丝厂,其前身为私营合丰针织厂,是云南省最早建成的国营蚕丝厂。

1960年,保山县在董官、小寨兴办蓖麻蚕制种场,当时蚕种场负责人为修泽义,年制蓖麻种2000盒,除供应本地外,还向省外供应。

1964年,全省农村工作会议上号召发展种桑养蚕。在保山地委书记赵善卿、林钧的率领下,地委板桥农业中心样板工作组在邢家湾建设蚕桑等农业样板,保山县在辛街区杜家公社建设蚕桑样板。

1964年11月15—18日,保山县召开全县多种经营干部会议,会议期间与会人员参观了辛街区的蚕桑样板;会议提出1965年要在11个公社发展蚕桑。

1965年6月1日—19日,省科协组织“保山专区经济林木考察组”到保山地区5个县考察。并分别撰写了考察报告,进行了学术交流,这对促进保山发展茶、桑等经济林木起到了积极推动作用。

1965年10月—11月间，农业部副部长江一真到保山地区检查农业生产和样板工作。同年，国务院农林办公室农业组组长郑重，先后两次到保山地区调查总结样板工作。1966年1月，中共云南省委在保山召开现场会，推广保山地委大兴样板田的经验。

1966年，保山县制定出台国民经济发展第三个五年计划（1966—1970年），确定重点打造杜家蚕桑样板，要求保山县林业工作站以青阳村为蚕桑发展重点，搞好技术指导。

1967年，国家农业部、商业部的领导和专家在保山考察，认为保山发展蚕桑生产的自然条件"得天独厚"。

1967年，保山全区实行蚕桑奖售政策，农民每交售1担鲜蚕茧，奖售30尺棉布（发布票），交售干茧的按照鲜茧的3倍奖售，交蚕丝的则为6.6倍。

1971年，保山县制定国民经济发展第四个五年计划（1971—1975年），计划到1975年，发展新植桑园2万亩，年产鲜茧20万公斤。

1973年2月，保山地委在板桥公社召开保山地区蚕桑生产工作会议，参会人员有地区、县、公社的干部，会议提出要稳住蚕桑生产，发展蚕桑基地。

1974年8月，保山县多种经营办公室组织各蚕桑公社、大队基层供销社、县商业局、县农业局和县多种经营办公室人员共计40多人，到楚雄州大姚县参观学习蚕桑生产。

1974年9月，保山地区组织保山县、施甸县蚕桑公社的部分干部，以及县蚕丝厂、县商业局、县农业局蚕桑技术人员共19名代表赴浙江、广东、楚雄参观学习。

1974年，保山地区行署制定蚕桑发展规划，提出在保山、施甸和腾冲三县大力发展蚕桑生产。

1976年2月12—16日，保山地委在保山县召开保山地区蚕桑生产工作会议，参加会议的人员共169人。同年，保山地委在施甸县仁和公社再次召开蚕桑工作会，巩固了蚕桑生产。

1979年，施甸县茶叶、蚕桑业务从县农科所独立出来，正式成立施甸县茶叶蚕桑工作站，首任站长为蒋明琪，副站长为冯其树。

1980年5月6日，保山地区行署蚕桑工作会在施甸县召开，行署副专员苏国相做重要讲话，施甸县委书记杨嘉宾主持会议。

1980年5月6日，保山地区三级干部工作会议在保山县召开，保山地委书记杨善洲作报告，会议提出大力发展蚕桑生产，并成立了蚕桑生产领导小组。同年，保山地区行署根据云南省第一次全省蚕桑工作会议纪要的要求，制定了蚕桑发展的扶持政策。

1980年，保山地委、保山地区行署召开大会，表彰1979年度先进单位和劳动模范，保山县农业局蚕桑技术员杨玉芬荣获地区劳动模范称号。

1980年7月，保山县成立蚕桑生产领导小组，由县委常委、副县长杜恩源任组长。

1981年，经保山行署批准成立保山地区茶叶蚕桑工作站，首任站长为朱志恒。同年10月，保山县蚕桑技术推广站成立，人员和职能从县农科所分出，首任站长为卢经铭。同年，施甸县被列入云南省第一批16个蚕桑生产重点基地县。

1982年起，保山地委、行署决定提高蚕桑奖售标准，实行交售级内蚕茧每公斤奖售原粮1公斤，1984年提高到1.5公斤。

1982年2月25日—3月2日，保山县在河图公社召开蚕桑工作会议，贯彻保山地委、行政公署多种经营会议精神，安排全县蚕桑生产。

1983年5月，腾冲县成立茶叶蚕桑技术推广工作站，首任站长为邓永流。

1984年，农牧渔业部对在基层从事农牧业科技推广工作25年以上的技术干部颁发荣誉证书、证章，保山市蚕桑技术推广站杨玉芬获此殊荣。

1984年，保山地委、保山地区行署对在基层从事科技工作20年以上的技术干部颁发保山地区科技工作者荣誉证书。地区茶桑工作站寸可昌、杨沛、杨锡珍获此殊荣。

1984年，地区茶桑工作站、地区茶桑学会派出6位同志到江苏、浙江、四川三省参观学习蚕桑先进技术。

1985年，保山地区行署计委下发《关于蚕改费和茧灶资金管理使用办法》(保署计经办〔1985〕152号文)，决定蚕桑技术改进费按照鲜茧价格的3%提取。改进费分配为保山市蚕桑站和施甸县茶桑站占70%、保山地区茶桑站占20%、保山地区外贸局占10%。

1985年，泰国国王普密蓬·阿杜德/拉玛九世(Bhumibol Adulyadej，Rama IX)访华，保山丝绸厂生产的丝绵被作为国礼赠送给他。

1988年，云南省人民政府确定保山市(隆阳区)为全省蚕桑重点县市，省政府决定从1987年起，以上年实际收购鲜茧为基数，到1993年止，按照收购蚕茧数量给予基地县、重点县有偿扶持，用于发展蚕桑。

1988年，因蒙自县草坝蚕种场蚕种带毒超标，保山暴发家蚕微粒子病，生产者损失严重，蚕农无力养蚕。

1989年，保山丝绸厂获国家出口商品生产企业证书。

1989年4月，云南省经贸厅、云南省物价局联合印发《关于完善蚕茧最高限价的通知》，要求各地一律取消价外补贴，农民生产积极性受挫，蚕农无心养蚕。

1991年3月20日，中国农科院蚕桑研究所和四川省农科院蚕桑研究所的专家，陪同4名日本蚕桑专家到保山市板桥镇考察桑园和蚕房建设。

1991年,保政通〔1991〕56号文决定,保山市(隆阳区)成立蚕桑发展领导小组,组长为副市长宗继贤,副组长为甑天才、魏亲貌。1992年5月,领导小组组长改为副市长谢振中。

1992年,中共保山地委政策研究室开展了“关于恢复和发展我区蚕桑产业”的专题调研,提出加强蚕桑基地建设;加快丝绸工业发展步伐;改革管理体制,实行农、工、贸,产、供、销一条龙等对策措施。

1992年,由地区行署农业区划办公室牵头,制定《保山地区蚕桑开发规划》,提出在“九五”末期发展桑园1.5万亩,产茧1125吨的奋斗目标。

1994年,保山市(隆阳区)被省人民政府列为“八五”期间全省25个蚕桑基地县和6个优质茧基地之一。保山市政府与省政府签订了蚕桑基地建设合同书。

1995年1月,保山市人民政府(隆阳区)调整充实蚕桑生产领导小组,由徐洪祥副市长兼任组长,并出台了一系列扶持政策,市政府与蚕桑乡镇签订蚕桑发展责任状。

1995年6月5—7日,云南省蚕桑基地建设工作会议在保山市(隆阳区)召开,会议由云南省农业厅主办,保山市农业局承办,会议确定了一批省级蚕桑基地县。

1996年7月,保山市丝绸厂因原料茧短缺,经营困难,与香港未央堂公司合资,改制为保山百斯特医疗器械有限公司,主营一次性注射器,“永昌绸”黯然谢幕!

2000年11月,施甸县恢复发展蚕桑,把蚕桑产业列为发展农村经济,作为调结构、转方式、助农富的骨干产业来抓。

2001年1月19日,保山市(隆阳区)人民政府与浙江海宁丝绸集团有限责任公司签订《关于建设云南省保山市5万亩高产蚕桑基地协议书》,东西部合作发展蚕丝生产。

2001年6月1日,浙江海宁市丝绸集团有限责任公司,注册资金200万元,在保山投资成立保山茧丝绸有限公司,法定代表人为沈锦清,总经理为丁月芬,副总经理为陈伟国。同年,公司开始在隆阳区西邑乡八鸭塘承租土地进行蚕桑示范园区建设。

2001年8月,隆阳区人民政府召开新世纪首次蚕桑生产工作会议。同年9月,隆阳区调整充实蚕桑基地建设领导小组,由副区长张锭任组长,在隆阳区农业局下设办公室,之后各乡镇也成立了相应机构。

2001年12月30日,施甸县召开蚕桑工作会,参会人员有县委办、人大办、政协办、县蚕桑产业发展领导小组成员单位负责人和施甸坝区5个乡镇的乡镇长或书记、农科站站长。县长主持会议,县委书记做重要讲话。

2002年,隆阳区政府决定安排蚕桑生产扶持资金343.80万元,并公开招聘录用蚕桑专职辅导员41人。

2002年7月9—14日,隆阳区副区长带领农业、财政及7个乡镇的领导共17人,考察陆良、祥云两县蚕桑产业发展情况。

2002年8月21—22日，全国"东桑西移"优质蚕茧基地建设研讨会在保山兰都饭店召开。国家茧丝办主任张延华出席会议并讲话，会议提出把云南等地作为"东桑西移"的重点地区，每年投入一定额度的茧丝绸发展风险基金，扶持蚕桑产业发展。

2002年10月，隆阳区调整充实蚕桑产业领导小组，区长任组长，区委副书记、副区长、农业局副局长3人任副组长，成员有13个部门的主要领导；区政府与种桑乡镇签订了责任书。

2002年11月，保山市经济作物技术推广工作站成立，编制16人，首任站长为李宏峨，副站长为张家忠、杨旭。

2003年3月，保山茧丝绸有限公司在隆阳区板桥工业园区征地60亩，计划投资4500万元，新建6000绪自动缫丝生产线，年产白厂丝500吨。

2003年4月3日，施甸县人民政府与浙江海宁丝绸集团公司签订《2万亩优质桑园建设协议书》，双方携手合作共同发展施甸县蚕桑产业。

2004年2月，保山茧丝绸有限公司实施国企改制，由徐利根、杜忠于、丁月芬3人合资入股，其中徐利根占股58%，杜忠于占股32%，丁月芬占股10%，增资后注册资金为500万元，法定代表人变更为徐利根。

2004年12月，由市委政策研究室、市委农村工作领导小组办公室牵头编制《保山市优势农产品区域规划》。其中《蚕桑发展区域规划》提出2010年桑园发展到10万亩，养蚕15万张，生产白厂丝500吨，实现工农业产值1.5亿元。

2005年5月20日，国家农业开发办公室常务副主任赵鸣骥到隆阳区检查调研蚕桑产业发展情况。同年5月30日—6月1日，云南省商务厅厅长带队到隆阳区调研丝绸产业发展。

2005年，保山茧丝绸有限公司首批5组自动缫丝生产线建成投产；保山蚕种场建成投产，成为云南省"东桑西移、浙桑入滇"首家蚕种生产经营企业。

2006年，保山茧丝绸有限公司于3月18日举行了缫丝厂周年庆典暨丝绸织造厂奠基仪式。同年，公司被商务部授予"东桑西移"工程蚕桑基地建设单位。

2006年3月19日，国家茧丝办领导房爱卿、王北鹰一行前来考察调研保山蚕桑产业。

2006年4月24—26日，云南省商务厅组织调研组深入隆阳区调研蚕桑丝绸产业发展的具体做法和经验。

2006年5月23—24日，由商务部主办的"东桑西移"工程东西部蚕桑基地建设洽谈会在保山召开。表明保山作为"东桑西移"的"试验田"取得了成功，也标志着国家蚕桑产业重新布局调整这一战略决策已经由设计进入全面实施阶段。

2007年5月，保山茧丝绸有限公司更名为云南保山利根丝绸有限公司；公司在施甸县注册成立施甸丝缘丝绸有限公司（分公司）。6月，公司入驻昌宁县，成立驻昌宁办事处，开展前期工作。同年，公司建成20组自动缫丝生产线和丝绸经编生产线。

2007年7月19日，省人大常委会党组书记、副主任丹增率省委、省政府及省人大办公厅、省商务厅、省发改委等涉兴边富民工程单位组成的督查组，在市委副书记杨毅、副市长刘刚的陪同下，到施甸视察蚕桑种植和蚕茧收购工作。

2007年8月，保山市政府副市长刘刚率队深入隆阳区、施甸县、昌宁县和腾冲县调研蚕桑产业发展，提出拓展新区，全市桑园面积发展到30万亩的战略设计。

2007年，施甸县被国家商务部、国家茧丝办列为“国家级蚕桑基地”。

2007年10月17日，保山市政府出台《关于加快蚕桑产业发展的意见》（保政发〔2007〕147号文），制定了蚕桑生产向昌宁县延伸，市级财政每年安排200万元用于蚕桑产业化、标准化生产等五项措施，明确提出将保山市建设成为国内一流优质蚕茧生产基地和在国际市场有较大影响力的生丝生产加工出口基地的发展目标。

2007年11月，隆阳区人民政府抽调人员，组建15人的蚕桑工作队，赴西山片杨柳乡、瓦房乡和瓦马乡开展蚕桑发展工作。

2007年11月28日，昌宁县举办第一次蚕桑技术培训会。培训对象为昌宁县蚕桑办的全体人员、各个乡镇的驻村技术员，当年昌宁县新植桑园11000亩。

2007年12月28日，昌宁县人民政府出台《关于2008年蚕桑产业发展的意见》（昌政发〔2007〕90号）文，计划新植桑园1万亩，年养蚕5050张，产茧15.15万公斤，实现农业产值303万元。为此，县政府制定了一系列扶持政策。

2008年1月1—2日，刘刚副市长分别对昌宁县更戛、漭水、田园的蚕桑新植进度进行调研。同年1月3日，市政协主席、市蚕桑领导小组组长张静、副市长刘刚带领市农业局、保山利根丝绸公司及有关部门负责人，对施甸丝缘丝绸缫丝厂进行选址。

2008年3月18日，张静到昌宁县湾甸乡视察蚕桑新植情况。3月18—21日，保山市人大对保山市蚕桑产业进行了为期4天的视察工作。

2008年4月，云南保山利根丝绸有限公司被国务院扶贫开发领导小组办公室授予“国家扶贫龙头企业”，董事长徐利根被保山市人民政府授予“保山市劳动模范”荣誉称号；同年，公司当选云南省茧丝绸协会会长单位，徐利根当选云南省茧丝绸协会首届会长。

2008年4月15日至5月16日，昌宁县举办第一期蚕桑辅导员培训班。在进行2天理论培训后，到隆阳区八鸭塘基地进行30天的养蚕实习。

2008年5月7日，云南省茧丝绸协会蚕茧收购专题会议在隆阳区召开。会议由云南省茧丝绸协会主办，会议确定了2008年全省蚕茧收购的参考价格和收购办法。

2008年7月3—4日，市政府召开全市核桃茶叶蚕桑产业发展现场会。市长作重要报告，市委副书记、政协主席、分管副市长分别讲话，五县区政府作了工作汇报，6家先进典型作了交流发言。

2008年7月22日，昌宁县引进浙江桐乡市丝绸企业，注册成立昌宁欣盛恒茧丝有限公司，法人代表戴跃庆。

2008年8月，云南保山利根丝绸有限公司被农业部八部委授予“农业产业化国家重点龙头企业”，为保山市首家国家级龙头企业。

2008年9月17—19日，市蚕桑产业领导小组成员、市政协副主席罗兴志率领市农业局和市蚕桑办人员一行4人对隆阳区、施甸县、昌宁县进行了为期3天的调研。

2008年10月7日，保山市人民政府出台《关于2009年蚕桑生产的意见》。提出2009年目标任务，明确2009年市级财政安排蚕桑产业发展专项资金230万元。

2008年10月28—29日，市政协主席、市蚕桑产业发展领导小组组长张静率市政协、市农业局、市蚕桑办、隆阳区委、隆阳区政协有关人员到隆阳区西山三乡调研蚕桑工作。同年10月29日，市农业局局长、市蚕桑办主任张开位一行，到施甸县检查蚕桑生产工作，实地查看晚秋蚕茧交售、冬季桑园管理情况。

2008年，为加强对蚕桑产业的领导，市、县（区）相继成立了蚕桑产业发展领导小组，并抽调精干人员，组建蚕桑产业办公室，积极履行蚕桑生产的组织、协调、指导、检查、督促、发展规划、信息提供等工作职责，为蚕桑产业发展提供了强有力的组织保障。

2009年3月18日，市政协主席张静带领市农业、水利、财政、发改委等部门负责人一行，在施甸县政协主席、副县长、人大副主任等的陪同下，深入施甸太平镇等子村调研桑苗移栽情况。

2009年3月26—28日，云南省蚕学会第九次会员代表大会暨云南省茧丝绸协会研讨会在隆阳区召开。云南省农业厅、省商务厅、省农科院、云南农业大学和云南省蚕蜂所、全省茧丝绸公司、全省蚕学会、茧丝绸协会及理事单位共165人参会，副市长刘刚出席会议并致欢迎词。

2009年4月21日，市政协主席张静率市蚕桑办、市政协办到隆阳区瓦渡、瓦窑两乡镇调研蚕桑产业发展情况。

2009年5月4—12日，市蚕桑产业领导小组组长、市政协主席张静率考察组到曲靖市陆良县和广西南宁市、宜州市等地考察蚕桑产业发展情况，同时在桂林市参加了全国茧丝绸产销观摩会。

2009年6月，保山利根丝绸有限公司注册成立云南云迪纺织科技有限公司，在板桥镇征地58亩，建设标准厂房18000平方米，年产300万米丝绸生产线建成投产。

2009年8月18—19日，云南省委、省政府主要领导率队到隆阳区和施甸县调研蚕桑产业，并在保山召开了“全省蚕桑产业发展调研座谈会”，制定蚕桑发展重大战略。

2009年9月18日，保山市人民政府出台《关于2010年蚕桑生产的意见》，提出2010年目标任务，明确市级财政安排230万元蚕桑产业发展专项资金，重点用于建设30个蚕桑专业村，巩固提升老桑园和技术培训。

2009年，昌宁县成立蚕桑技术推广站，核定人员编制12人，首任站长赵志诚，副站长饶泽峰，支部书记罗会军。

2009年11月，昌宁县被列为云南省10大核心基地县之一。

2010年3月20—22日，农业部种植业司经作处处长封槐松、省农业厅调研员浦国俊，到我市调研指导蚕桑抗旱救灾工作。同年4月27日，市政协主席张静带领市农业局等单位到施甸县姚关镇察看桑园新植现场。5月5日，张静率市农业局和市蚕桑办领导到隆阳区检查调研蚕桑工作。5月7日，云南省蚕桑蜜蜂研究所所长、蚕桑技术体系首席科学家黄平到昌宁县视察蚕桑生产工作。

2010年5月10日，中共云南省委常委、副省长李江一行在市政府主要领导陪同下，到施甸县由旺镇调研蚕桑产业。同年7月8日，保山市副市长刘刚率有关部门负责人，深入由旺镇永福村等地调研蚕桑生产。同年8月16日，保山市政府主要领导、市政协主席张静到昌宁县田园镇调研蚕桑生产，并召开座谈会。

2010年9月19日，保山市政府召开全市2010年蚕桑工作会议，刘刚副市长主持会议，会议回顾总结了2010年蚕桑工作，安排部署了2011年蚕桑生产任务。市蚕桑领导小组组长、市政协主席张静作了“抓住新机遇，实现新跨越，努力推进蚕桑产业又好又快发展”的主题报告。

2010年，云南省财政厅安排保山市省级蚕桑产业发展资金550万元；省委副书记到保山调研指导工作时安排省级扶贫专项资金200万元用于扶持三县区10个蚕桑核心基地乡镇建设。

2010年10月27日，保山市蚕桑产业发展领导小组印发《保山市2011年蚕桑产业发展意见》的通知。决定市级财政安排250万元资金扶持蚕桑产业发展。

2010年10月29日，云南省委书记、省长、省政协主席、省人大常委副主任为首的全省农业产业化调研组莅临保山利根丝绸有限公司考察调研。同年，公司被云南省工业和信息化委员会授予“云南省成长型中小企业”称号。

2010年12月24日，市政协主席、市蚕桑领导小组组长张静率市农业局、市蚕桑办和保山利根茧丝绸有限责任公司负责人，到隆阳区和施甸县督查蚕桑工作。

2010年12月，市蚕桑产业办公室制定《保山市“十二五”蚕桑产业发展规划》。计划到2015年全市建成优质蚕桑基地30万亩，养蚕45万张，产茧1.6万吨，生丝产量达到1000吨，坯绸产量达600万米，产蚕丝被15000条，实现工农业产值10亿元，利税

6250万元。将保山建设成为云南优质原料茧和高品位丝、绸加工出口基地，将蚕桑发展成为继烟、糖、茶等传统产业之后的又一特色优势产业。

2011年7月1—2日，省农业厅种植业处助理调研员浦国俊、省蚕桑产业技术体系养蚕与栽培室主任陈松，在市农业局副局长兰子国等的陪同下，对我市蚕种生产进行检查指导。

2011年8月23日，保山市蚕桑工作会在隆阳区召开，会议由副市长刘刚主持，市政协主席张静作讲话。会议总结了"十二五"开局之年工作，分析当前面临的有利形势和大好机遇，安排部署了2012年的蚕桑产业工作。

2011年9月8日，保山市政府出台《关于2012年蚕桑生产的意见》，提出目标任务，决定2012年市级财政安排200万元蚕桑产业发展专项资金，重点用于蚕茧直补、病虫害防治和技术培训等工作环节。

2011年10月24—25日，保山市农业局邀请云南省现代农业蚕桑产业技术体系专家、教授对全市蚕桑技术干部、乡镇蚕办主任、专业合作社技术负责人、养蚕大户共计98人进行了培训。

2011年11月23日，时任中央组织部部长李源潮和省委主要领导莅临保山利根丝绸有限公司视察非公企业党建及丝绸加工情况，极大地促进了我市非公企业党建及蚕桑产业的发展。

2012年1月29日，市政协主席张静一行调研施甸县蚕桑产业，视察了何元乡桑园间套种辣椒—青蚕豆模式，在县农业局会议室听取情况汇报并提出要求。同年3月21日，张静一行再次到施甸调研桑园间套种情况。

2012年6月6日，云南省现代农业蚕桑技术体系首席科学家董占鹏及岗位专家陈松、白兴荣到昌宁县调研蚕桑生产。同年6月10—14日，由浙江省农科院蚕桑研究所所长计东风、桑树品种专家吕志强研究员，云南省农科院蚕桑蜜蜂研究所陈松研究员、云南农业大学园林园艺学院徐升胜博士等一行6人组成的国家桑树资源与育种专家考察团到隆阳区、昌宁县和腾冲市考察桑树种质资源。

2012年6月，云南林玉航宇生物科技有限公司成立，法人代表杨钧林。该公司是云南省第一家从事蚕桑产业综合开发利用及果桑产品精深加工、销售的企业。

2012年7月26—27日，保山市蚕桑产业办公室组织隆阳区、施甸县和昌宁县蚕桑办、市经作站及三县（区）技术部门一行10人，到山东省农业大学观摩学习桑树秋伐、小蚕人工饲料育、地蚕大棚育等新型实用技术。

2012年8月20日，保山市蚕桑生产工作会在隆阳区召开。板桥镇人民政府等8家单位作交流发言，市政协主席张静作报告，市农业局局长段生维安排部署了2013年蚕桑生产工作，三县区领导分别与保山市政府签订了《2013年蚕桑产业发展目标责任书》。

2012年8月21日，保山市政府出台《关于2013年蚕桑生产的意见》，提出目标任务，决定2013年市级财政安排200万元资金扶持蚕桑生产发展。

2012年9月5日，重庆市黔江区人大常委会主任刘作禄、副区长栗永特带领蚕桑业务主管部门领导及全区22个乡镇的负责人一行28人到保山市考察蚕桑产业发展情况。

2012年11月10日，保山市工商管理局分管市场的副局长、市场科科长等一行对施甸县蚕茧收购市场进行调研。

2012年12月，“利根”商标被认定为云南省著名商标。

2013年1月14日，保山市蚕桑工作现场会在施甸县召开。会议由副市长刘刚主持，市政协主席张静作报告。会议分析总结了全市蚕桑生产，交流了各县区工作经验，安排了2013年蚕桑工作。同年5月10日，保山市召开全市蚕茧收购工作会议，农业、工商、税务、企业负责人共70余人参加会议。

2013年5月20—22日，云南省现代农业蚕桑产业技术体系在保山市昌宁县召开蚕桑现场观摩会，首席科学家和各功能研究室、中心试验站、区域推广站专家（站长）及技术团队成员出席。

2013年7月22日，云南省副省长带领农业、财政、水利、商务等副厅级领导一行，在市县级领导及部门负责人的陪同下，到施甸县由旺镇永福村调研蚕桑产业发展情况。

2013年9月29日，保山市人民政府出台了《关于2014年蚕桑生产的意见》，提出2014年目标任务，决定市级财政安排200万元资金扶持蚕桑生产发展。

2013年12月“利根”生丝产品被认定为云南省名牌产品。

2014年6月24日，保山市召开蚕桑工作推进会，与会代表参观施甸县由旺镇银川村、常村和甸阳镇大竹棚村新植桑园示范样板，听取现场介绍。

2014年9月，保山市人民政府出台了《关于2015年蚕桑生产的意见》，决定市级财政安排200万元资金扶持蚕桑生产发展。

2014年9月17—18日，保山市蚕桑工作会议在隆阳区召开。副市长丁昌吉主持会议，隆阳区蒲缥镇等4家单位作交流发言，市蚕桑产业领导小组组长张静作报告，市农业局局长段生维安排部署2015年蚕桑生产工作。三县区领导分别与市政府签订了《2015年蚕桑产业发展目标责任书》，并作表态发言。

2015年5月23日，商务部特派员李朝胜、驻昆明特办和云南省农业厅人员一行3人，赴保山市就“东桑西移”、蚕桑产业发展的情况进行调研。

2015年9月15日，保山市蚕桑生产工作会在隆阳区召开。副市长丁昌吉主持会议，市政协主席张静、保山市委副书记刘刚在会上作重要讲话。会议总结分析了2015

年的蚕桑生产，安排了2016年蚕桑生产工作，与会代表参观了隆阳区板桥镇左所村高产示范桑园。

2015年11月2日，保山市人民政府印发《关于2016年蚕桑生产工作意见的通知》，提出2016年工作重点为：发展新桑园，改造低产老桑园，建设高产桑园示范区；推广种桑养蚕技术，突破养蚕量；发展壮大龙头企业推动产业提质增效。

2016年1月21日，隆阳区召开2016年农业工作会议，总结和安排了蚕桑生产工作，对蚕桑考核先进单位进行了表彰，瓦房等7乡镇和隆阳区蚕桑站共8个单位获奖。

2016年6月，云南保山利根丝绸有限公司三个股东合并，徐利根占股100%，变更成立自然人独资有限公司。

2016年8月，保山市农业产业"十三五发展规划"提出蚕桑重点布局18个乡镇，加强桑园中低改力度，提高种植机械化水平，到2020年建设高产桑园10万亩，将保山市建设成为全省蚕桑种植基地、生丝和丝绸加工基地。

2016年8月4日，"云南省蚕桑技术培训班"在隆阳区召开。云南省农业技术推广总站的领导及全省各州市经作站的工作人员近100人参加了会议，与会代表观摩了隆阳区板桥镇西河村桑园套种示范样板，山东农业大学林学院院长刘训理、浙江农业大学教授李建琴到会作专题讲座。

2016年8月18日，经昌宁县机构编制委员会批准，成立昌宁县经济作物技术推广工作站，加挂昌宁县蚕桑技术推广站牌子，首任站长洪杰、副站长杨研学、支部书记饶泽峰。

2016年9月23日，"云南省蚕桑体系现场培训会"在保山召开，体系首席科学家、岗位专家及部分州市县相关负责人共69人参加会议。与会代表观摩了永福村早秋伐示范样板，首席科学家董占鹏就组织进行"十三五"产业区域化布局研究以及省力化、机械化、轻简化栽桑养蚕技术攻关作了安排部署。

2016年9月29日，保山市召开蚕桑工作会议，各县区主要领导以及市直有关部门、企业负责人等70余人参会。副市长丁昌吉主持会议，市蚕桑产业领导小组组长、市人大主任张静作报告，市农业局局长段生维分析总结了2016年蚕桑生产取得的成效，安排部署2017年蚕桑生产工作。

2017年4月22日至5月7日，隆阳区西邑乡举办了以"云南隆阳，桑韵西邑"为主题的首届桑葚旅游文化节，是省内第一个以桑葚为特色的旅游文化节，蚕乡西邑吸引了本地和昆明、玉溪、大理、临沧等州市的游客2万余人参加。

2017年5月，云南林玉航宇生物科技有限公司研发的"桑葚"系列产品，被保山市人民政府认定为保山市第5批重点新产品。

2017年5月9日，保山市人大主任、蚕桑产业发展领导小组组长张静到隆阳区西邑乡小羊邑村、王寨村、乡蚕桑文化馆和林玉航宇生物科技有限公司基地考察调研。

2017年5月，缅甸、泰国、柬埔寨有关人士来隆阳区西河村、左所村参观调研蚕桑生产，隆阳区农业局蚕桑技术人员介绍情况。

2017年8月13日，中国农业科学院蚕桑研究所副所长、研究员李龙，江苏科技大学教授徐安英，国家蚕桑技术体系首席专家、西南大学博导鲁成一行到隆阳区调研指导抗血液型脓病“华康2号”“华康3号”新品种饲养。

2017年，保山利根丝绸有限公司注销云南云迪纺织科技有限分公司，经编生产迁回海宁“浙江恒迪经编有限公司”。

2017年以来，隆阳区、昌宁县依托“沪滇合作项目”，投资8601.6万元，兴建一批小蚕共育中心，实施完成生产道路、生产用水、大蚕房等配套基础设施工程，建成3万余亩高产示范基地，蚕桑成为山区、半山区许多农户脱贫致富的首选产业。

2018年1月，腾冲迅一农业发展有限公司成立，并在腾冲市团田乡、蒲川乡和清水乡开始种植桑树，2020年腾冲市有桑园1443.5亩，共养蚕2738张，产茧99.5吨，鲜茧产值372.2万元。

2018年10月17—23日，为认真学习借鉴省外蚕桑生产先进技术和经验，促进了隆阳区蚕桑产业更好发展，隆阳区政府组织区农业局、扶贫办、蚕办、蚕桑站、蚕桑核心乡镇和企业一行19人，深入浙江、江苏、广西、广东四省蚕区，观摩了蚕桑新设备，考察了桑产业多元化开发利用，调研了标准化蚕房建设，学习了小蚕共育示范基地、优质桑苗出口培育基地及文化场馆建设。并与当地蚕桑专家、丝绸企业老总、蚕桑合作社负责人和蚕农代表进行了广泛座谈交流，共谋产业发展大计。

2018年以来，龙陵县在勐糯镇开始种植桑树，2019年有桑园500亩，养蚕550张，鲜茧产量1.93万公斤，总收入84.7万元。

2019年6月，机构改革，保山市经济作物技术推广工作站撤销，业务和人员并入保山市农业技术推广中心，同年，施甸县茶叶蚕桑工作站撤销，业务和人员并入县农业技术推广中心。

2019年7月2至3日，云南省现代农业蚕桑产业技术体系首席科学家董占鹏一行4人深入隆阳区和昌宁县，对保山市家蚕抗脓病品种“云抗1号”品比试验、桑树品种资源圃、科技成果示范基地建设、新植桑园示范样板、乡村振兴等工作提出指导性意见。

2019年7月19日，浙江大学经济学院顾国达教授一行8人在省农技推广总站蚕桑科技长张丽，保山市农业农村局副局长李正尧陪同下，深入隆阳区板桥镇左所村、西河村、云南保山利根丝绸有限公司调研保山市蚕桑产业发展及技术推广服务情况。

2019年11月29日，云南省农业农村厅种植业处处长梁基一行4人深入隆阳区板桥镇左所村，视察了科技成果示范基地，家蚕饲养设施，古桑树种质资源的收集、保存和繁育工作，详细了解蚕桑生产情况和技术需求。

2019年12月19日，保山市农业农村局局长何树林一行5人，到隆阳区瓦房、瓦马乡检查指导蚕桑工作，调研蚕桑产业在精准扶贫中取得的作用和成效。

2019年，隆阳区在省内率先引进推广“智能化小蚕共育”设备和技术，之后依托沪滇扶贫协助项目支持，整合地方涉农专项资金，在瓦房等8乡镇新建智能化小蚕共育中心46座。

2020年1月，因机构改革，成立隆阳区经济作物技术推广站，原隆阳区蚕桑技术推广站撤销，其人员及相关业务全部并入隆阳区经济作物技术推广站。

2020年4月2日，浙江凯喜雅国际股份有限公司与云南保山利根丝绸有限公司达成合作协议，组建成立“保山凯喜雅丝绸有限公司”，凯喜雅控股65%，自然人徐利根占股35%。同时新公司与隆阳区政府、施甸县政府签订了战略合作框架协议。

2020年8月22—23日，全国东西部扶贫协作培训班在怒江、保山举办。国务院扶贫办副主任洪天云、省委副书记王予波出席会议。承担东西部扶贫协作任务的东部9个省份、14个城市，中西部14个省份、20个州市和安徽省、江西省扶贫办及9家企业的200余人参加会议。

2020年，隆阳区在全区试行养蚕生产保险，由中国人民财产保险股份有限公司保山市隆阳支公司承保，以户为单位投保，养蚕保险费率为1.5%，保险费按照饲养蚕种数收取，15元/张，由区财政、保山凯喜雅丝绸有限公司和养蚕户分别承担8.5元、5元和1.5元，全年实际参保23221户次。

2020年12月14—18日，西南大学家蚕基因组生物学国家重点试验室博士生导师何佳宁、博士轩亚辉，云南省蚕桑蜜蜂研究所研究员陈松、李镇刚，保山市农业技术推广中心杨旭等一行8人组成调查组，深入隆阳区瓦窑镇、芒宽乡，昌宁县耇街乡，腾冲市五合乡，龙陵县腊勐乡开展桑树野生种质资源调查。调查组在芒宽乡吾来村发现野生桑树群落，其中一株古桑树高49.8米，地径2.7米，冠幅59.2米×57米，据专家初步判定树龄在500年以上，为全国最大“桑树王”。

第一章　丝绸之路

中国是丝绸的原产地，早在商周时期丝绸织造就已达到相当高的水平。古代，丝绸是中国与西方贸易中最受欢迎、销量最大的商品，丝绸也是一张闪亮的名片，向世界展示中国璀璨的文明和厚重的文化，自古以来一直被认为是东方文明的象征。我国蚕桑生产技术向国外传播，首先是丝绢的输出，然后才是蚕种、桑种和技术的外传。《史记》和《汉书》有周初箕子在朝鲜传播田、蚕、织作的记载。公元前3世纪，我国即以盛产丝织物而闻名于世，希腊人已称中国为"丝国"，公元前4世纪时，中国丝绸已在欧洲流行。西方考古则把中国丝绸输入欧洲的时间推向更早，希腊雅典一处公元前5世纪的公墓里，发现5种不同的中国平面纹丝织品，织法与四川丝绸相同，证明中国丝绸在公元前500年，甚至在公元前600年就已传至欧洲。然而，根据中国古文献记载，声名显赫的"丝绸之路"最早在公元前2世纪末期西汉王朝时才开辟使用，远远晚于考古发现所真实反映的中国丝绸西传欧洲的年代。由此可见，必定还存在着另外一条由中国通往欧洲的丝路。

丝绸之路是指起始于中国经过中亚、西亚连接欧洲以及北非的古代陆上贸易通道，张骞二次出使西域开凿其基本干道，直至16世纪仍保留使用。丝绸之路一词最早来自1877年德国地理学家费迪南·冯·李希霍芬出版的《中国》一书。书中把这条以首都长安为起点，经河西走廊至敦煌，出新疆"从公元前114年至公元127年间，中国与中亚、中国与印度间以丝绸贸易为媒介的这条西域交通道路"命名为"丝绸之路"，即被学术界和大众广泛传播应用。其后，德国历史学家郝尔曼在20世纪初出版的《中国与叙利亚之间的古代丝绸之路》一书中，根据新发现的文物考古资料，进一步把丝绸之路延伸到小亚细亚和地中海岸，以意大利罗马为终点，全长6440千米。

随着时代发展，"丝绸之路"成为古代中国与西方所有政治、经济、文化往来通道的统称。包括西汉官方通道"西域丝绸之路"；北向蒙古高原，再西行天山北麓进入中亚的"草原丝绸之路"；从长安到成都再到印度的山道崎岖的"南方丝绸之路"；还有从广州、泉州、杭州、扬州等沿海城市出发，从南洋到阿拉伯海，甚至远达非洲东海岸的"海上丝绸之路"等。

新时期“一带一路”倡议的提出和践行，赋予丝绸之路更新的理念和更为丰富的内涵，更是中国与世界缔造命运共同体，共创美好生活的庄严承诺和时代宣言。

第一节　南方丝绸之路

南方丝路泛指历史上不同时期四川、云南、西藏等我国南方地区对外连接的通道，包括历史上有名的“蜀身毒道”“茶马古道”“步头道”等，是我国最古老的国际通道之一。《三国志》载：“大秦道既从海北陆通，又循海而南，与交趾七郡外夷比，又有水道通益州、永昌，故永昌出异物。”说明当时南方商道已十分繁荣，并通过陆路、海路和水路将大秦（古罗马）、交趾（越南）、永昌郡、益州（四川）交织在一起。永昌郡既有来自罗马的奇珍，还有来自越南的异宝。

南方丝绸之路有东线、中线和西线三条。

东线为从四川经贵州、广西、广东至南海的牂牁道，或称为“夜郎道”，由此道发展了中国西南与东南沿海地区的关系。

中线为从四川经云南元江下红河至越南及中南半岛的交通线，历史文献记载为“步头道”和“进桑道”。四川大学城市研究所教授何一民认为，这条交通道路的出现至少可追溯到3000多年前的三星堆、金沙时期。“越南北部东山文化遗址出土的凹刃玉凿、领玉璧、玉璋等，都与三星堆、金沙出土物样式一致，而三星堆也出土了大量来自印度洋的海贝。凡此种种，我们不难发现，古蜀国其实很早便与域外通过一条道路发生联系，这条道路的开拓，比汉武帝通西域要早上千年。”

西线即西南丝绸之路，也称“蜀身毒道”，从成都平原出云南至缅甸西行至印度、巴基斯坦、阿富汗到中亚、西亚、欧洲地中海地区。一些专家认为，这是中国最早的对外陆路交通线，同时也是中国西南与西欧、非洲、南亚诸国相连最短的一条线路。

第二节　西南丝绸之路

四川是中国丝绸的主要原产地，中国丝绸的输出最早便是蜀丝的输出。《诗经》上说“娟娟者蜀”，这“蜀”字的本意即是野蚕的意思，后来又成为善于养蚕的蜀人的称谓。《华阳国志》说“蚕以蜀为盛，故蜀蚕曰蚕丛，蜀亦蚕也”。从现存的文字资料来看，养蚕业也是起源于蜀地，而且自蚕丛氏驯化野蚕之后，蜀地的蚕桑丝绸业迅速发展，西汉时期盛况空前，所产蜀锦质量极好，西汉扬雄《蜀都赋》曾称颂，蜀锦鲜艳华丽，品种繁多，发文扬采，转代无穷。《蜀都赋》称，蜀地“黄润细布，一筒数金”，意思是蜀地的丝绸以黄色的品质尤佳。印度考古学家乔希指出，古梵文文献中印度教大神都喜欢穿中国丝绸，湿婆神尤其喜欢黄色蚕茧的丝织品。这种黄色的丝织品，应该就是扬雄所说的“黄润细布”。从印度古文献来看，湿婆神的出现时间至少相当于中国的商代。这说明，可能在商代，四川已经同印度发生了丝绸贸易关系。1936年，在阿富汗喀布尔以北考古发掘出许多中国丝绸，这些丝绸有可能是从成都途经云南、缅甸、印度和巴基斯坦，然后转运中亚的。在云南滇池地区，从战国及西汉古墓遗址中出土了部分西亚文物，证明西南丝路当年确已存在。

方国瑜先生从战国楚墓出土的“料珠两件”中推断，此类物品应是从“蜀身毒道”由印度传来，古道最迟于公元前4世纪已开通。而在司马迁的《史记》中记载在元狩元年（公元前122），汉使张骞向汉武帝报告时就已推断“蜀身毒道”的存在。季羡林先生在《大唐西域记校注》中也谈到了“蜀身毒道”自公元前2世纪开始，此道与长安通印度的道路并存，该道是战国至汉晋时期以云南为枢纽的中印通道 。他在《中国蚕丝输入印度问题的初步研究》中认为：“中国蜀地的丝织品先传到云贵地区，后经滇缅通道传入印度。”

西方称中国为“Cina”一名，始见于公元前5世纪印度《政论》梵文书中，就是由此古道传入印度“秦”国的梵文译音。秦国建立于公元前770年，因秦国威名远播，首为印度所知。

公元前320—公元前315年印度旃陀罗笈多王朝高底里雅所著书中说到，中国产丝与纽带，贾人常贩至印度。印度古代著名的《摩奴法典》将中国与希腊人并列。史诗《摩诃婆罗多》中也有对中国丝的记载；印度古籍考庇利耶的《政事论》记载：公元前4世纪印度孔雀王朝时期有产自中国成捆的丝。当时，秦灭蜀，蜀为秦国的范围，“成捆的丝”就是蜀丝。出口印度的丝绸和丝就是由四川、云南一路经缅甸运到印度去的，此时距离北方丝绸之路的开通还有200多年。当时的中国正处于春秋战国时期，北方战祸不断，各国互相吞并，而南方，特别是西南蜀地、滇地社会安定，经济发达，因而最早与缅甸、印度等国发生贸易往来，西南丝绸之路空前繁荣；英国人哈维的《缅甸史》、霍尔的《东南亚史》等著作中记载，公元前2世纪以来，中国经缅甸的商业通道“循伊洛瓦底江为 道，循萨尔温江为 道，尚有一道循弥诺江经曼尼普尔乘马需三月乃至阿富汗。商人在其地以中国丝绸等名产换取缅甸的宝石、翡翠、木棉，印度的犀角、象牙和欧洲的黄金等珍品。”

一、西南丝路的由来

西南丝路西汉时称“蜀身毒道”，蜀是四川，身毒是印度的古称，即是指从四川出发，经过云南、缅甸直至印度、阿富汗的商路。据《史记》《汉书》等史籍记载，“蜀身毒道”于公元前4世纪战国中期之前已开辟，是当年四川、云南先民赶着马帮，循着云水迢迢的逶迤山道“走夷方”对外贸易的民间通道，因穿行于横断山区，又称高山峡谷丝路。悠悠古道上山间铃响马帮来往了至少二个世纪后，才有张骞出使西域的驼铃声。

《史记·南蛮西南夷列传》记载，西汉中央王朝发现“蜀身毒道”，是元狩元年（公元前122年），博望侯张骞奉使西域归来，“言使大夏（阿富汗）时，见蜀布、筇竹杖，使问所从何来，曰：‘从东南身毒国，可数千里，得蜀贾人市’。或闻邛（西昌）西可二千里有身毒国”。张骞向武帝盛言大夏“慕中国，患匈奴隔其道，诚通蜀，身毒国，道便近，有利无害”，汉武帝甚为欣赏，即着手疏通“指求身毒国”的道路，派遣司马相如开凿从成都出发经邛都（西昌）至滇中大姚的“灵关道”，派遣唐蒙为中郎将续修秦时常頞所通“五尺道”，意欲开发云南，将此西南夷地的民间商道纳入国家官道网络之中。然而，由于民族隔阂太深，利益之争激烈，汉武帝的西进战略遭到云南边地民族势力特别是以强悍著称的昆明部族的强力阻挠未获成功。西汉元封二年（公元前109年），武帝派大将郭昌发巴蜀兵击灭劳浸、靡莫诸部落，以兵临滇，迫使滇王举国降汉，遂在滇国旧地建益州郡，在哀牢国腹地设置嶲唐、不韦二县，至此，汉王朝历经数十年，始通博南山，渡澜沧水，势力沿古道触及洱海、怒江以西地区。直到东汉明帝永平十二年（公元69年），哀牢王柳貌率怒江以东部族内附，建立永昌郡，“蜀身毒道”全线贯通，汉王朝乃得与缅甸、印度直接交往，“西南丝路”由此载入史册。永昌郡成了“金银宝货之地，殊方异域的集散地”，西南丝绸古道上的国际大都会。

西南丝路早在秦汉以前，就是巴、蜀、楚地商贾由滇出国（缅、印、波斯）贸易的重要走廊，只因当时部族割据，山高路险，难以畅通，汉明帝时期抽调大批刑徒开挖拓展，使之成为汉朝经过西南地区的一条大动脉。之后经历了诸葛亮征南和晋、隋、唐（南诏）、宋（大理国）几个朝代的不断开凿拓展，成为我国中央王朝经略西南，沟通东南亚、南亚各国经济、文化交流的主要通道。元代，也先不花西征，设都元帅府于永昌，继而建立“至缅十五驿”，负责信息传递和迎送朝廷官员。期间，征集民夫修建道路，架设桥梁。明朝，“三征麓川”，地方政府每次征调民夫配合官军“逢山开路，遇水搭桥”，永昌道上部分石拱桥和一些险峻地段得到改造提升。明宪宗成化十四年（1478年）澜沧江兰津渡铁索桥（霁虹桥）落成，天险变通途。明神宗万历二年（1574年）云南巡抚陈用宾在沿今盈江、陇川、瑞丽边境修筑八关（铜壁、神户、万仞、居石、天马、汉龙、虎踞、铁壁）的同时，增设大理凤仪关，永平黑狱关，保山牛角关，腾冲马面关、镇夷关，梁河曩宋关，施甸姚关，盈江古力卡，遮放黑山门，龙陵南天门等关卡哨所，驻兵戍守。

西南丝路是贯穿云南，与内地四川、关中相通，经保山通往境外的缅甸、印度等国的对外陆路交通线。这条把中华文明与印度文明紧紧相连的丝绸之路，主要由国内的“五尺道”“灵关道”“永昌道”3条干道和境外的“身毒道”组成，其间又分支和穿插着若干支线，在不同的时代其名称有所不同，部分路段也有所变化（改道），如“灵关道”在三国时叫“旄牛道”，至唐代又称“清溪关道”；“五尺道”曾叫“朱提道”；“永昌道”西汉时称“博南道”……但无论历朝历代的道路如何变化，均是围绕着这3条主干道（图1-1）进行的。

二、主要线路

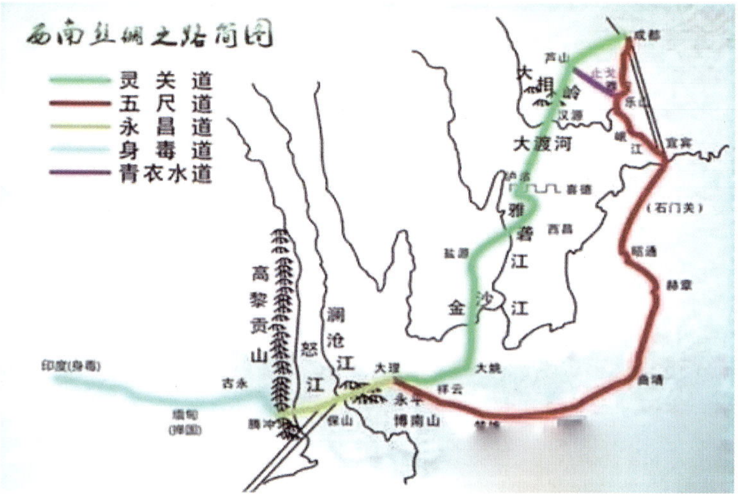

图1-1 西南丝绸之路简图

西南丝绸之路以成都平原为起点，向南分为东、西两路，西路沿“灵关道”南下至云南大理，东路从成都平原南行经“五尺道”至大理，两路在大理汇为一路继续西行，沿着“博南道”翻过永平博南山后，从兰津古渡过深不可测的澜沧江，进入永昌，经“永昌道”跨过奔腾汹涌的怒江，翻越巍峨的高黎贡山，再由腾越（腾冲）出境抵达掸国（缅甸），然后分为陆、海两路转入身毒（印度），最终将蜀地运来的蜀布、筇竹杖、丝绸、铁器、漆器等运到南亚、西亚甚至欧洲、非洲。就这样，全程两千多公里的西南丝绸之路，串联起川、滇及中原，走向世界。

（一）五尺道

图1-2 五尺道遗址

“五尺道”系先秦李冰父子、秦代常頞先后开凿的，因路宽仅五尺，故称为“五尺道”。“五尺道”全程一千多千米，以成都为起点，顺岷江南下，经眉山乐山、犍为而至宜宾，经高县、筠连入云南境，过盐津石门关后至昭通、曲靖，西行经楚雄、南华等地至大理。秦帝国灭亡后，汉武帝刘彻两度开凿此道，主要为控制今川南、贵州及云南东部的宣威、曲靖等南夷地区，故又名“南夷道”（图1-2）。

（二）灵关道

此路因穿越了凉山越西境内的“灵关”而得名，汉武帝时期开通，促使“蜀身毒道”商道的进一步繁荣，内地商队络绎不绝沿着这条相对宽敞的道路，从成都出发，经邛崃、雅安、荥经翻越大相岭而至汉源，渡大渡河、穿清溪关后进入今四川凉山彝族自治州，顺安宁河谷南下至邛海之滨的西昌。再沿河而下，经德昌、米易而至会理，渡过金沙江进入攀枝花市仁和区的南部，翻越川滇交界的方山后入云南永仁，经大姚、姚安至祥云，直达洱海边的大理。其大部路段与今天的雅（安）西（昌）祥（云）线相重合。因此道邛崃至西昌段乃西汉司马相如为经营“西夷”地区而开，又名“西夷道”（图1-3）。

图1-3 灵关道遗址

（三）永昌道（博南古道）

永昌道是西南丝绸之路上一颗璀璨明珠，因穿过古永昌郡（今云南西部大理、保山、德宏等）辖地而得名。永昌道东起大理（楪榆），向西行经漾濞（漾濞驿）、进入博南（永平）古道，跨过澜沧江霁虹桥（图1-4）入永昌（保山）水寨。

图1-4 澜沧江霁虹桥

水寨原名瑞寨，因寨中湿度较大，雨后常起彩虹，当地人认为乃祥瑞之气，故名“瑞寨”；寨头有一泉，水清味甘，“瑞”与“水”方言中通

村。两线相交后过龙江桥，经橄榄寨、芹菜塘、玉璧铺至腾冲城（图1–5）。

腾冲古为滇越国，又称“乘象国”。腾冲北、西北与缅甸毗邻，与缅甸克钦邦山水相连，国境线长140.075千米，腾冲自古就是西南边陲的重要通商口岸和边防重镇，是大旅行家徐霞客到过西部最远的地方。这里是西南丝绸之路出境缅甸的交通要冲，历史上商贾云集，贸易繁荣，光绪二十八年（1902年），英中两国政府在腾越设立海关，管理国际贸易，为云南省三大海关之一。腾冲以悠久的历史、厚重的文化和旖旎的风光被誉为“极边第一城”。古代从腾冲出境缅甸的主要线路有3条：

一为西部陆上通道：由腾冲西经和顺、中和，过古永或盏西，入缅甸，渡伊洛瓦底江到克钦邦首府密支那，往西达印度的雷多（东天竺北界之集散商市），这是最古老的商道。古道形成于战国时期，元明以来，长期成为我国中央王朝管理今缅北江心坡一带主要通道。

二为西南陆上通道：由腾冲西南经荷花下梁河、盈江，出缅甸，过八莫（古江头城）或猛拱（古安西城）西行达印度的英帕尔（中天竺之集散商市），或经曼德勒（瓦城）西行达印度的加尔各答（口岸商市），这是次古老的商道。古道形成于汉晋时期，元代征缅战争结束后，被云南行省列为通缅驿道主线路，在沿途设置镇夷关、曩宋驿等机构进行管控。

三为南部海上通道：由腾冲经龙陵、芒市、畹町、瑞丽出缅甸，过腊戍（古木邦地）、曼德勒，至南海岸的勃生港，出海航行直达南天竺（南印度）和西方的大秦（罗马）等地。此条“海上丝路”，后于“陆上丝路”的开发，南洋航运始于唐代，到元代已很盛行。

第三节　主要作用

丝绸之路既是以丝绸为媒介的经济贸易之路，也是宗教传播、民族迁徙之路，更是东西方文化相互碰撞交融之路。

一、经济贸易

西南丝路的通行，始于对外贸易，发展于军事开拓，对于促进中国与世界各国经济繁荣有重要的历史贡献。古道形成初期商品输出物主要是蜀地丝绸，交易终端远达欧洲，西方地中海地区的古希腊、罗马最早认知的中国丝绸便是古蜀地的产品。除了丝绸，还有四川的筇杖、枸酱、铁器及哀牢的桐华布等。以此换回黄金、琉璃、犀角、象牙、海贝、宝石、翡翠等奇货。腾冲宝峰山核桃园1938年出土了汉代1000多枚五铢钱，见证了西南丝路的不断国际化，西汉初期铸造的铜钱与齿贝这种当时在印度及东南亚诸国通行的货币，一同成为古道商贸圈通用的等价交换物。

秦汉之际，随着官道的开辟和延伸，内贸日益活跃。据文献记载，关中和川、滇之间，“四塞栈道，千里无所不通”，商人往来于途，络绎不绝，把云南的牛马运入四川，把“川康丰厚之物资……贾于南中，与蛮夷贸易”，把四川的铁器和技术输入云南，加速了云南生产的发展。处于“迤西咽喉”的永昌，是西南丝绸古道的前沿接口和国际商贸中心，是我国西南进出口的物资集散地和国际贸易中心。从战国开始，巴、蜀、楚地商贾就沿着这条民间贸易商道，从滇辗转出缅甸、印度、波斯经商。东汉时哀牢内属，掸人归附，中外交往日趋繁盛，《华阳国志·南中志》说：“永昌郡，西通大秦，南通交趾，奇珍异宝，进贡岁时不阙。”商业的兴盛催生了“极边第一城”腾冲这个国际贸易口岸，汉晋时期各国商人云集永昌、越赕（腾冲），在此交换黄金、宝石、琥珀、翡翠、孔雀、犀牛、象牙、蚕丝、绢布、水晶、琉璃、海贝等价值极高的商品，一些从中原、江浙派来做官的人，也攫取了巨额财富。《华阳国志·南中志》载：“益州西部宝货之地，居其官者皆富及十世。”又说：永昌居民中，“有闽、濮、鸠、獠、票、越、倮濮、身毒之民”。由此可见随着永昌成为对外通商的重要城市，外国商贾侨民也就随之而来，其中许多人长期侨居此地经商。自唐代以来历朝历代，通过永昌道而进行交流的中外商贸绵延不断，近现代更为频繁和兴隆，交流的商品也更丰富。

清代，腾越、永昌的对外贸易有较大发展，腾越曾是中国对印、缅贸易的主要口岸之一。据《腾越州志》记载：“时海运未通，国内之贾于腾越者，上则珠宝，次则棉花，宝以璞来，棉以包载，骡驮马运，充塞路衢。”清光绪《腾越厅志》记载：腾越因与缅甸相通，“向来珍异岔集，商贾之捆载前来者，福辏于道”。腾冲八保街，外地人又称它为“百宝街”，前人诗有“昔日繁华百宝街，雄商大贾挟赀来”之咏。光绪二十年（1894年），清政府与英国签订《滇缅商务条约》规定：“自条约批准之日起，以六年为期，中国所出之货与制造之物，由旱道运入缅甸者，除盐之外，概不收税，英国制造之物和缅甸土产运出缅甸，由旱道赴中国，除米之外，概不收税；盐铁之税不得多于出入海口所收之税。”此后，英、印、缅货物即大量从腾越入境。为加强对进出口贸易的管理，光绪二十三年（1897年）和二十八年（1902年），英中两国政府先后在腾越设立领事馆和腾越海关。当时，国内外的进出口商大都以腾越为据点开展对外贸易，进口以棉纱、百货、珠宝、玉石为主，还有大量鸦片，每年经海关验收的进口货值约关平银三四百万两；出口以黄丝、土产为主，年出口货值大约关平银一二百万两。光绪二十八年经海关检验入境的大宗货物最多时达100多种。出境的主要货物黄丝、石磺等主要销往缅甸、印度、中国台湾、中国香港、菲律宾等地。

民国时期，腾冲对印、缅贸易继续发展，据海关统计，民国九至十八年，腾越关出口的商品额占全省出口总额的13.5%，进口额占全省进口总额的17%。当时，腾越从事进出口贸易的商号达300多家，印、缅及国内许多重要城市，都有腾越人的商号。每年秋收后，还有数千季节性小贩奔走于腾、缅、印之间，在腾越至八莫、腾越至密支那的道路上，常有上万匹骡马从事进出口商品运输。《腾冲县志》记载，民国元年至民国二十五年（1936年），经腾越海关出口的商品共80多种，其中尤以黄丝出口最多，民国八至十二年（1919—1923年），黄丝出口货值占出口总值73.9%～94.8%。

民国二十七年（1938年），中印公路（史迪威公路）全线通车，成为中国与外界联系的唯一通道，西南运输处的上万辆卡车日夜不停抢运棉花、棉纱、布匹、染料、西药、百货、石油、五金器材等盟军支援的抗战物资，国内巨商大贾云集云南，昆明成为商品集散中心，保山成为转输要地。滇缅公路车水马龙，为中国抗日战争胜利做出巨大贡献。

二、民族迁徙

西南丝绸之路对于中国西南地区以及东南亚、南亚的民族迁徙与融合起到了重要作用。20世纪80年代初，费孝通先生就曾经提出过“民族走廊”这个概念，指的是地区的族群或族类在相当长的一段时期沿着自然形成的线路如河流、山谷等，有规律、有组织地向另一个地区进行的群体性的流动和迁徙。而“藏彝走廊”则是早在远古时代就已在西南地区形成的一条民族大通道。考古材料显示，自夏、商时羌系民族便经青藏高原的东缘（四川西部）向西南地区迁移，此后这种民族大迁徙络绎不绝。战国时，楚国为了巩固后方，便不断向云贵扩展，大约在公元前277年，楚顷襄王就派遣大将庄蹻率军驻今昆明、晋宁一带，用武力威胁当地各部落归顺楚国。恰好这时秦国又夺取了川黔地带，阻塞了庄蹻回归的道路，他只好率军留下，“变服从其俗”，定居下来，傍滇池立国，驻于今晋城附近。他们用先进的生产方式和文化，促进了滇池地区生产力的发展，这是汉族向滇池地区第一次大规模移居，也是中原与边疆在经济文化上交流的开始。《华阳国志》《后汉书》等古籍记载，战国时期秦国进入古蜀的时候，因畏秦之威有一定的羌人及附近的其他民族沿西南丝路南下的过程。这些迁移的民族不单到达云南，一部分甚至进入了东南亚及南亚的东部地区。

西南丝绸之路全线开通后，汉朝为加强管理，在交通干道沿线设置邮亭、驿站，同时还从中原地区迁移人口实行“移民实边”和“屯田”垦殖。“移民实边”及“屯田”乃西汉王朝开发与巩固边疆的重要措施，始于汉文帝，初实施在北方与匈奴接壤地带的朔方、雁门、云中等郡。汉武帝开“西南夷”后原样照搬，扩大至新设置的西南诸郡。尤其值得一提的是“移民实边”，乃是国家组织实施的大规模的人口迁移行动，将稠密的内地人口迁至边疆地区，“乃募豪民田南方夷”“徙死罪及奸豪实之”。如不韦县正是因徙秦相吕不韦子孙后人于此而得名。《蛮书》《云南简史》记载，唐代时为促进滇西地区社会经济的发展，实行大规模种族迁徙，调整奴隶劳动，将较先进的滇中“白蛮”徙二十万户于永昌；较落后的滇东“乌蛮”、滇北“磨蛮”、滇西“南蛮”一部分徙居滇池地区；又掳骠民（缅民）三千余配隶昆明，扩大阳苴咩城（南诏大理国国都）、拓东城（昆明）、永昌城等，公元835年，掳弥城（盈江盏西）人民三千，配缅甸丽水淘金；明朝时更有大规模的人民迁徙至永昌。民族的迁移打通了东西南北的交通要道，客观上扩大了民族交融，促进了文化交流。

三、文化交流

西南丝绸之路既是商道，又是佛教传播、文化交流之道。四川广汉三星堆遗址考古发现的青铜大立人、青铜器群、金杖、金面罩等，以及金沙遗址出土的象牙、金器、齿贝等，透露着源自南亚和近东的文化印迹。印度人民互相泼洒净水，祝福祈丰的习俗，以及印度人民的祭柱习俗都通过古道传入云南，成为傣族泼水节的来源和西南少数民族中有较广泛的祭柱习俗的来源。同样，这些地区也有大量古蜀和云南文化因子存在，如印度发现的有肩石斧、有段石锛，印度哈拉巴文明发现的大量束丝符号，其文化因子明显是源于中国西南地区；东南亚地区的马来亚和马来族的竹王的神话传说，显然是源于时间较早的西南夷的信仰源，招魂、素梦等巫术，则与中国南方楚地的楚风文化的巫术同出一脉。龙文化是中华民族的象征，据《华阳国志》载，汉化以前，哀牢夷就在身上刺龙纹以为龙子，在古代印度的岩画上也有龙的形象，缅甸、越南、秦国、老挝一些民族中也有纹龙的风俗。

古代山路崎岖，物资靠马帮运输。公元前三世纪初叶，随着古蜀丝绸商品等交换，佛像、佛经沿着“蜀身毒道”由马帮一步步驮进中国。古文献《后汉书·哀牢传》记载了哀牢人当时流行的一种葬礼形式为南亚佛教的葬礼，必定与西南丝绸之路有着密切的关系。我国僧人亦有经西南丝路往印度求佛法的，唐代僧人慧琳《一切经音义》（卷81）就提到曾有二十余僧“从蜀川南出牂牁，往天竺得达”。

在这条丝路上，随着贸易的发展，文化交流也日益加强。掸国王东汉时三次遣使前往洛阳“奉国珍宝”。特别是第二次，安帝永宁元年（120年），不仅献乐，而且由所携罗马艺人表演吐火、自支解、易牛马头等幻术绝技，这是欧洲国家文艺使者访问中国的最早记载。

唐代进一步加强军事扩展和古道文化交流。唐扶植南诏政权统一“六诏”，“西开寻传”“刊木通道”“造舟为梁”，直达缅甸的伊洛瓦底江流域，置丽水节度，由西南丝路印、缅传入的佛教达到顶峰。据耿德铭先生研究，唐代有三位印度高僧来保山传教。其一，摩伽陀。其到永昌、大理传播密宗佛教。《永昌府志》《腾越州志》《腾越厅志》和民国《腾冲县志》诸书记载，南诏赞普钟十六年（唐大历二年，767年）摩伽陀来腾冲西郊宝峰山结庐修行;诸书又记:“摩伽陀,天竺人。蒙氏时栖于(腾冲城东南十二里处的)长洞山,阐瑜伽之教,演法秘密,祈求必应。”《云南辞典》载摩伽陀于“公元七世纪,由西印度至南诏传播密宗,开建五秘坛场,弘扬瑜伽法,在大理、鹤庆一带广招信徒,弟子张子辰、罗逻倚等人相继由西印度至南诏,被称为南诏七师”。其二,岑岛。方国瑜主编的《保山县志稿·宗教》说“保山佛教,由历史上考察,唐代大盛……其密宗传入,有……番僧岑岛,开凿卧佛寺石像,在唐开元四年”。《滇释记》、天启《滇志》卷十七载:岑岛法师于永昌开龙泉寺。开元间造永昌佛法身一丈六尺于灵岩山。其三,罗岷。《滇释记》载:“罗岷大师,天竺人也。永昌澜沧江西有山,高千丈,延袤四十里,师游历诸国后来滇,住锡此山。”《永昌志》亦记罗岷山“高千丈,延袤四十里,即澜沧江西岸也。相传蒙氏时有僧罗岷者自天竺来此,作戏舞术,石自江中飞入雾里”。另外,骠国信使,常入南诏朝贡,古代的骠国(缅甸)在云南西,与天竺国相近,故乐曲多演释氏词。唐贞元十七年(801年)骠国王雍羌遣王子舒难陀随南诏使臣入唐,使团的乐队在长安宫廷中表演骠国歌舞,轰动京城,白居易写下《骠国乐》记述此事:“雍羌之子舒难陀,来献南音奉正朔。德宗立仗御紫庭,黈纩不塞为尔听。玉螺一吹椎髻耸,铜鼓千击文身踊。珠缨炫转星宿摇,花鬘斗薮龙蛇动。”此后由云南重译进献其国乐,骠国乐成为唐代乐曲中的一部分。

南诏时曾派出几千人到成都“习孔子之书”,出现了“人知礼乐,本唐风化”的局面,受到了盛唐文化的熏陶,从此云南的汉文化、诗歌、礼乐、佛经得到较大发展。佛教在古道沿途都较盛行,尤其在文化发达的洱海地区、怒江流域,唐宋时达鼎盛时代,“苍山与洱海,佛教之齐鲁,大理三百六十寺,寺寺夜半皆鸣钟”。永昌道上,僧侣往来不息,有印度僧人游居作诗于保山卧佛寺;罗岷教演密宗于兰津之西而名罗岷山;赞陀屈多游居腾冲长洞山,“为宝峰寺开山始祖”(《腾冲县志》)。西南丝路千万里,宗教文化是它重要的文化底蕴之一,仅保山坝子周边,大小寺院就达20余座,多为佛、道、儒三教合一,如玉皇阁、光尊寺、梨花坞、卧佛寺等,历经风雨沧桑,遗存至今。

几百年间,一条古道商贾云集,财源滚滚,书写几度盛世繁华;数千年来,一条丝路僧侣往返,文化流淌,传承千古文明之火。南方丝绸之路永昌道在发展的同时,赋予了保山大地文化灵魂,形成了千年的丝路文化底蕴。1993年1月,保山城被评为“南方丝绸之路上的历史文化名城”。

第四节 永昌道遗迹

永昌道始于碧波荡漾的洱海之滨,止于风光旖旎的孔雀之乡,蜿蜒于横断山南部的群峦叠嶂之中，跨越奔腾不息的沧江、怒江。一路之上，无论在那些沃丰秀美的平川中，还是险道盘空的峻岭上、广袤幽深的旷野内、涧水飞扬的峡谷间，都广泛分布着众多绚烂多姿的文物古迹。时光缓缓流淌，马帮铃声被岁月蒸发，然而沿途道不尽的古刹、古桥、古村落，数不清的红尘古渡、邮驿站点、雄关险隘、碑刻题记，它们各自记载着古道的变迁，仿佛还在叙述昔日的辉煌，多姿多彩的民族风情和博大深邃的文化依然沿着这条古道侵入山谷的河流中长流不息，风雨难摧。

一、汉庄城址

汉庄城址位于保山市兰城办事处汉营村东侧，是汉晋时期永昌郡郡治。城址面积11.6万平方米，城墙用红黏土掺砂石夯筑而成，城址内外发现大量方格纹、菱形纹砖和五铢钱，朱雀纹、卷云纹瓦及板瓦、筒瓦等；在城址附近先后发现多处墓葬，出土了“建武四年”“元康四年”的铭文砖，以及书有“长乐寿未央”“益寿未央”的吉语砖，都是汉、晋时代遗物。汉庄城址是云南省最具代表性的一处汉代历史文化遗产，对研究和了解云南古代文明状况，边境少数民族地区与内地之间的政治、经济、文化联系都具有十分重要的意义和价值(图1-6)。

图1-6 汉庄城址保护碑

二、永昌城址

图1-7 保山城南门

图1-8 仁寿门城门洞遗址

而得名兰津渡。《云南通志》卷二记载："澜沧江怒江双虹桥南流入海，龙尾关西第七驿有桥，即永昌也。两岸高险，水流迅急，横亘大竹索为梁，上布箦，箦上实板……"元贞年（1295年）改架木桥，取"雨后天晴，彩虹呈祥"之意，命名"霁虹桥"。明代成化十一年（1475年）改建铁索桥。明清时期曾多次大规模整修。由于地处天险，气势雄伟，嘉靖三十二年（1553年），督学吴鹏出使永昌府，题名"西南第一桥"。清康熙还亲自题写"虹飞彼岸"之匾。据《云南文物古迹》说：霁虹桥是云、贵、川、陕、藏五省区现存95座古铁索桥中，最宽的三座之一，比著名的四川泸定桥早200年；英国李约瑟博士主编的《中国科技史》则称它为"世界存在的唯一古老的铁索桥"。令人惋惜的是1986年霁虹桥上游数百米处山体塌方，泥石流阻断江水数十分钟后，古桥被洪水冲毁。2016年公路桥、中缅油气管道桥、大瑞铁路沧江大桥于霁虹桥原址上形成三桥奇观，再次证明此地确为咽喉要塞（图1–13）。

图1–13 三桥飞跨澜沧江

七、怒江双虹桥

双虹桥位于隆阳区芒宽乡烫习村东南怒江之上，原为怒江渡，辟于汉代，是西南丝绸之路过怒江的主要通道。清乾隆五十四年（1789年）由永昌知府陈孝升筑铁索吊桥。凭借江中巨礁架成双孔，遥望如双虹凌空，故名"双虹桥"。桥长167米，其中东桥由15根铁链组成，净跨67米；西桥由12根铁链构成，净跨38米，桥两端建穿斗式土木结构关楼。世界桥学界公认，铁索桥首创于中国，又以西南为

图1–14 怒江双虹桥

最，双虹桥规模宏大、结构精湛，是自然界与人类的杰作，即使被岁月磨砺得锈迹斑斑，却以粗犷的外貌屹立怒江岿然不动（图1-14）。

八、镇夷关石桥

图1-15　镇夷关石桥

镇夷关石桥位于腾冲至梁河（清水道）大盈江（荷花）之上，以关命名。清康熙二十六年（1687年），由腾越州筹建，桥为单孔石拱桥，东西走向，总长25米、涵道高6米，面宽4米、跨径8米。两侧均用抱鼓石砌成望柱栏连接保护，气势恢宏，精美绝伦，虽经几百年沧桑风雨飘摇，仍处处透露出古朴之灵韵（图1-15）。

九、水石坎梯云路

图1-16　梯云路

路径东起平坡村口，西上罗岷山至水寨街东头道桥，长约4千米。山腰水石坎的路段是就悬崖绝壁开凿而成，因山势陡峻，多数路段成“之”字形曲折而上，如登天云梯，故称“梯云路”。该古道开辟于汉晋，扩修于明中，完善于清朝。它特殊的地理条件和开凿之艰辛，清代保山人刘锴《重修梯云路小引》中如此叙述：“今日修途，凿石为梯，穿云得路。羊肠多曲折，十里透迤凌空，螺径纡徐五百磴，从容拾级。涧水飞来，琼屑溅清源，尽涤尘气。冈腰断处，板桥通幽异，如游画图。”长期的人马通行，不仅在石磴路上留下成串的马蹄印，尚有人工刻制的防滑线带，简易棋盘及民国李根源的罗岷山石刻大大丰富了古道的文化内涵（图1-16）。

十、南斋公房东、西坡古道

该古道为永昌古道保腾段中线翻越高黎贡山的主要路段。其最早形成于汉晋时期，唐宋时期扩修铺设为石板路，长期作为南诏大理国西开寻传、南通骠国和经营腾冲边地的官营主驿道。元代以后，虽然驿道改走南线，但仍在明代王骥三征麓川，邓子龙、刘蜓征缅及民国远征军反攻滇西等历史事件中发挥过重要作用。南斋公房东坡古道，以南斋公房垭口为最高控制点而得名，古道东起双虹桥，向西上烫习、百花岭、旧街、黄竹河、黄心树，至南斋公房垭口，里程30余千米。南斋公房西坡古道，线路东起高黎贡山南斋公房垭口，向下延伸至西坡岗房止，全长约8千米，路面一般宽2米左右，在陡坡山崖间曲折蜿蜒而行，沿途有雪冲洼、高脚崖、大理仔撑腰石等险要景观，是古道上最具代表性的路段之一(图1-17、图1-18)。

图1-17 南斋公房东坡古道

图1-18 南斋公房西坡古道

十一、玉璧坡石板路

玉璧坡石板路开辟于汉晋时期，元代置云南通缅驿道后纳入官方经营。明代中期曾局部改线扩修，并在下段玉璧铺设官厅迎送往来官员和缅甸使臣。明朝崇祯十二年(1639年)四月十二日，著名的地理学家徐霞客就是从这里进入腾冲，开始他的极边之旅。清嘉庆初年，为进一步加强驿道的通行能力，由腾越厅同知伊里布组织进行全面扩修整治，铺设为石板路，总长约6公里，路面按官道标准铺筑，宽2~3米，路边竹木青翠，山溪潺潺，风光秀美。由于年深月久，路面石块多被磨得光洁发亮，这些路经千百年骡马铁掌踩踏，留下一串串深浅不一的蹄印，有的环环相连，有的深陷达十余厘米。每一个蹄印就是一个个特殊的"文字"，在一道道凸凹的路面上，书写一篇篇优美的诗词；每一个蹄印又都是一个个飘逸的音符，在一段段光滑的石头上，烙下一首首醉人的旋律(图1-19)。

图1-19 玉璧坡石板路

十二、猴桥口岸

猴桥口岸位于腾冲市猴桥镇，猴桥古称古勇，为古道勇行之意，后称古永，是西南丝绸之路出境前的最后驿站，离腾冲市区70多千米，距缅甸甘拜地口岸8千米，距缅甸克钦邦首府密支那市121千米，是通往中南半岛的要冲，是重要的通商口岸和军事布防地。南诏时，曾设“古勇关”，元时曾立古勇县制，明、清王朝都在这里设关置隘，清道光年间修筑的石城石硐至今犹存。20世纪40年代，在古道基础上修筑军事要道中印公路（又称史迪威公路），为中国抗日战争的胜利立下汗马功劳。2004年4月，猴桥口岸被正式列为国家一类口岸，也是保山市唯一的国家级一类对外开放口岸（图1-20、图1-21）。

图1-20 猴桥

图1-21 猴桥口岸

十三、摩崖题刻

霁虹桥两岸陡险，双峰对峙，峭壁林立。桥的西岸崖壁上，刻满了艺术精湛的历代文人墨客的题词。内容多是对古桥自然景观和人文历史的记赞之词。铭刻字体纷呈，或方正秀美，或雄浑豪放，或清新飘逸，均古朴高雅。时代最早为明嘉靖，最晚为民国。其中最重要的有明成化年间云南督学使吴鹏所题“西南第一桥”、明嘉靖四年（1525年）督学使胡尧等《澜沧江缅怀先哲》五言排句诗，万历二十九年（1601年）秋楚人江盈《过兰江桥拜武侯祠》七言八句

图1-22 摩崖题刻

诗，永昌知府钱嘉猷的“沧水飞虹”、永昌诗人张含的“兰津渡”、清康熙五十三年（1714年）镇守永顺总兵官段腾龙的“天南锁钥”、乾隆五十年（1785年）云贵总督富纲题“悬崖奇渡”，还有清康熙保山知县张其媚，云南辛亥革命重要领导人、后任北洋政府农商总长代总理李根源，永昌绅商士及其他文人墨客所题“霁虹桥”“泽溥澜沧”“德荫金昌”等（图1–22）。

十四、太保山公园碑林

图1–23 太保山公园碑林

太保山公园碑林创建于1984年，占地300余平方米。碑林共存藏各类碑刻十六通，主要有古墓碑、庙宇创修碑、政府告示碑、名人诗词碑等几大类型。时代最早为明代，最晚为民国。最具代表性的碑刻有《重建永昌府敕谕》《金齿军民指挥使司庙学记》等。特别是胡志墓碑为云南十大重要碑刻之一。这些碑刻撰文、雕刻多出自名家之手，具有较高的历史价值和艺术价值，为研究保山历史、文化教育和社会变迁提供了珍贵的史料（图1–23）。

十五、板桥集股种桑碑

民国六年（1917年），保山县曾经连片发展种桑，其中在板桥一带留下一块碑刻——“板桥集股种桑碑”。碑文记载：“尝闻众志可以成城，积少可以成多。自前清丙午年，地方官场令各哨积股种桑，原为介兴实业起见，我哨踊跃争先，共成其事。租得本哨光尊寺公地一块，种成桑约数千株，每年亦稍有余利，仅傅民期燕乐股东费用，未能利益均沾。至改玉以来，更以实业为首务，同人等意欲推广森林，十年可

图1–24 板桥集股种桑碑

以树木，以期利益均沾。以此提倡得人，定可收效于将来矣。同人等又恐代远年湮，大力者不无侵蚀迁移之思，故将股东姓名、银数勒诸贞石，以昭永永其祥尔。”（图1-24）。

十六、腾阳会馆

腾阳会馆位于保山城西南部的易罗池畔，始建于清嘉庆元年（1796年），光绪六年（1880年）重修并扩建。该会馆是腾冲籍商贾集会和交易之所，现存观音阁、关圣殿、财神殿等建筑，占地面积5亩，建筑面积4000多平方米。腾阳会馆是保山市境内保存较为完好、建筑工艺和绘画艺术极具地方风格的代表性建筑。会馆为研究保山古代贸易发展史、古道交通史提供了宝贵的物证。修缮后的腾阳会馆将布设“丝绸之路南亚廊道（永昌道）”会馆文化为主题的展览（图1-25）。

图1-25 腾阳会馆

第二章　地理条件

第一节　地理位置

保山市位于云南省西部，地处东经98°05′~100°02′，北纬24°08′~25°51′之间，北与怒江州相连，东南与大理州、临沧市毗邻，西北与缅甸交界，西南与德宏州相接，区内南北最大纵距193千米，东西最大横距198千米，面积19637平方千米，国境线长167.78千米（其中腾冲市148.07千米，龙陵县19.71千米）。保山，历史悠久、文化厚重，资源富集、区位独特，远在东汉永平十二年（69年）即为永昌郡治，是著名的古代"南方丝绸之路"的重要驿站，历来是我国西南至瑞丽辐射缅甸皎漂、西南至腾冲辐射缅甸密支那，连接南亚两大通道、两大经济走廊的关键节点和重要枢纽，是云南省唯一具有双向通道的州市，近年来为扩大边境贸易，保山还建立了腾冲市猴桥（国家一类）、自治、滇滩、胆扎、三岔河，龙陵县的木城等十余个口岸和通道，随着国家大通道建设的推进，高速公路连接成网，大瑞铁路即将开通，保山茧丝绸产品走向东南亚、南亚更为便捷。保山将抓住习近平总书记考察云南亲临保山指导及"区域全面经济伙伴关系"协定签署带来的机遇，积极融入以国内大循环为主体、国内国际双循环相互促进的新发展格局，为国家实施"一带一路"建设，增强国际友好往来，促进经济文化交流做出应有的贡献。

第二节　地貌特征

保山市地处横断山脉滇西纵谷南端，境内山脉呈南北走向，分属于高黎贡山、怒山山系，澜沧江、怒江、伊洛瓦底江三大水系相互平行贯穿全境，构成山川相间、叠峰绵亘，高山、河谷、沟壑纵横，山高谷深，多山少坝，地势北高南低的复杂多样的地形；保山市属横断山系切割山地峡谷区，全市最高点是腾冲市高黎贡山大脑子峰，海拔3780.9米，最低点位于龙陵与潞西、缅甸交界处的万马河口，海拔535米，垂直高差3245.9米。复杂的地貌类型，形成了保山不同的生态环境，使农业生产具有明显的区域性、多样性和立体性的特色。

保山地貌以山地为主，其中山区面积占91.79%，坝区面积仅占总土地面积的8.21%。群山之间，镶嵌着大小不一的99个山间盆地，最大的保山坝子，面积149.9平方千米；面积在10万亩以上的坝子5个，5万~10万亩的坝子7个，1万~5万亩（不含5万亩）的坝子23个，1万亩以下的坝子有64个。这些坝子地势平坦，土层深厚肥沃，水利灌溉条件较好，是保山市粮食生产和蚕桑等经济作物的主产地。

第三节　蚕桑资源

中国蚕业区划认为年降雨量500毫米以上，≥10℃年活动积温在2600℃以上，无霜期120天以上的地区发展蚕桑生产才能获得好的经济效益，其中又以北纬23°~26°之间的地区为蚕桑最适宜区。保山地处东经98°05′~100°02′，北纬24°08′~25°51′之间，冬季不受平流降温的影响，夏季不受台风的侵袭，形成独特的亚热带季风气候区，具有光热条件优裕、雨量充沛、干湿分明、无霜期长、昼夜温差大等特点，被誉为中国蚕桑的天堂。

一、气候资源

保山属低纬山地亚热带气候，具有北热带、南亚热带、中亚热带、北亚热带、南温带、中温带和高原共7个气候类型。形成“一山分四季，十里不同天”的立体气候。其特点是：年温差小，日温差大，年均气温为14~17℃；降水充沛、干湿分明。特别是海拔1400~2000米的中间层，为中亚热带、北亚热带季风气候，农耕地和坝子较多，是全市粮、油、烟、茶、桑等产业的主产区。

1.光能资源

太阳光能是桑树进行光合作用的能量源泉。全市太阳总辐射年总量平均值在5600兆焦耳/平方米上下，处于省内高值区。太阳总辐射水平分布特征为东高西低，北高南低，怒江东部的保山坝、蒲缥坝、施甸坝及以北一带为全区的高值中心，为5800~5850兆焦耳/平方米；高黎贡山以西的腾冲、龙陵两县以及东部昌宁县的东南、西南部为相对低值区在5400兆焦耳/平方米上下；海拔3000米以上的山地最少为4000兆焦耳/平方米。直接辐射较散射辐射多，全区直接辐射为54%~56%，其中东部直接辐射占总辐射55%~58%，西部占54%。

日照时数分布特征为东多西少，北多南少，保山坝、施甸坝以及怒江河谷一带为最多中心，其值达2250~2350小时/年，日照百分率在55%以上；次高值在南部低热河谷区的龙陵县的勐糯、施甸县的旧城一带，其值在2200~2500小时/年之间，本区东南、西南为寡照区域，不足2000小时/年，最少为龙陵仅1983.3小时/年，日照率低于50%。

第三章　桑树种植

第一节　蚕桑区划

蚕桑是种植业中种养结合技术性要求较高的产业。桑树喜温喜湿，越是高温多湿的地方，桑树生长越旺盛，桑叶产量越高；家蚕喜欢温和凉爽、昼夜温差大、大气相对湿度偏低的气候环境。因此，必须选择最适宜区或次适宜区，既适合桑树生长发育又能满足家蚕生态条件的地区发展蚕桑生产，建设桑园。

一、保山蚕桑的优势地位

保山蚕桑气候生态条件在各级农业区划中处于最佳位置。中国蚕业区划将年降雨量500毫米以上，≥10℃活动积温2600℃以上，无霜期120天以上的地区列为宜蚕区域，其中又以北纬23°~26°之间的地区为最适宜区。保山地处东经98°05′~100°02′，北纬24°08′~25°51′之间，冬季不受平流降温的影响，夏季不受台风的侵袭，形成独特的亚热带季风气候区，具有光热条件优裕、雨量充沛、干湿分明、无霜期短、昼夜温差大等特点，被誉为中国蚕桑的天堂。

二、蚕桑适宜性划分

20世纪80年代《保山地区种植业区划》根据蚕桑对生态条件的要求，按照海拔高度将保山地区蚕桑生产划分为最适宜区、适宜区和不适宜区。

最适宜区：海拔1400~1700米地带，3至4月平均温度13℃至22℃，6至8月平均温度20~22℃，≥10℃活动积温4900℃至5800℃，无霜期230天至260天，年降雨量1000毫米左右，如保山坝、施甸坝、蒲缥坝、丙麻坝和西邑、水长、太平、姚关等区域。

适宜区：海拔1200~1400米和海拔1700~2000米的低山丘陵地带，光、热、水、土都适宜蚕桑生产，如腾冲市的中北部坝区，昌宁的右甸坝、勐统区、柯街、龙陵坝区、镇安区、龙山区的部分地区。

不适宜区：海拔1200米以下的低热河谷区和2000米以上的高寒山区。低热河谷区虽有利于桑树生长，但持续不断的≥35℃甚至≥40℃的高温对饲养家蚕不利。高寒山区气候寒冷，桑树生长期短，无论生物产量或经济产量都低，但随着养蚕技术的不断进步、家蚕品种的改良，养蚕设施设备改进，不适宜区范围有所收窄，目前海拔1200米以下的低热河谷区和2000米以上的高寒山区均有桑园丰产基地和蚕茧高产典型。

三、蚕桑分布与地区特点

1987年8月，由邱荣州主持编写的《保山地区种植业区划》将保山蚕桑生产分为两个区，即：中北部中山盆地蚕区和中南部低山盆地蚕区。2000年以后，随着蚕桑产业的发展，种植区域扩大，新增东南部中山蚕区和中部河谷蚕区。

（一）中北部中山盆地区

该区位于保山市的中北部，包括隆阳区的板桥、河图、汉庄、辛街、水寨、瓦马、瓦渡、瓦房、瓦窑等12个乡镇。本区属于北亚热带季风气候，年平均温度15.6℃，年平均最高温22.1℃，年平均最低温10.3℃，≥10℃活动积温4929.4℃，无霜期281.3天，年降雨量974.2毫米。

该区气候温和，冬无严寒，夏无酷暑，雨量适中；土壤以水稻土为主，耕层深厚，一般熟化较高，结构良好，多数保水、保土、保肥，适宜蚕桑生产的发展。

（二）中南部低山盆地区

该区位于保山市的中南部，辖施甸县甸阳、仁和、由旺、水长、何元、姚关、太平和隆阳区的蒲缥、西邑、丙麻等18个乡镇。本区属中亚热带季风气候，年平均气温17.1℃，年平均最高温23.5℃，年均最低温12℃，≥10℃活动积温5798.6℃，无霜期317天，年降雨量944.9毫米。

该区热量丰富降水适中，有利于喜温喜湿桑树生长发育；霜期短，有利于延长桑树生长期，增加养蚕批次，增加经济产量；本区四季无明显寒暑，全年可饲养多丝量家蚕品种，多丝量品种产量高，茧层厚，一粒茧丝长可达1300米，丝质优，可缫制高档丝。

（三）东南部中山蚕区

该区位于保山市的东南部，包括昌宁县的田园、达丙、漭水、温泉、勐统、更嘎等10个乡镇。本区属于北亚热带季风气候类型，年平均温度14~17℃，年平均最高气温21.9℃，年平均最低气温9.7℃，≥10℃活动积温4000~5000℃，无霜期220~280天，年降雨量1200~1500毫米。

该区气候温凉，热量不足，1700米以下地区晨雾日数多，8月、9月阴雨低温对秋蚕饲养不利。合理调整布局，可重点发展一些新桑园。

（四）中部河谷区

该区位于保山市的中部怒江、枯柯河流域地带，辖隆阳区的芒宽、潞江、杨柳，施甸县的旧城，龙陵县的勐糯，昌宁县的柯街、鸡飞等12个乡镇。本区属北亚热带至南亚热带气候，年平均气温21.5℃，年平均最高温29℃，年均最低温15.5℃，≥10℃活动积温7800℃,无霜期358天,年降雨量751.4毫米。

该区土地资源较为丰富,但人少地多,劳力缺乏,耕作粗放,单产低,生产潜能未能充分发挥;光、温、热等气候条件较好,适宜桑树生长,但夏秋温度过高,对养蚕不利,只有采取一定措施改善小环境才能保证蚕茧丰产丰收。

第二节 桑树种质资源与品种

保山地貌以山地为主,盆地较少。境内山峦起伏,坡陡谷深,区域性气候差异大,立体气候特征明显,桑树长期受不同生态因子的影响,产生了多种多样的特性,从而桑种多样,种类繁多。

一、保山市种质资源

1992年,中国农业科学院蚕业研究所吴朝吉、夏明炯和云南省农业科学院蚕桑研究所的江靖、罗坤四位专家到保山开展桑树品种资源调查,考察研究保山地区野生桑树资源。为加强对我市桑树种质资源的保护工作,2011年5月14日,保山市电视台与保山市经作站组成联合调查组,深入昌宁县柯街镇立斯达村、仙岳村和李家村,对桑树种质资源的分布和生长情况进行调查和报道。2012年6月10~14日,由浙江省农科院蚕桑研究所所长计东风、桑树品种专家吕志强研究员,云南省农科院蚕桑蜜蜂研究所陈松研究员、云南农业大学园林园艺学院徐升胜博士等一行6人组成的国家桑树资源与育种专家考察团到隆阳区、昌宁县和腾冲市考察桑树种质资源。

经专家考察研究鉴定,保山桑属植物种质资源丰富,有5个种和1个变种,它们是白桑(*M.alba* Linn)、长果桑(*M.laevigata* Wall)、长穗桑(*M.wittiorum* Handel-Mazzetti)、蒙桑(*M.mongolica* Schneid.)、鸡桑(*M.australis* Poiret)、蒙桑的变种鬼桑(*M.mongolica var*, diabolica Koid.)。

(一)白桑(别名:荆桑、麻桑、鸡脚桑)

本桑种分布较广,多分布在海拔640~2160米之间,多生长于村庄附近,房前屋后,路旁,水边。

形态特征:枝条青灰居多,亦有黄褐、青褐;叶以卵圆形居多,亦有心脏形,叶裂或不裂或混生;细长而直,皮色以青灰,紫褐、黄褐。叶形较小,叶平无缩皱,叶面光滑或微糙;芽以三角或卵圆形为多;叶尖锐头或尾状,叶缘锐齿或钝齿,叶基截形或浅心形,雌花短花柱或无花柱,柱头内侧具乳头状突起,聚花果成熟是紫黑色,白色或暗红色。

白桑在隆阳区、施甸县分布广,树型多为乔木,树龄在30~100年之间,这些桑树资源经过多年逐渐淘汰和择优选择而保存,一般生长良好,枝叶茂盛,可选择叶形大、花果少、经济性状优良及产叶量高的单株，加速培育，以形成地方优良桑品种，供生产利用。

（二）长果桑（别名：大水桑、小水桑）

本桑种在隆阳区瓦房、瓦马、安河、阿新田，昌宁县耈街、施甸县等地均有发现。大多分布在海拔630~2400米之间，生长在山坡、山沟、山脚和平坝土质较肥而湿润之地。

形态特征：枝条青褐或青灰，芽特大为卵圆形。叶卵圆形，叶厚，多系不裂，亦有2~3浅裂；通常叶面粗糙亦有光滑无毛；叶尖长尾状，叶缘细钝齿或细浅锐齿，叶基浅心形或截形基脉三出。花雌雄异株居多，雌花无花柱，柱头内侧具乳头状突起，聚花果长圆柱形，果长6~13厘米，最长达18厘米，成熟呈黄绿色或紫红色。

（三）长穗桑（别名：阿吊吊、绿马桑、黄马桑）

本桑种在隆阳区瓦窑、蒲缥，昌宁县柯街，施甸县均有发现。大多分布在海拔630~1700米之间，生长在山坡、山脚、山沟及村前屋后，土壤肥沃、环境湿润之地。

形态特征：乔木，枝条紫褐色，芽椭圆形尖头褐色。叶椭圆形，不分裂，叶面光滑无毛，叶尖尖头或尾状，叶缘浅锯齿或全缘，叶基浅心形，基脉三出，花雌雄异株，雌花序长5~16厘米，雌花短花柱，柱头内侧具小突起，聚花果窄长圆柱形，成熟呈黄绿色或紫红色。

长果桑和长穗桑，是自然生长的野生桑，其共同特性是树体高大，生长快，叶大而厚，桑葚大而味甜，既可作蚕饲料，作材用，亦可作果桑用。因自然繁殖生长，个体性状多样，应广泛收集，妥善保存，加以培育利用。

（四）鸡桑（别名：马桑、插桑、篱笆桑）

本桑种在高黎贡山保护区，隆阳区蒲缥、瓦窑、瓦马、路江、瓦房，昌宁县柯街，施甸县摆榔等地均有发现。是自然生长的野生桑种，分布在海拔1200~2500米之间，生长在沟边、山坡、田坎边，生态环境阴湿，与杂灌木混生。

形态特征：小乔木或灌木，枝条细长而直，皮青褐、紫褐色居多。芽卵圆形或三角形，褐色。叶卵圆形居多，亦有心脏形，叶多裂，不规则深裂，叶面粗糙或光滑，叶尖锐头，叶缘钝锯齿，叶基心形。花雌雄异株多，同株少，雌花长花柱，柱头内侧具毛，聚花果短椭圆形，成熟呈黑色。

鸡桑叶可作养蚕饲料。该桑种还具有扦插易发根的特性，选择其经济性状优良者，可扦插繁殖苗木，拓植桑园，亦可作砧木加以利用。施甸县摆榔乡尖山村有一株鸡脚桑，直径达25~30厘米，树形、叶形美观，适于作观赏。1992年浙江省农科院蚕业研究所和云南省农业科学院蚕桑研究所的专家，对该鸡脚桑进行了考察，并收集入园，经研究认为是白桑系列，也有变种的可能。

（五）蒙桑（别名：岩桑）

本桑种在保山发现，是自然生长的野生桑，大多分布在海拔1250~2050米之间。生长于河谷石灰岩的悬崖陡壁中和有石灰岩的山坡上或地边。根系发达，生长旺盛，耐旱力强，木质坚韧，常用以制作扁担等用具，嫩叶可养蚕。

形态特征：乔木或灌木，枝条紫褐色，皮孔大而少，黄褐色。芽卵圆形，褐色或黄褐。叶心脏形，不裂，叶面平滑无毛，叶背无毛，叶尖长尾状，叶缘三角形大锯齿，尖有芒刺，叶基浅心形或截形，雌花有明显花柱，柱头内侧密生突起。聚花果成熟呈紫红色或紫黑色。

（六）鬼桑（别名：岩桑）

鬼桑是蒙桑的变种，本变种在隆阳区、施甸县、龙陵县等地多处发现，是自然生长的野生桑，生长在海拔1200~2300米之间，多生长在石灰岩悬崖陡壁石缝中或山坡，以及河边的灌木丛中。

形态特征：树型灌木，枝条紫褐色。芽卵圆形尖头。叶卵圆形或心脏形，3~5裂，叶面被刚毛，甚粗糙，叶背密生柔毛，叶尖锐头，叶缘三角形钝锯齿，齿尖具芒刺。叶基截形、深心形或浅心形；嫩叶紫红或淡绿，叶柄密生毛。雌花有明显花柱，柱头内侧具突起。聚花果短圆柱形，成熟后呈紫黑或紫红色。

二、古桑树资源

全市范围内都有散生的野桑和近缘野生桑，也有栽培型桑树。其中最古老的为芒宽乡吾来村野生桑，树高49.8米，地径2.7米，冠幅59.2米×57米，据专家初步判定树龄在500年以上，为全国最大“桑树王”。其他相对较大的古桑树还有：隆阳区瓦窑下寨社区古桑树、施甸县姚关清平洞古桑树、昌宁耇街乡阿水村古桑树、龙陵县腊勐乡大龙村古桑树、腾冲市五合乡花寨村古桑树等。这些古桑树有的是野生乔木型，有的是栽培型，这些古桑树的存在，对保山市蚕桑生产历史的研究和桑树品种开发利用具有重要意义。

（一）隆阳区瓦窑镇古桑树

地址：隆阳区瓦窑镇下寨社区。东经99°16′，北纬25°27′，海拔1620米。

特征特性：为长穗桑。树高16.6米，基部干径1.1米，冠幅110平方米。枝条青褐，发芽期3月上旬，开叶期3月中旬，叶卵圆形，叶厚，叶面粗糙，叶面无毛；叶尖长钝头或尾状，叶基浅心形，叶缘细钝齿，叶长19厘米，叶幅15厘米；花叶同开，雌花短花柱，柱头内侧具乳头状突起，聚花果长圆柱形，单芽果数2~3个，4月中下旬成熟，成熟呈黄绿色，平均果长14.2厘米，最长达18厘米，果横径平均0.9厘米，单果重6.96克，果味甜，含糖量26.1%（图3-1、图3-2）。

图3-1　瓦窑古桑树

图3-2　瓦窑古桑树成熟桑果

（二）昌宁县耇街乡古桑树之一

地址：昌宁县耇街乡阿水村大水井组。东经99°71′79″，北纬25°04′61″，海拔1539.2米。

特征特性：因遭雷击，仅存主干，树高12.0米，基部干径2.17米，冠幅54平方米。枝条青褐，发芽期3月9日，开叶期3月12日，叶椭圆形，叶厚，叶面光滑有光泽；叶尖长尾状，叶缘锐齿，叶基截形，叶长13厘米，叶幅9厘米；花雌雄同株，花叶同开，单芽果数4~6个，4月中下旬成熟，成熟呈紫色，平均果长7.4厘米，最长达8.5厘米，果横径0.5厘米，平均单果重2.8克，果味甜，含糖量25%左右（图3-3、图3-4）。

图3-3　耇街古桑树

图3-4 耇街古桑树成熟桑果

（三）昌宁县耇街乡古桑树之二

地址：昌宁耇街乡阿水村大水井组。东经99°71′76″，北纬25°04′75″，海拔

1536米。

特征特性：树高23.3米，基部干径2.4米，冠幅98平方米。枝条青褐，发芽期3月9日，开叶期3月12日，叶椭圆形，叶厚，叶面粗糙，叶背无毛；叶尖长尾状，叶缘钝齿，叶基浅心形，叶长18厘米，叶幅14厘米；花雌雄同株，花叶同开，单芽果数3~4个，4月中下旬成熟，成熟呈紫色，平均果长7.6厘米，最长达8.2厘米，果横径1厘米，平均单果重5.6克，果味甜（图3-5）。

图3-5 蒿街阿水村古桑树

（四）施甸县旧城古桑树

地址：施甸县旧城乡勐波罗河链子桥边。东经99°30′，北纬24°42′，海拔648.6米。

特征特性：属于野生桑树落叶乔木。树高16.5米，冠幅160平方米，基径围1.79米，树皮厚，灰色，具有不规则浅纵裂；冬芽红褐色，卵形，芽鳞覆瓦状排列，灰褐色；叶卵形，平均叶长14.36厘米，平均叶幅9.97厘米，平均叶柄长4.45厘米，叶先端急尖、渐尖，基部圆形至浅心形，边缘锯齿粗钝，有时叶为各种分裂，叶色鲜绿色；桑果长形，平均长8.25厘米，最长达9.5厘米，成熟桑果黄白色，含糖量高，口感爽口，香甜可口。桑树长势强，无病虫害，抗旱性、抗寒性强（图3-6、图3-7）。

图3-6 旧城古桑树

图3-7 旧城古桑树桑果

（五）施甸县姚关古桑树

地址：施甸县姚关镇清平洞风景区内。东经99°13′20″，北纬24°35′55″，海拔1780.3米。传说是明朝邓子龙将军带兵在姚关平缅时，士兵采摘野桑果在磨剑时食之遗留的种子长出来的桑树，距今约400余年（图3-8、图3-9）。

特征特性：属于野生桑树落叶乔木。树高12.5米，冠幅73平方米，树基部干径0.68米，树皮厚，灰色，具有不规则浅纵裂；冬芽褐色，卵形，芽鳞覆瓦状排列，灰褐色；叶卵形，叶小，平均叶长8.9厘米，平均叶宽5.1厘米，平均叶柄长2.9厘米，叶先端急尖、渐尖，基部圆形至浅心形，边缘锯齿粗钝，叶色鲜绿色；桑葚果短小，桑果平均长1.2厘米，最长达2.1厘米，成熟桑果紫黑色，含糖量低，酸甜味，口感不好。桑树长势较强，无病虫害，抗旱性、抗寒性强。

图3-8　姚关古桑树

图3-9　姚关古桑树桑果形态

（六）施甸由旺古桑树

地址：施甸县由旺镇大秧田村松林小组王绍华家地埂上。东经99°05′15″，北纬24°47′41″，海拔1392.4米。

特征特性：属于桑科桑树落叶乔木，栽培型果桑树。树高18.5米，树幅324平方米，树基部干径0.72米，树皮厚，灰褐色；冬芽褐色，卵形，芽鳞覆瓦状排列，灰褐色；叶卵形，叶大，平均叶长15.66厘米，平均叶宽10.24厘米，平均叶柄长5.16厘米，叶先端急尖、渐尖，基部圆形至浅心形，边缘锯齿粗钝，叶色鲜绿色；桑果较长，平均长9.45厘米，最长达11.5厘米，成熟桑果紫黑色，含糖量高，酸甜可口，具有牛奶味，口感好。桑树长势较强，无病虫害，抗旱性、抗寒性强（图3-10、图3-11）。

（七）龙陵腊勐古桑树

地址：龙陵县腊勐乡大龙村阿石寨小组杨庆云家院场内。东经99°0′17″，北纬24°38′17″，海拔1524.33米。

图 3-10 由旺古桑树

图 3-11 由旺古桑树成熟桑果

特征特性：本地俗称“柞桑”，树高约24.3米，地径1.43米，冠幅572平方米；叶有心脏形、深裂形两种，叶尖长尾状，叶缘锐锯齿，叶基截形或浅心形，叶色深绿或翠绿，叶面无光泽，粗糙。心脏形叶厚，平均叶长18厘米，叶宽15厘米，叶柄长8.2厘米；深裂形叶薄平均叶长20厘米，叶宽16.5厘米，叶柄长6.5厘米。成熟桑果紫红色，平均果长5~6厘米，果径0.3厘米，酸甜可口。桑树长势较强，无病虫害，抗耐旱、寒性强（图3-12）。

图 3-12 腊勐古桑树

（八）腾冲五合乡古桑树

地址：腾冲市五合乡花寨村，东经98°70′73″，北纬24°88′66″，海拔1548.90米。

特征特性：栽培型桑树，树高8.94米，基部围径1.80米，冠幅42平方米。枝条棕色，冬芽球形，发芽期3月1日，开叶期3月19日，叶心脏形，叶面光滑；叶尖短尾状，叶缘乳头齿，叶基浅心形或截形，叶长16.5厘米，叶幅13厘米，叶柄6.30厘米；花叶同开，单芽果数4~7个，4月中下旬成熟，成熟呈黑色，平均果长3.4cm，果横径1.5cm，平均单果重3.5克（图3-13、图3-14）。

图3-13　五合古桑树

图3-14　五合古桑树成熟桑果

（九）其他古桑树

图3-15　芒宽吾来村桑树王

图3-16　高黎贡山保护区古桑树

图3-17 昌宁柯街镇立斯达村大平地社长穗桑

图3-18　施甸摆榔乡尖山村野生鸡桑

三、引进应用的主要桑树品种

（一）品种引进历史

明清时期，保山坝蚕桑业一度兴盛，城乡处处有桑园，保山城上巷街中部曾有大片桑园，北教场有桑苗圃。民国初期，桑树主要是实生桑，品种有皮桑、子桑、荆桑、花桑、江边桑和岩桑等，适应性广、耐瘠薄、抗干旱，抗逆性强，但叶形较小，叶肉薄，花果多，桑叶产量低。当时春蚕孵化时间较早，桑叶尚未长出，农户采摘柘叶饲养，待蚕长到2~3龄期，再去采桑叶喂蚕。

1952年，保山专区统计有桑树2.58万株，多为乔木桑，品种以实生大叶桑居多。20世纪60年代保山曾从蒙自县草坝镇省蚕桑研究所大量引进“湖桑32号”（荷叶白）和“桐乡青”。1964年，保山地委、保山县委分别在板桥区邢家湾、辛街区胡家公社杜家大队创建蚕桑样板，当时桑树品种主要是“湖桑32号”。此外，还引进了“中桑5801”“伦教40号”“北区一号”“新疆白皮桑”“大花桑”“早生桑”“鸡冠桑”“九纹龙”等十多个品种做小区试验。70年代桑树品种主要为“湖桑32号”，还引进过“剑持桑”“广东桑”“云草1号”“云草2号”等。

1980—1990年，保山地区恢复发展蚕桑产业，新植少量桑园，品种主要为“湖桑32号”，占80%，“实生桑”和“云桑1号”“云桑2号”等其他品种占20%。

1991年，保山市（隆阳区）引进“沙二×伦教109”杂交桑试验种植127亩；1994年，定植高产杂交桑园2000余亩，当时杂交桑成为保山市主栽品种，至1996年桑园发展到7400亩，其中杂交桑6900亩，占到总面积的93.2%，嫁接桑仅有500多亩。1997—1998年出现毁桑情况，至2001年桑园面积仅有980亩，湖桑和杂交桑各占一半左右。

2001年以来，隆阳区、施甸县恢复发展蚕桑产业，从浙江省大量调入嫁接良桑，品种以“湖桑32号”为主，2001年冬季，保山茧丝绸公司在隆阳区八鸭塘蚕桑示范园开展桑品种对比试验，引进“农桑8号”“农桑10号”“农桑12号”“农桑14号”“黄桑”“育711”“海宁桑”等新品种种植5亩，最终选定“农桑14号”在隆阳区和施甸县推广种植，2006年，全市桑园发展到7.65万亩，“农桑系列”品种占总面积的90%以上。

2009年，昌宁县在田园镇右文社区原良种场基地建设20亩品种展示园。先后引进一批桑树新品种，包括“强桑1号”“丰田5号”“农桑12号”“育711”“云桑3号”“云桑4号”；其中“强桑1号”因产量高、叶质优，至2019年全市推广种植逾万亩，约占桑园总面积的5%，“农桑14号”作为当家品种，占桑园总面积的90%以上。

“果桑”品种保山市最早引进的是“云桑2号”，但当时是作为叶用桑引入的，因嫌其果多，影响桑叶产量而被淘汰。2000年以后，随着蚕桑产业多元化发展，“果桑”异军突起，2003年，隆阳区引进“大十”种植2亩；2009年，昌宁县在品种展示园示范种植“大十”“红果1号”3亩；2010年以来，科技部门和企业先后引进“大十”“红果1号”“云桑2号”“桂花蜜”“红果2号”“黑珍珠”“台湾长果桑”“珍珠白”“白玉王”“四季果”“云桑5号”“云桑6号”“云桑果2号”等“果桑”品种数十个，其中“大十”“云桑2号”因产量高、果味甜，在隆阳区西邑乡、汉庄乡、板桥镇和瓦房乡种植2700亩，在施甸县、昌宁县和腾冲市种植1000亩左右。“台湾长果桑”“白珍珠”因果形和果色特殊深受消费者青睐；“白玉王”桑果成熟期晚，5月中旬开始成熟，与“台湾长果桑”“大十”等早中熟品种搭配种植，可延长观光园采摘时间。

（二）主要种植品种及特性

1.湖桑32号

该品种又名荷叶白，属鲁桑种，二倍体。由浙江省农业科学院蚕桑研究所选育，1985年通过浙江省农作物品种审定。该品种树形开展，发条数多，枝条粗而稍弯曲，有卧伏枝，侧枝较多，皮黄褐色，节形微曲，节距5.0厘米，叶序2/5，皮孔小而少、圆形、黄褐色。冬芽正三角形、黄褐色、贴生，副芽小而少，叶长心脏形，翠绿色，叶尖锐头或短尾状，叶缘乳头齿，叶基深心形，叶长22.8厘米，叶幅20.1厘米，叶面光滑稍皱，光泽较强，叶稍下垂，叶柄稍粗。开雌花，无花柱，先叶后花，甚少，紫黑色。保山市栽植，发芽期3月上旬，开叶期3月下旬，硬化迟，属晚熟品种，叶质优良，春秋蚕都适用。抗细菌病力中等，耐寒，耐旱。为保山市20世纪90年代前的主栽品种，现部分老蚕区还保留少量桑园。

2.桐乡青（湖桑35号）

原产浙江省桐乡市，又称青皮湖桑、牛舌头，于1985年通过浙江省农作物品种审定委员会认定。该品种树形挺直，枝条粗长而直，上下端粗细开差较小，发条数中等，节间较短，皮青灰带黄，节距4.2厘米，冬芽长三角形，贴生，副芽大而多。叶形大，长卵形，深绿色，叶肉厚，发芽率低，止芯芽多。该品种发芽在中生品种中较早，成熟较早，属中生中熟品种。杭州栽培，发芽期3月26日至4月6日，开叶期4月10—19日，叶片成熟期4月22日至5月4日，硬化较早，秋叶硬化期9月中旬。每米条长产叶量，春139克、秋151克，每公斤叶片数，春260片、秋200片，每亩年产叶量2460公斤。抗萎缩型萎缩病、褐斑病，易感黑枯型细菌病和白粉病。

3.沙2×伦109（杂交桑）

图3-19 杂交桑

该品种是由广东省顺德区农科所以沙2作母本、伦109作父本杂交选育而成的二倍体桑树品种。根系发达，发条多，枝条中粗，生长势旺，再生力强，适应性广；发芽早，发芽率，生长芽率高；节距3.8厘米，叶序1/2。皮孔圆形。冬芽短三角形，尖离，灰褐色，副芽少，叶片心脏形，淡绿色，叶尖长足状或短尾状，叶缘钝齿，叶基浅心形，叶长18.0厘米，叶幅15.0厘米，叶片较薄而大，叶面光滑微皱，光泽较弱；产量高，当年栽桑，秋末平均株高1.4~1.5米左右，亩产秋叶1200公斤左右，植后第三年亩产叶2500公斤以上。枝条直立耐剪伐，全年可行条桑育；耐肥水，加强肥水管理能速生高产。缺点是抗旱、抗寒性弱，叶片薄易萎凋，易感百粉病（图3-19）。

4.农桑8号

图3-20 农桑8号

该品种是由浙江省农业科学院蚕桑研究所用一之濑作母本、伦教109号作父本杂交选育而成的二倍体桑树品种。树形直立，发条数多，枝条粗长而稍弯曲，侧枝少。皮青灰色，节间较直，节距3.4厘米，叶序2/5或3/8。皮孔小而少。冬芽正三角形，贴生，赤褐色，副芽多。叶长心脏形，深绿色，叶尖短尾状，叶缘乳头齿，叶基浅心形，叶长21.5厘米，叶幅19.9厘米，叶片较厚，叶面平而光滑，光泽较强，叶片平伸。开雌雄花，同株异穗，雄花穗短少，葚小而稍多，紫黑色，味甜。保山栽植，发芽期2月10日，属早熟品种，叶片硬化较迟，亩桑产叶量2000公斤，叶质较优。耐旱、耐瘠性强，强抗桑褐斑病、细菌病。农桑8号花葚较多，春叶叶形偏小，但亦可叶果兼用，将缺点转换为优势（图3-20）。

5.农桑14号

图3-21 农桑14号

该品种是浙江省蚕研究所从“北区1号×实生桑1号”的杂交组合中，经单株选育和系统选择培育而成的桑树新品种。其特性是：树型直立，树冠紧凑，发条数多，枝条粗直而长，无侧枝；节距3.7厘米，叶序3/8，皮色灰褐，枝条基部根源体突出明显，冬芽正三角形，棕褐色，副芽大而多。成叶心脏形，墨绿色，叶尖短尾状，叶缘小乳头齿，叶基浅心形，叶形较大，叶长23.5厘米，叶幅20.5厘米，叶面稍平而光滑，光泽强，叶面向上斜伸；在保山发芽早，发芽期2月中旬，是早生中熟品种；秋叶封顶硬化迟，全年亩产叶2600公斤（图3–21）。

6.强桑1号

图3–22　强桑1号

该品种是由浙江省农业科学院蚕桑研究所以大种桑作母本、桐乡青作父本杂交选育而成的二倍体桑树品种。树形直立，树冠紧凑，枝条粗长，侧枝少，节距3.6~3.9厘米，叶序2/5或3/8，发条数中等，长势旺盛，皮色青绿；冬芽长三角形，深褐色，贴生或稍离，有副芽；成熟叶深绿色、长心脏形，叶形大，叶长27.6厘米，叶幅20.1厘米，叶肉厚，叶面平滑，光泽强，叶片着叶稍下垂。春期发芽比农桑14号晚7天左右，属中生中熟品种，年亩桑产叶量达2800公斤以上。不耐瘠，较不耐寒，较耐旱，易感桑黑枯型细菌病（图3–22）。

7.无籽大十

该品种是广东省农业科学院蚕业与农产品加工研究所选育的果叶两用三倍体早熟品种。树型开展，隆阳区栽培，发芽期2月上旬，开叶期2月中旬，叶较大，花芽率高，单芽果数5~6个，果长3~6厘米，果径1.3~2厘米，单果重4~6克，紫黑色，无籽，含总糖14.87%，总酸0.82%，酸甜可口，花青素

图3–23　无籽大十

含量为808.91~1533.91毫克/升，出汁率70%~84%。保山3月上旬成熟，采摘期30天以上，桑果适合鲜食，也可加工；亩产桑葚1500公斤、桑叶1500公斤左右，抗病性较强，抗旱耐寒性较差(图3-23)。

8.台湾长果桑

图3-24 台湾长果桑

台湾长果桑又名超级果桑、紫金蜜桑，由台湾专家将大果桑和其他几种野生长果桑经几次授粉后改良而成的优良品种。保山栽培2月上旬发芽开叶，3月上旬桑果成熟，果紫黑色，细长，果长8~12厘米，果径0.5~0.9厘米，单果重5~7克，含糖量20%。外观漂亮，甘甜爽口，口感极好，具有四季结果的习性，果期3—4月，每亩产桑葚2500公斤以上，是观光采摘园不可缺少的优良品种(图3-24)。

9.云桑2号

图3-25 云桑2号

该品种是云南省农业科学院蚕桑研究所1966年从蒙自县草坝栽培桑园中选育而成的果叶两用品种，属白桑种，二倍体。树型稍开展，枝条中粗长而直，皮灰青色，节间直，节距4.3厘米，叶序2/5，冬芽长三角形，尖离副芽小而少。叶长心脏形，较平展淡绿色，叶尖短尾状或锐头，叶缘钝齿，叶基浅心形或截形，叶长19.5厘米，叶幅15厘米，较薄，发条能力强，叶面光滑，微皱或无皱，光泽较弱，叶质中等，含粗蛋白质21.5%，可溶性糖12%。隆阳区栽培，发芽期2月25日至3月10日，开叶期3月12—18日，成熟期4月10—15日，属中生早熟品种，秋叶硬化期10月初上旬，亩产桑叶1800公斤左右。桑果成熟期保山4月上旬，果期30天以上，紫黑色，果长2.9~3.2厘米，果径1.5~1.9厘米，单果重3~3.5克，桑果外形好，糖酸度高，口感甜脆，微酸，适宜鲜食和加工使用，亩产桑果2000公斤左右（图3-25）。

10.珍珠白

图3-26　珍珠白

“珍珠白”为山东省临清市地方品种，属白桑种。树形直立，枝条细短而直，发条力强，侧枝较少，皮黄褐色，节间直，节距2.3厘米，叶序2/5，冬芽三角形，棕褐色，尖离，副芽小而较多。叶卵圆形，较平展，深绿色，叶尖锐头，叶缘纯齿，叶基心形，叶片较厚，叶面光滑无皱，光泽较强，叶片平伸，叶柄细短。开雌花，花果多，葚卵圆形或近球形，果长1.8厘米，果径1.3厘米，单果重1.2克，白色，略带冰糖味，是鲜食的可口品种。米条产叶量59.0克。叶质中等，中抗黑枯型细菌病，易感赤秀病、污叶病。宜养成中、高干树形。因枝态直，树冠较小，应适当密植。主要作为果叶兼用桑品种（图3-26）。

11.白玉王

“白玉王”由西北农林科技大学蚕桑丝绸研究所以河北“东光大白”作为亲本，采用化学诱变选育方法培育而成。属白桑种，四倍体。树形较开展，发条力较强，枝条短直，无侧枝，皮褐色，节间直，节距3.7厘米，叶序2/5。冬芽正三角形，饱满，褐色，尖离，副芽少。叶心脏形，有

图3-27　白玉王

个别浅裂叶，着生平伸，叶尖短尾状，叶缘乳头齿，叶基浅心形，叶面稍糙，光泽较强。开雌花，葚长而多。花芽率96.0%，坐果率80%左右，单芽坐果数5~7个，果穗较集中。成熟桑果乳白色，略带红色，有光泽，果形长筒形，果长2.6~3.0厘米，果径1.3厘米，单果重2.5~3.0克，最大果重6.0克，米条产果量250克左右。果肉柔软，果汁多，含糖量14%以上，甜味浓，无酸味。鲜果出汁率约50.0%，果汁乳白色，果实种子较少，鲜食及加工性能好。桑果5月20日前后开始成熟，成熟期20天左右。亩桑产果量1200公斤，产叶量130公斤左右。耐旱性、耐寒性较强，较抗桑葚菌核病，适应性广，保山市主要蚕区均可栽植（图3-27）。

第三节　桑苗繁育

桑苗繁育是发展蚕桑生产的前提，优良桑苗又是桑园丰产的基础。桑苗繁育应根据当地的自然条件和品种特性，做到经济利用育苗材料缩短育苗时间，加强培育管理，提高单位面积产苗量，提高苗木质量，才能满足蚕桑生产发展的需要。繁育桑苗的方法，分有性繁殖和无性繁殖两种。

一、有性繁殖

用种子播种，使其发芽生长，培育成苗的方法，称有性繁殖。培育出来的苗木，称实生苗。实生苗在保山的主要用途：一是用实生苗直接定植成桑园，农户利用河埂、田地四边栽植实生桑，既可采叶养蚕，又能培养成优质木材；二是用作各种嫁接必不可少的砧木，以大量繁殖优良嫁接苗。

保山自然条件各异，桑树品种的地区适应性有明显差别。因此，较长时期主要通过有性繁殖育苗栽培。清光绪三十四年（1908年）迤西道秦树声设蚕桑局，从贵州省购回桑树种子育苗。《云南农业概况·云南实业公司》记述：民国初期曾于保山设蚕桑指导所，建立苗圃，培育桑苗供应推广；民国二十八年（1939年），国民政府中央行政院专门拨款30万元作为云南培育桑田经费，当局在蒙自县草坝建立了260余亩的苗圃，另在昆明、保山等地也有不同规模的桑苗圃。

20世纪50年代到80年代，主要靠栽桑单位和农户在本地采摘桑果加工桑籽或从外省调购实生桑种子，自己撒种育实生苗直接栽种成园，或采用嫁接育苗，满足生产发展需求。

1955年，保山县培育桑苗75亩，其中公营育苗22.5亩、私营育苗52.5亩；1956年，从广东省引进桑种；1960年，保山县在辛街区杜家大队办苗圃，播种桑籽27.8公斤、育实生苗67.5亩；1963年，保山县在辛街、板桥和城郊播种桑籽23.8公斤；1965年，保山县在杜家、永铸等大队培育桑苗；1966年，又从广东省顺德县、均安县购进桑籽744公斤，播种面积1074.6亩，培育实生壮苗479万株。20世纪60年代中期保山县、施甸县还采取挖塘点播的方法大面积培育实生苗，每塘播种3~5粒，节约了种子，桑苗发育生长良好。

1976年，保山县培育实生苗。采桑果制种152公斤，播种121公斤，外调施甸县8.6公斤、腾冲13公斤；1976—1977年，蚕桑处于低潮时期，保山县城关公社城南大队为增加农民收入，积极开展多种经营，奋力恢复发展蚕桑生产，积极育苗栽桑，并坚持利用苗叶开展养蚕。

1980年，施甸县建立桑树苗圃基地，培育实生苗150万株，积极恢复蚕桑生产。1983年，保山市（隆阳区）从河南省调购实生桑种子，播种桑籽17.5公斤，面积14.32亩；1984年，利用市良种繁殖场稻田培育实生桑近20亩。20世纪80年代蚕桑仍然处于低潮时期，保山河图公社欲恢复发展蚕桑生产，组织大队干部到陆良参观蚕桑生产，回来即培育桑苗70余亩，后因土地下户而告终。

1991年，保山市（隆阳区）从广东中山市调购广东杂交桑“沙二×伦109”，在辛街乡开展播种育苗；1993年，由于蚕桑生产效益明显，保山市板桥镇提出新植桑园5000亩发展计划，镇政府在卧佛村集中培育杂交桑25亩；1995年4月，保山市蚕桑办与福建省福清市育苗商签订协议，在板桥镇妻贤村、河图镇柳上村等地培育“沙二×伦109”杂交桑330亩，出苗1500万株，除提供本地种植外，部分调往德宏州陇川县等地。

2001—2003年，隆阳区在西邑乡、板桥镇培育部分“沙二×伦109”杂交桑苗，供本地栽培。2003—2004年，隆阳区成功探索桑树漂浮育苗技术，采用“沙二×伦109”杂交桑种子，一年可以多次播种，6~7月移栽，推广至板桥、河图、汉庄3个乡镇，成活率高，但是后期需要嫁接改造。2005年，省发改委下拨给隆阳区蚕桑良种繁育基地建设投资50万元，在金鸡乡建成标准化育苗基地10亩。

二、无性繁殖

无性繁殖是将植株营养器官的一部分与母体分离后，置于适宜的环境下，使其形成独立的新个体。因此，无性繁殖是母树营养器官生长的延续，可保持母树的优良性状。桑树的无性繁殖，包括嫁接、扦插、压条等方法，繁殖出来的苗木分别称为嫁接苗、扦插苗、压条苗等。

（一）嫁接

把一株桑树上的枝条或芽，接在另一株桑树的茎或根上，愈合后成为共同生活的新个体。用来嫁接的枝条或芽称为接穗，下面被接的茎或根称为砧木。

历史上由于科学技术落后，桑树多是未经嫁接的实生桑，管理粗放，不经剪伐，长成高大乔木，形成“枝密如网，叶小如钱”，叶质欠佳，病虫害较多。

1938年，保山开办蚕桑学校，教师来自江浙，教学内容包括嫁接培育桑苗。

1964年，保山县调购湖桑穗条嫁接育苗，其中须根接18万株，观察发现桐乡青易感桑树细菌病。1965年，保山县在杜家、水铸等大队培育湖桑嫁接苗，其中采用袋接17万株，须根接14万株；施甸县培育嫁接苗13.4万株，成活7.3万株。

1966年，保山地区组织桑苗繁育，2月份从云南省蚕桑研究所调购良种穗条12.4车，从蒙自上火车，运到禄丰，再用汽车拉回来送到各县。从1966年开始，连续3年调进接穗条27车，多达761捆、165.2万芽，其中袋接穗条297捆，须根接穗条464捆，培育嫁接苗228万株，其中袋接200万株、须根接28万株。20世纪60年代后期，由四川籍辅导员何明友在隆阳区高海河埂采用“抱娘接”方法改造实生苗，以及在陶孔村采用“一窝鸡”嫁接法复壮老桑树，成活率达到76%。1967年，地区农业局派技术干部到陇川城子和户撒帮助培训桑树嫁接技术。1968年至1970年，地区农业局技术干部杨沛在施甸县银川、保场等地蹲点举办嫁接培训。

1974年，保山县在城郊公社城南大队、水铸大队培育湖桑嫁接苗，供本县栽桑用。

1980年，施甸县委、县政府重视蚕桑生产，专门抽出土地，在原“五七”干校建立桑树苗圃基地80多亩，拨出经费从保山县板桥公社赵官大队调购桑树良种穗条2500公斤，从邢家大队调购穗条5000公斤，并安排8名科技人员采用须根嫁接（包括部分袋接）的方法，培育“湖桑197”“剑特”“中桑10号”等嫁接苗94万株，但是成活率低，不足30%。

1981年，施甸县委、县政府加大力度，培育良桑壮苗。在县委领导下，地县农业部门围绕桑树须根接、袋接、简易芽接，实生桑小苗分圃等育苗方法进行了培训，通过努力全县共嫁接桑苗271.24万株，成活132.37万株，成活率48.8%，其中简易芽接成活率最高为75.8%（秋季芽接成活率更高，达83.13%），袋接为63.9%，须根接最低为45.6%。

1982年，保山县培育嫁接桑苗95.4亩，嫁接品种为“湖桑32号”，桑树移栽成活验收数57.6万株，政府每株补助栽桑农户0.03元，全县12个公社发展新植桑园；施甸县培育嫁接桑苗150.3亩，出圃89万株。

1983年，保山市（保山县）从河南省调购实生桑种子，培育桑苗10.65亩，嫁接出圃11.5万株;施甸县培育嫁接桑苗209.6亩，嫁接成活出圃86.8万株。

1984年，保山市利用市良种繁殖场的稻田培育实生桑近20亩，分发到各公社做嫁接砧木，由农户自己嫁接。施甸县培育嫁接桑苗362.8亩，嫁接成活出圃162.5万株；1985年，施甸县又嫁接成活出圃42万株。

2005年，隆阳区在金鸡乡基地用“沙2×伦109”培育少量杂交桑苗，第二年2—3月袋接,当年冬季进行移栽。

2001年后,保山市主要从浙江省海宁市、桐乡市大量调购“农桑”“强桑”嫁接苗发展生产,近年来则以杂交桑苗为砧木,以“云桑2号”“台湾长果桑”等为接穗嫁接成活后出圃移栽发展果用桑园。

(二)扦插

扦插是采取植物营养器官的一部分,如、茎,叶等插入土中,在适宜的环境条件下,使其生根发芽,而成为独立生活的新个体。扦插繁殖的优点是取材容易,方法简单,培苗期短,而且能保持母本的优良性状。缺点是根系弱,生长缓慢,成活率低。

20世纪70年代初期在保山城郊古龙门开展过湖桑扦插试验,试验理论依据是《蚕业科学》论文《湖桑发根的生理机制》,具体方法是:砌筑好炕房填入细沙作扦插介质,专人值班保持沙床温度在28℃,将经过吲哚乙酸浸渍过切口的扦插条插入沙床,10天后在插条根源体附近发育生长出丰满的新根。但未经炼苗即进行大田移栽,突然受冷而枯萎死亡。保山、施甸还有少量农户用湖桑扦插繁殖,但成活率低,仅为10%左右;1978年,丙麻公社开展桑树扦插育苗试验;1984年,施甸县茶桑站技术员杨国先在大竹篷大队四队段绍春家责任田,开展桑树无根扦插繁殖地膜覆盖试验获得成功,扦插材料为湖桑穗条25公斤、剑特40公斤、云草二号25公斤。

1991年,保山市蚕桑站在板桥镇卧佛办事处开展了“湖桑全光喷雾嫩枝扦插育苗”试验,生根率可达96%,成活率可达85%,土地利用率高,成苗快,可比常规方法培育湖桑苗提前出圃一年半的时间;1995年,保山市蚕桑办在河图镇柳上村培育杂交桑扦插苗10万余株。2、3月扦插,秋冬季可以移栽,但苗大小不整齐,根弱。

三、育苗技术

保山推广的有性繁殖育苗主要有实生桑育苗、营养方格育苗和漂浮育苗三种。无性繁殖育苗主要有嫁接和扦插两种方法,嫁接成活率高的有锯桩芽接、袋接、腹接(抱娘接)、简易芽接等。扦插包括全光喷雾嫩枝扦插和杂交桑扦插。

(一)实生桑育苗

桑籽育苗繁殖快,成活多是其优点,是各种嫁接必不可少的砧木。桑籽育苗可根据不同的用途,采用不同时期进行培苗,如用作袋接、芽接、芽腹接等方法的砧木,应争取早播种、早间苗,及时中耕除草追肥,力争当年育成壮苗,供来年做砧木用;用作须根接的小实生桑,则可在7月下旬进行撒播,每亩留苗5~7万株,当年株高4~5寸为好。

1.播种前的准备

(1)母株的选择:播种用的桑籽,应采自生长健壮,无病虫害的优良母株。

（2）桑籽的采集：采集紫黑色、成熟度一致的桑果，采回的桑果应随即淘洗，避免堆积发热。先将桑果充分捣烂，使种子与果肉分离，然后放入细孔箩内经水漂洗，即可得到饱满黄褐色的种子。洗出的种子，迅速摊放在微风处阴干，注意经常上下翻动揉散，迅速风干，防发霉。

（3）苗圃地准备：苗圃地选择地势平坦、日光充足、通风良好、排灌方便、土质肥沃的松软沙质壤土或壤土，无病虫害的地块。

（4）苗圃地的整理。

①深耕：苗圃地必须深耕才能提高土壤肥力，为苗木创造良好的生长条件。春季育苗的在上年冬季深耕，春季再复耕；夏季育苗的在前作收获后随即深耕。耕地深度一般25~30厘米，黏土宜深，沙土稍浅。

②施基肥：结合深耕，每亩施腐熟厩肥5000公斤，过磷酸钙10公斤。

③精整苗床：开沟作畦，做到地平土细，畦宽100~130厘米，沟宽20~30厘米，沟深15~20厘米。每亩用水粪1000公斤撒施于畦面。

2.适时播种

播种时间有春播和夏播。播种方法有条播撒播、点播及鲜果直播。其中以条播撒播为主，播种量条播0.5公斤/亩，撒播0.75公斤/亩。

（1）条播：播种沟深1~2厘米，宽4~5厘米，行距10~15厘米。将桑籽与4倍的细土拌种后，均匀撒在播种沟，上盖薄薄的一层细土，厚度以刚埋没种子为度，再盖上稻草，浇水使苗床湿润。

（2）撒播：种子拌土后均匀撒在整理好的苗床上，用竹扫帚轻扫床面，使种子与土壤密接，然后盖一层薄细土，再盖上稻草，浇水使苗床湿润。

3.播种后的管理

播种后第1~2周的出苗期要保持苗床湿润和不积水，当幼苗出土，2片子叶展开时，揭去盖草。在第3~6周缓慢生长及旺盛生长期要注意灌溉和排水，勤除杂草，做好间苗、定苗、补苗、松土和追施清人粪尿。

（二）营养方格育苗

1.制作苗床

深耕施足基肥后，做成宽100厘米的畦，再撒施水粪1000公斤/亩。水粪中加入适量敌百虫农药（50克/亩），边施水粪边进行浅翻搅拌，注意泥土不能拌得过粘或过散，过粘不利桑苗生长，过散桑苗不能带土移栽。同时尽量保证畦面平整光滑，然后横直用刀将畦面分割成5厘米见方的小方块。

2.播种

将杂交桑种子放置在方格中部，每格放置3~4粒，用手指轻轻按压，使桑籽与方格土块表面紧密接触，播种后，均匀撒一层细土，以不见桑种为度，再盖上一层薄稻草，尔后喷洒清水，将稻草湿透，再搭船形高架覆盖薄膜。

3.桑苗管理

桑种发芽出土后，揭去部分盖草，日照强烈、气温较高的午间，揭开薄膜的两头通风降温；小苗长出第1~2片真叶时，揭去全部盖草和薄膜，傍晚或清晨浇水，保持土壤湿润。多雨时注意排水，防止苗地积水烂根，勤锄杂草。桑苗长到3~5厘米时，淘汰弱苗，每一小方块内仅留1~2株健壮苗；桑苗长到10~15厘米时，将方块苗间隔抽取带土移栽，待苗长到20~25厘米时，再次间隔抽取方块带土移栽。

（三）漂浮育苗

1.选棚造池

选择地势平坦、通风向阳、有清洁水源的蔬菜大棚作育苗场地。要求棚膜为0.04毫米厚的长寿无滴膜，两侧设可开可关的纱网窗，以便通风降温时能阻止害虫进入，大棚之间留2米以上的间距。平整土地，以水泥空心砖围成内口长度为673厘米、宽140厘米、深度14厘米以上的方池，用一层厚度为0.12毫米的长寿膜垫铺池底和池边四壁。播种前1天给育苗池灌注清水，每池水加12克漂白粉（28%~30%有效氯）进行水体消毒。

2.基质准备

基质必须无毒，可以直接使用烤烟漂浮育苗专用基质。

3.消毒杀虫

育苗盘、塑料薄膜等用具，尤其是已经用过的物品均应消毒。清洗后用2%的福尔马林液喷布消毒，育苗池用1%有效氯漂白粉液消毒。棚室周围及池边孔隙用80%敌敌畏乳油1000倍液或50%辛硫磷乳油800倍液喷雾杀虫。

4.基质装盘

选用67厘米×34.2厘米×5.5厘米、200孔/盘规格育苗盘。为防止病菌感染，地上先放置一层普通薄膜，再倒入基质加水拌湿拌匀。湿度以手捏可成团、放下可散开为适宜（含水约55%~60%），先将湿润的基质盛在育苗盘上，使其填满孔穴，再用双手端起育苗盘，从25厘米高处放下，如此重复2~3次，使基质紧实，再把孔穴之外多余的基质用木片刮去。

5.播种

（1）播种时间：以移栽用苗时间推算，苗龄40~50天移栽为宜，播种前应做桑种发芽试验,要求发芽率85%以上。

(2)播种方法:用压穴盘压穴后,每个孔穴播1~3粒桑种,然后均匀盖一薄层基质使不见种子。

6.播后管理

(1)控温控湿:棚温控制在18~27℃,发芽期可高至30℃,发现温度偏高及时打开育苗棚两端或侧窗,必要时可"开天窗"降温,傍晚后则关窗保温。观察膜下结水情况,结水严重则开窗降湿,尤其是内外温差大的时候,要特别注意降湿。

(2)补水施肥:池中水量不足需加水至10~13厘米深。播种后8~10天兑放营养液,每吨水加0.5~1公斤桑树专用复合肥,营养液浓度控制在0.2%以内;出苗前20天再补充一次营养液肥,补充量为池总肥量的20%;并注意补充水分,逐步炼苗。为促使苗干粗壮,可分次剪短苗根,适当控制其长高。

7.及时移栽

采用一段式育苗法,一般40~50天,即可将桑苗连同基质一起移栽建园。

(四)袋接育苗

具有操作简便,苗木成活率高、苗木生长快等特点,适宜大量繁殖桑苗。

1.袋接前的准备

(1)接穗的准备:选择适合保山栽培的良桑品种,在桑树休眠期,采集生长健壮、冬芽饱满、无病虫害、粗细适中的一年生枝条,剪去两头,留中间段作为接穗。

(2)砧木处理:选择根直径0.5厘米以上的苗木做砧木。有苗床袋接和起苗室内袋接两种方式。

2.袋接步骤

(1)剪砧木:扒开砧木根颈部周围土壤,深4~5厘米,在根颈部下方选择皮部光滑处,剪去苗干成45℃左右的斜面,要求剪口平滑,皮层不破。

(2)削接穗:选择冬芽饱满的穗条,一般4刀削成一个穗头。先在接芽的反面下方1厘米处下刀,削成3厘米长的弧形斜面;第二刀将削面尖端过长的部分削去;第三、第四刀在斜面两侧各向下斜削一刀,使接穗尖端和两侧的韧皮部和形成层露出,最后在接芽上方1厘米处剪断即成。

(3)插接穗:注选择与砧木粗细相适宜的穗头。用手捏开砧木剪口的皮层,使皮层与木质部分离成口袋状,将接穗斜面对准砧木皮层插入袋内,插紧为度。

(4)壅土:用湿润的细土壅紧嫁接部位,注意用力要均匀,然后用细土壅没穗头约0.5~1厘米呈馒头状。

起苗袋接时间可提早1个月,不受雨天影响。接成的嫁接体扎成小束,放在室内湿润细沙土中，促进愈合，待接芽膨大时移栽苗圃。

(五)腹接(抱娘接)育苗

1.切砧木

确定嫁接主干高度(离地20~50厘米)，选择树皮光滑无节疤处，用桑刀划成“(”或“∧”形的切口，深达木质部。“(”形两边的长度和角度，要根据砧木的大小和接穗削口的长短而定。过短则接穗难以插入，过长则伤口愈合困难。角度太小穗头插入后包得不紧，角度太大，穗插入时砧木皮部容易破裂。

2.削接穗

选择粗细适中，冬芽饱满的穗条，在节间部分斜削一刀成平直的斜面，第二刀削去过长部分。一般斜面长约4~5厘米。然后留2~3个芽，剪下穗头。

3.插接穗

先用竹片轻轻地撬开砧木“(”形切口的皮部，使之与木质部分开，然后将接穗削面向外慢慢插入，以削面全部插入为度，要防止用力过猛，插破皮部，影响成活。

涂泥包扎：接穗插好后，用湿的黏土涂在切口上，防止因切口干燥和雨水流入而影响成活。然后用湿润而柔软的稻草把接口包扎，再用黏土涂在包扎处，外包塑料薄膜，这样保湿效果好，成活率高。

(六)简易芽接育苗

1.嫁接部位

桑苗在根颈部，幼树在主干离地面15~20厘米处，壮树在枝干分叉上方5~6厘米处，选择树皮光滑的地方进行嫁接。

2.芽接步骤

(1)切砧皮：在选好的嫁接部位上，用刀向下切削皮层，长约3厘米，深达木质部，以见木不伤木为度，留1厘米左右，切去接皮上部。

(2)削芽片：选健壮饱满的冬芽，离芽尖1厘米处倾斜下刀，至芽下叶痕下1~1.5厘米处，横切一刀，取下芽片。削取的芽片，要求削面平滑，形成层全部露出，不带木质部，长短、厚薄适当，削面上清晰地看到“三点一颗米”。

(3)插芽片：将接穗芽片削面贴向木质部，插入切皮接口内。注意芽片与砧木要大小相适、切口对齐(即韧皮部对齐)。

(4)包扎：用塑料薄膜条绑紧捆扎好，芽尖要露出。

(5)剪砧木：接好后，随即从接芽上方1厘米左右处剪去砧木，同时疏去其他砧芽。

3.嫁接后管理

嫁接成活后及时抹除砧芽减少养分的消耗，使养分集中，利于接芽的生长；加强水肥管理，及时除草，防治病虫害；新芽长至15~20厘米时，解开捆扎的薄膜；新梢长至15~30厘米时，摘心防止新梢陡长折断，同时用绳子把新梢固定在树上或竹棍上。

（七）锯桩芽接育苗

成活率高达90%以上，是近年来保山嫁接果桑品种的主要技术手段，也常用于低产桑园改造。

1.芽接步骤

（1）锯桩：在皮层光滑、距地面5~10厘米处，锯（剪）断主茎，注意截面平滑。

（2）切砧木：在断面上将皮层斜切（或直切）2~3厘米长，深度达木质部，但不伤木质部。

（3）削接芽：选充实饱满的芽，将芽片削成"三点一颗米"标准样（芽在正面）或楔形（芽在侧面）。

（4）插芽：砧木斜切的插"楔形芽"，砧木直切的插"标准芽"。用刀拨开皮层，留出一条缝，选择大小适合的芽插进去，注意要深插，让树皮充分接触。桑苗1株插1~2个芽，老树1株插2~4个芽。

（5）包扎：插好后用薄膜严密绑扎缚紧，注意芽头要保持外露。

2.嫁接后管理

嫁接后15天左右开始萌发，及时剥除砧芽减少养分的消耗。加强水肥管理，及时除草，防治病虫害。新芽长至15~20厘米时，解开捆扎的薄膜。新梢长至15~30厘米时，摘芯防止新梢陡长折断。

（八）全光喷雾嫩枝扦插育苗

1.扦插前准备

（1）圃地设置：选择地势平坦、背风向阳、水电方便、水质良好的沙质壤地作为苗圃地。

（2）材料准备：ABT生根粉。设备为1台数字叶面水分控制仪和2台双长悬臂旋转喷雾装置。

（3）整理苗床：按喷雾机械臂长做成中间高、四周低的圆形苗床。同时在苗床中心制做机座并安装各种所需设备。扦插前2天铺5厘米厚河沙在苗床上，再铺5厘米焦糠于河沙上，然后开机将苗床喷湿，在扦插前用800倍多菌灵进行基质消毒。

2.适时扦插

扦插时期为7月下旬或8月上旬。

（1）穗条处理：选取半木质化、无病虫枝条作插穗。早晨露水未干时剪取穗条，先剪去顶梢幼嫩部分，再剪成6~8厘米（含2~3节）短插穗，上剪口距芽0.5~1厘米，插穗上端保留的叶片剪成鹅蛋大小，成捆放置室内阴处喷水保鲜，扦插前置于800倍多菌灵液中消毒10分钟，稍干后再将穗条基部放入500ppmABT液中速蘸3~5秒后待插。

（2）扦插穗条：按250株/平方米的密度插于苗床上，扦插深度2~3厘米，叶面向南，使叶片有较大面积接受阳光照射，随插随喷水，防止穗条失水，阴天和小雨天可全天扦插，晴天在傍晚后扦插。

3.插后管理

（1）水肥管理：愈伤组织产生阶段，以叶面保持一层水膜为宜；愈伤组织形成后，适当减少喷雾，待叶片上的水膜蒸发至1/3时再喷雾；普遍长出幼根后，在叶面水分蒸发完后稍等片刻再喷雾，大量根系形成后，在中午前后少量喷雾，待普遍长出侧根停喷2~3天防插穗腐烂；插穗生根后，追施0.3%尿素和0.5%磷酸氢钾混合肥，每周喷两次。

（2）病虫防治：扦插完后的当天傍晚喷一次800倍的多菌灵液，以后每隔三天喷一次，遇阴雨天则隔日喷一次。若在扦插初期苗床内发现少量害虫，采用500倍敌百虫液防治。

（九）杂交桑扦插育苗

1.扦插准备

（1）穗条采集：选择母树侧枝少、木质化程度高、冬芽饱满、皮不破损，冬芽未萌发，直径0.7~2厘米之间的枝条剪为穗条。夏伐时剪下枝条成熟程度较高的部分，亦可作为扦插穗条。

（2）穗条处理

①贮藏处理：冬季穗条剪取后需要贮藏一段时间。室内低温阴凉处，用一层潮沙一层穗条放置，上面覆盖薄膜或者稻草，防止干枯，上层过干要适当喷水，覆盖薄膜要适当留有透气孔，防止穗条呼吸不畅而霉烂。贮藏穗条要求环境卫生，保持7~10℃的低温，60%~70%的相对湿度，穗条含水率控制在50%左右，含水率过高穗条易萌动，过低易干枯。

②收浆处理：旺盛生长期内剪取的穗条要进行“收浆”处理，一般是在扦插前1~2天剪下桑条，贮藏于阴凉处，注意检查，待穗条剪开后断面树液呈露珠状，即可剪穗进行扦插。

2.扦插时期

冬穗条开春后气温稳定在12℃以上，穗芽萌动以前进行；夏穗条收浆处理后进行，扦插时间不宜过迟，过迟了一是温度下降不易成活，二是当年不易育壮，易遭冻害。

3.扦插步骤

(1)穗条剪取:插穗剪取长度以15~20厘米为宜,留芽3~4个。上端芽要健壮饱满,上端在芽上方0.3~0.5厘米处剪断,下端剪口要接近叶痕。下端剪成马耳形光滑斜面或平口(圆形)均可。剪取后使用40%多菌灵500倍液消毒5~10分钟,插穗必须保持新鲜,可放在阴凉处,用保湿材料覆盖,避免被风干。

(2)扦插穗条:株行距,亩插4万株左右(6厘米×20厘米)或3万株(8厘米×20厘米)。也可在苗床上按上述行距开沟,按株距将插穗斜放沟中,上端芽向上,用土压紧,上端覆盖0.5厘米细土。

4.插后管理

(1)控制湿度:扦插后立即浇水,让水透至插条下端,浇水后苗床土壤下陷,插穗上端就会露头,要盖上一层稻草或松毛,防止烈日暴晒和大雨冲淋,保持苗床湿润阴凉。

扦插后应该经常保持苗床土壤湿润、透气,浇水要勤,量要少,上层易干,但土壤湿度又不能过大,否则通气不良,会使穗条不易生根或霉烂。

(2)施肥:生根初期根系吸收能力微弱,而芽已经萌发,消耗的多是穗条贮的养分,在长到2~4片叶时,地上部分往往会出现止芯现象,此时可用0.2%~0.5%的尿素水溶液加2%的磷酸二氢钾进行根外施肥,在害虫严重的地方,要注意防治。同时,随时注意检查插穗生根情况,一旦长根即可施肥,亩施稀薄人畜粪尿20担。待新梢长到30厘米以上时,根系也逐渐强大,吸收能力增强,应加大施肥量,增加次数,增施磷钾肥,促使苗木旺盛生长。

第四节　桑树栽培

桑树栽植是发展蚕桑生产的一项基本建设。桑树栽植的具体内容包括桑园规划、栽植密度和栽植技术。桑园规划要根据蚕桑生产发展区划和计划,向适宜区、群众生产积极性高的地区集中连片种植,培植核心乡镇,打造重点专业村、蚕桑示范区。合理密植应结合当地环境条件,确定栽植密度和相应的栽培措施,以充分发挥密植的增产作用。栽植技术关系到桑树定植后的成活和生长,是建设丰产桑园的重要环节。

一、栽培模式

保山桑树栽培经历零星分散种植、分片种植、连片规模种植3个阶段。种植密度由稀植发展到过度密植,再回归到合理密植。栽培模式包括“四边桑”、稀植桑、低干密植丰产、杂交桑快速成园、宽窄行种植几种类型。

（一）“四边桑”种植

20世纪五六十年代，以“四边桑”种植为主，桑树多种植在田边、地边、路边、河埂边及房前屋后，株距1~1.3米，每亩打塘种植实生桑400~600株，基本上不管理，任其自然生长成高干乔木。保山县板桥、汉庄、高海、赵官等乡村，采用3年龄健壮实生桑苗，栽种到河埂路旁，高干养成，提高了抵御牛马践踏的能力，增加了土地利用面积，但产量很低，无法满足生产需要。

（二）稀植桑种植

20世纪60年代在地区农科所张述尧的主持领导下开展山地连片栽桑。做法是砍掉荒山、荒坡各种杂树，用等腰三角架测出等高线，依等高线开筑水平台地，避免水土流失，然后深挖定植槽，施足底肥（1250公斤农家肥/亩），株行距1米×2米，亩栽桑330株左右，并种植绿肥（光叶紫光苕），做好水肥管理和病虫害防治，养成中干树型，3年后投产采叶养蚕。

（三）低干密植丰产桑园

20世纪60年代末保山学习广东、浙江经验，开始用土质肥沃、能灌能排的水田栽桑，但稀植桑种植模式投产慢，桑叶产量低，未能充分发挥田桑性能。1967年1月，保山地区科技人员杨沛在施甸县保场、银川等地试验广东无干密植桑技术，实生桑每亩种植4000~6000株；嫁接桑株行距1米×0.3米，每亩种植2000株，低干无拳，主干一般15~20厘米，在施甸县银川华兴调查6.14亩密植桑园，平均亩产桑叶达到2500公斤，亩桑产茧超过50公斤。1968年至1970年，在施甸县银川、保场等地开展高产桑园示范及技术培训；1970年后，在保山县河图公社三家村，城郊王官、杏花等专业队试点后逐步推广，并总结了“深耕、底肥、良桑壮苗、密植条栽、浅种踏实、加强管理”等一整套技术措施。

1974年，地区多种经营办公室组织20多名蚕桑专业队乡、村级领导干部赴华东参观学习蚕桑生产经验，同时代表们还参观了楚雄县东瓜镇东瓜大队刘家村生产队和大姚县仓街、七街两个公社在山地上种植的无干密植、速成丰产桑园，带回“湖桑园矮干密植速生丰产”栽培技术，其核心是亩栽嫁接桑1500株，矮干有拳养成，加强水肥管理，比本地区密植无干桑园产量高出很多，且病虫害较轻，这一技术很快在保山、施甸蚕区得到推广应用。

1978年，施甸县在仁和公社中合大队昌合生产队，连续三年开展密植高产桑园示范，实现当年栽桑当年养蚕。20世纪80年代，保山主要发展密植桑园，亩栽桑1500~2000株，其中坝区密度2000株推广较多。

(四)杂交桑快速成园

20世纪90年代,广东省培育出"沙二×伦109"杂交桑品种,1991保山市(隆阳区)引进杂交桑种子播种育苗,移栽定植建桑园127亩;1994年推广种植杂交桑园2000亩,1996年发展杂交桑园累计6900亩。种植密度1300株/亩,株行距1.3米×0.4米。因桑叶薄,易萎蔫,易感染百粉病,产量低,2000年以后多数毁掉,少数改造嫁接成良桑。

(五)宽窄行种植

2001年以来,大力推广"农桑系列"和"强桑1号"桑树良种,种植密度为1000株/亩,分等行种植和宽窄行种植两种形式。隆阳区以等行种植为主,行距1.33米,株距0.33米。施甸县以宽窄行种植为主,大行距2米,小行距0.67米,株距0.33米;2009年,施甸县茶叶蚕桑工作站为提高亩效益,在何元乡开始试验示范大宽窄行种植,要求宽行距2.7米,窄行距0.67米,株距40~50厘米,每亩种桑750~900株。大行间套种辣椒、花生、青蚕豆(青豌豆),亩效益达到5000~8000元。

宽窄行种植的优点是有利于桑园套种粮食、蔬菜、药材等作物,提高了土地产出率,缺点是操作中常喧宾夺主,套种过度,且窄行间桑树密度大,增加了采叶难度。目前生产上以等行种植为主,行距1.60米,株距0.4米。等行种植增加了行距,桑园通风透光,病虫害减少,既可适当套种,又利于施肥、采叶、剪伐等耕作及旋耕机、伐条机小型机械操作。

二、栽培技术

(一)栽植时期

一般在桑树落叶后至翌年春发芽前进行。施甸县因为气候热,秋季多雨,20世纪80年代当年春季播种育苗,夏季嫁接,秋季栽桑,成活率可以达到80%以上,但根系弱,生长慢。隆阳区20世纪90年代调购杂交桑籽繁育桑苗,利用夏季雨期栽桑,成活率可以达到85%以上。

(二)栽植方法

按"六个好"要求规范种植建立桑园。

1.选好一块地

选择海拔800~2200米之间、阳光充足、通风良好、能灌能排、土层深厚、肥力较高、地面平整的中性沙质土壤田地。

2.开好一条槽

开槽深宽各40厘米,表土和底土分放桑槽两边,槽底挖松10厘米,留于沟底。

3.施好一沟肥

亩施厩肥1000~2000公斤和复合肥50公斤。为防止肥料发热灼伤苗根,先将肥料与少量表土拌匀施放沟底后,填盖表土,再回填心土。

4.种好一千苗

等行种植，亩栽嫁接桑1000株。

（1）苗木处理：大小苗分开，剪去过长、过密、破损的苗根；保山栽种的嫁接苗，基本上是从浙江省长途调运，苗根易干瘪，移栽前须将苗根浸水10~12小时，再用20%澄清石灰水浸泡5分钟消毒，以提高成活率。

（2）桑苗定植：大小苗分别种植；三角形对空移栽；栽种时摆正苗干，先表土，后底土。具体操作是一埋二踏三提拔，盖土到嫁接口（青黄交节部）以上10厘米左右，壅成馒头状，做到苗正根伸，根系舒展，根土结合紧密。

5.浇好一瓢水

桑苗定植后及时浇足定根水。

6.盖好一张膜

浇足定根水后，用地膜覆盖。注意膜四周要用土盖严盖实，苗干周围形成锅底状，利于集雨露水，苗干开口处用土填实。

（三）定干

移栽后，离地15厘米剪去苗干，养成主干。定干有减少树体水分蒸发、打破枝芽顶端优势、促进生根的作用。

第五节　桑园管理

根据种植时期桑园管理分为新植桑园管理和投产桑园管理；投产桑园管理按季节分为春季、夏季、秋季和冬季桑园管理，其中又以冬季管理最为重要。管理内容包括树形养成、桑园排灌、合理施肥、桑园剪伐、疏芽摘芯、翻耕除草等。

一、新植桑园管理

桑苗定植后，必须加强护理工作，以提高成活率和促进苗木生长。

（一）疏芽摘心

新梢长到8~10厘米时开始分次疏芽，选留2~3个方位置合适的健壮芽，疏去其余桑芽，使养分集中。如果1株桑树只有1个新梢，长到15~20厘米时摘去顶芽，使其萌发侧芽培养枝干。

（二）揭膜除草

在雨季稳定到来后及时揭去地膜并除草培土。

（三）水肥管理

干旱浇水，雨天排涝。新栽桑施肥应少量多次，每亩年施“12:10:5”蚕桑专用肥

40公斤，或者尿素10~15公斤、普通过磷酸钙25~30公斤、硫酸钾5~10公斤，分2次穴施并盖土。

（四）病虫害防治

春芽萌发后，每批蚕结茧后用敌敌畏、乐果，对桑蓟马、红蜘蛛等虫害进行防治；用丙环唑防治桑褐斑病等病害。

二、投产桑园管理

（一）树形养成

为促进桑树生长，提高桑叶产量和质量，减少病虫害，便于桑园耕作、桑叶收获管理，桑苗定植后需要通过剪伐养成一定树形。

桑树树形按树干高度分无干桑、低干桑、中干桑和高干桑四大类。桑树主干接近地面或埋没在土中的叫无干桑或地桑；主干高25~70厘米的叫低干桑；主干高70~150厘米叫中干桑；主干高度在150厘米以上的叫高干桑。桑树养成一定树形以后，又因剪条时基部残留部分的长短而分有拳式和无拳式。

保山20世纪50年代以前，树型以高干桑、乔木桑为主，树干高度在150厘米以上，树型养成时间较长。20世纪60年代以中干桑为主，树干高70~150厘米，三年养成。20世纪70年代初期发展密植桑园以低干桑为主，树干高度30厘米以下；20世纪70年代后期及80年代，以低干有拳桑为主，第一次伐条，按树型养成的目的高度（田桑35~40厘米，地桑45~50厘米）离最上一个芽0.7~1厘米处剪去苗梢，进行定拳，以后每年在定拳部位或留很短部分进行剪伐，养成桑拳，两年即可投产。20世纪90年代杂交桑以无干无拳桑为主，当年即可投产。目前"农桑14号""强桑1号"嫁接桑多为低干拳式树形养成，由主干和两层支干组成，树干高度50~60厘米，少数农户采用简易树形养成，由主干和一层支干组成，树干高度40~50厘米。

1.低干拳式丰产树形

栽植时离地15厘米剪定主干，发芽后选留2~3个壮芽，当年养成2~3根枝条，第2年离地30厘米处春伐，养成第一支干；发芽后每根支干选留2~3个新梢生长，每株养成4~6根枝条，第3年离地50厘米处春伐，养成第二支干；发芽后每根枝干选留2~3个新梢生长，每株养成8~10根枝条。从第4年开始，每年在枝条基部伐条，每株形成4~5个桑拳，养成有两层支干的拳式丰产树形。

2.有拳式简易树形

定植后离地面15厘米剪去苗干。选留着生位置合适的健壮芽3~4个生长，其余的芽疏除，当年养成3~4根枝条。第2年春季桑树发芽前，离地30厘米处春伐，养成第一支干，以后每年在枝条基部剪伐，养成有一层枝干的有拳式低干桑，以后随着桑树生长，拳逐年增大抬高，距地面40~50厘米。

（二）桑园排灌

桑树发芽开叶期的需水量较多，这时灌溉，对促进桑树发芽和芽叶生长作用很大。保山市春旱相当严重，应及时组织灌溉。夏秋时期会遭遇阴雨连绵天气，雨量集中，平地低洼桑园易积水成涝，影响桑树生长。在建园时要设置完善的排灌系统，平时要做好清沟理渠工作，保证雨后不积水。

保山20世纪70年代前发展的桑园多为“靠天桑”，由于春旱严重，桑园不具备排灌条件，桑叶单产较低，80年代发展的大田桑园，排灌基本解决。21世纪以来，蚕桑向山区转移，随着新农村建设和扶贫攻坚的不断深入，各级部门投入了大量资金，兴修了道路、沟渠和小水窖，板桥镇左所村还安装了喷灌设备，桑园水利条件得到大幅改善，但是仍然有相当数量的山坡台地无法灌溉。

（三）合理施肥

肥料是桑树的粮食，桑树多年生长在同一地点，每年生长都要从土壤中吸收大量的营养元素，常使土壤养分缺乏，必须施肥补充，才能满足桑树生长发育的需要。

保山20世纪50年代桑树很少施肥；20世纪60年代增施厩肥、蚕粪，桑园还间种光叶紫花苕、蒿枝、紫云英等绿肥，提高了桑叶产量；20世纪七八十年代施肥以农家肥为主，部分增施尿素、过磷酸钙、碳酸氢铵等化肥；20世纪90年代施肥以农家肥为主，部分增施尿素、普通过磷酸钙、硫酸钾、通用型复合肥和碳酸氢铵等。2000年以后，施肥以农家肥做冬季施肥，生长季节施尿素、普通过磷酸钙、硫酸钾、蚕桑专用复合肥和碳酸氢铵等，高产桑园推广使用蚕桑专用控释肥，春夏干旱季节推广使用根外追肥。

1.施肥时期及施肥量

为提高肥效桑园一般分春夏秋冬四个季节施肥。施肥的原则是早施春肥，重施夏肥，巧施秋肥，冬施有机肥。

桑园施肥氮磷钾三要素比例为10:4:5，施肥量按上年桑叶产量和当年目标产量估算。中等产量的桑园，每亩年产叶1500公斤，每亩每年需尿素65公斤、普通过磷酸钙60公斤、硫酸钾30公斤。

（1）春肥：每亩施12:10:5蚕桑专用肥40公斤加尿素10~15公斤，或每亩施尿素20公斤、普通过磷酸钙15公斤，硫酸钾10公斤。

（2）夏肥：5月下旬施入，每亩施尿素30公斤、普通过磷酸钙30公斤、硫酸钾15公斤。

（3）秋肥：8月上中旬施入，亩施尿素15公斤、普通过磷酸钙15公斤、硫酸钾5公斤。

（4）冬肥：施有机肥，每亩深施农家肥1000~1500公斤。

近年来，随着“控释肥”在各个产业中迅速推广应用，“桑树专用控释肥”通过项目补助带动，在隆阳区板桥镇、瓦房乡，昌宁县田园镇等蚕桑主产区推广使用。四季施肥逐步改为“三季施肥”，即冬季亩施农家肥1000~2000公斤，蚕桑专用控释肥60公斤；夏季、早秋季亩施尿素20~30公斤、复合肥40公斤。

2.施肥方法

施肥方法有撒施、沟施及根外施肥。根外施肥具有吸收快、见效快、肥效高的特点，但是肥效短，只是一种辅助性的施肥，不能代替土壤施肥。保山通常在桑树生长前期，桑园缺肥、天气干旱时进行根外施肥。使用浓度为：尿素0.3%~0.5%，磷酸二氢钾0.2%。其他新型叶面肥植宝素600倍、喷施宝1万倍液、茶满园600倍、万能肥750倍、标典肥1500倍。喷洒液用量100~150公斤/亩。

（四）桑树剪伐

按季节分，保山市桑树剪伐有春伐、剪梢、夏伐和秋伐四种。

1.春伐

春伐一般在12月下旬至来年1月上中旬进行，时间在冬季，称之为“冬伐”更加合适。齐桑树基部剪去全部枝条，做到留拳不留条。此时桑树处于休眠中，对桑树的伤害小，但春叶叶片小，产量低。新植桑园应采用春伐，以加速树形养成。

2.剪梢

实行夏伐的桑园必须在冬季剪梢，封梢是指把枝条的梢端剪去一部分，使养分集中于枝条中下部，冬芽充实，防止冻枯，促进翌年芽叶生长，提高春叶产量。剪梢要适时，过早会引起腋芽萌发，反而消耗养分。过迟则效果较差。保山通常在冬季12月下旬留条50~80厘米进行水平剪梢。

3.夏伐

在春蚕养至五龄期时，结合收获桑叶，逐步剪伐。隆阳区的方法是剪去整株全部枝条，施甸县的方法是剪去桑条10厘米以上部分。夏伐在桑树旺盛期进行，对桑树生长不利，夏伐后桑树重新萌芽生长，延迟了夏蚕饲养并减产，而夏蚕是保山市最重要的一批蚕，占年饲养量的30%以上；夏伐的优点是能有效减少褐斑病、桑粉虱等病虫为害，改善夏秋桑叶质量，可使翌年春叶增产10%以上。夏伐如果配套进行条桑育和地蚕育，可以大幅度提高养蚕工效。温凉山区若行夏伐，宜早不宜迟，春蚕4龄后期，最迟在5龄初期一边采叶一边伐去全部枝条，否则雨季来临，气温下降，影响桑树发芽，会导致夏蚕严重减产；热区、次乡镇热区由于光热条件优越，不必担心发芽问题，可以推迟实行“晚夏伐”，即在夏蚕5龄期，剪去整株桑树枝条，或剪去桑树桑条10厘米以上部分，对夏蚕产量毫无影响。近年来昌宁县漭水乡、田园镇海拔1700米以下部分村社，从山东省引进“留芽中截”晚夏伐技术，具体做法是：冬季留条长50~60厘米进行“封梢”处理，夏蚕饲养到5龄期时，当年生新枝条留条长20~30厘米、留芽6~7个、留叶2~3片后截去上部枝条。

4.秋伐

“秋伐”是冬季先春伐，秋季对桑树再次剪伐，即“春伐+秋伐”形式，一年内伐条两次。秋伐主要针对施甸县由旺镇，隆阳区芒宽乡、蒲缥镇、杨柳乡、瓦房乡，昌宁县勐统镇的部分热区乡村。这些地方年均气温高，桑树生长期长，宜秋伐。具体做法是：冬季先行春伐，7~8月对当年生枝条留条长15厘米左右，保留3~4个健壮芽后截去枝条，此法称之为“留芽短截”。

利用桑树有较强的再生长机能耐剪伐的特性，实行夏、秋伐，对降低桑褐斑病为害有特效。其控病原理一是桑褐斑病通常在4月下旬发病，5~7月为发病高峰期，夏、秋伐并结合清园烧毁枝条，不仅可以切断病菌侵染循环途径，而且能够直接消灭大量病原，降低病原基数；二是夏、秋伐能够改善桑园的通风透光条件，降低湿度，创造不利于病原繁殖生长的环境。

春伐桑园到秋季时，桑叶病虫害严重，桑叶硬化老化，导致叶质较差，而夏、秋伐后桑树新长桑叶叶片嫩、叶质好、硬化迟，可以满足小蚕用叶高标准要求，能够延长养蚕时间，增加养蚕批次，提高亩桑产茧量。夏、秋伐桑园枝条短，便于采摘、施肥、喷药等农事操作，每亩桑园可节省管理用工3~4个；采用夏、秋伐技术，桑褐斑病等病虫发生轻微，防病次数减少，桑园农药使用量减少20%左右。

各乡镇根据当地气候情况和桑园状况选用适宜的伐条形式。无论采用哪种伐条，都要求桑剪锋利，剪口平滑，不破口撕皮，时间以晴天上午9~11时或下午4~6时，尽量减少伤流，利于伤口愈合发芽，同时要加强桑虫防治，避免桑树被啃食成“光杆”。夏、秋伐在桑树旺盛生长时进行，对桑树有不利影响，还应加强肥水管理，促进恢复树势。

（五）疏芽摘心

桑树剪伐后潜伏芽会大量萌发，需要进行疏芽，疏芽不能过早、过迟，过早易伤桑芽，过迟浪费桑树养分，一般长到10厘米左右时要进行疏芽，就是把过密、细小弱枝等去掉，原则是“去弱留强、去密留稀、分布均匀、数量适当”。最好在第1次疏芽后10天补疏1次。

春蚕期用叶前10天左右，摘去新梢顶端鹊口状嫩头，抑制顶端优势，促使养分集中，叶片增大，叶片加速成熟。适时摘心不仅增产桑叶、提高叶质，还促使腋芽萌发分枝，常在树形养成中应用。

(六)翻耕除草

桑园翻耕分春耕、夏耕和冬耕。春耕在桑树发芽前结合施肥进行,春耕宜浅,土壤打碎耙平即可,深度10厘米左右。夏耕在夏伐后结合施肥进行翻耕除草,深度10~15厘米;冬耕在土壤封冻前结合施冬肥进行,冬耕宜深,深度20厘米左右。

杂草种类多,繁殖强,不仅与桑树争夺水分和养分,降低土壤肥力,还会影响桑园通风透光,抑制桑树生长发育,助长病虫的滋生和蔓延。桑园除草掌握"春除发芽草,夏除黄梅草,秋除开花草(开花结实前)"的原则,全年除草4~5次。除草以人工除草为主,部分桑园使用除草剂、小型机械、套种作物、覆盖地膜或秸秆等方法除草。

三、冬季桑园管理

适时进行冬季桑园管理,可使桑园树形整齐、树势增强;改善土质、提高肥力,为翌年桑树良好的生长打下坚实的基础。冬季也是防除病虫害的最佳时机,是增加桑叶产量、提高质量、促进蚕桑高产高效的重要措施。

冬季桑园管理包括打关门药、剪伐、整株、清洁桑园、冬耕施肥、喷药封园等内容。

(一)打好关门药

晚秋最后一批蚕上蔟后,统一用20%杀灭菊酯3000倍液或48%毒死蜱2000倍液,对桑枝、桑园地面及地头、地边进行全方位喷药。关门重杀桑瘿蚊、桑螟、桑毛虫、桑尺蠖、桑蓟马、红蜘蛛等越冬桑园害虫,减少翌年桑园的虫口密度,保证桑树旺盛生长。

(二)适时剪伐

剪伐不仅能增加桑叶产量,为全年养蚕提供优质桑叶,而且对控制桑树病虫害的发生非常有效。12月20日至来年1月20日进行冬伐(春伐)和剪梢。

(三)整株(修拳去枯)

剪去桑树的死拳、枯桩、病虫害枝及细弱密枝,使树形整齐,养分集中,通风透光良好,增强树势及减少病虫为害。整株时还可用石灰拌黏土堵塞树干裂缝或空洞,消灭其中害虫和防止雨水侵入致使树干腐朽。

(四)清洁桑园

将桑枝、枯枝、落叶、杂草全部收拾干净,清理出园,并集中烧毁,可以消灭桑褐斑病、桑里百粉病、桑叶枯病、桑污叶病和桑蓟马、红蜘蛛等多种病原菌和害虫,防止病虫源扩散再侵染。

(五)冬耕施肥

冬肥在桑树落叶后封冻前施入。冬肥是桑园的基础肥料,与改善土壤结构、提高土壤肥力和桑叶的产量关系极大。冬肥以堆肥、厩肥、土杂肥等有机肥为主,亩施1000~1500公斤。冬肥可在冬耕前施用,结合耕地翻入土中。

(六)喷药封园

一是用波美4~5度石硫合剂喷洒树干和枝条，进行杀菌防虫；二是用石灰浆涂白树干，防冻灭病虫。

第六节 桑树病虫害防治

1964年，保山县蚕桑技术部门调查桑树主要害虫有红蜘蛛、桑毛虫和刺蛾；桑树病害有萎缩病、细菌病、白粉病等。

20世纪80年代，地区茶桑站寸可昌同志应相关课题组邀请，完成了《保山地区桑树虫害分科属普查调查报告》。1990年，调查桑树主要病虫害为红蜘蛛、黄叶虫、桑螟、桑里白粉病、桑疫病等。2006年，保山市开展了桑园病虫害发生和防治情况调查，主要病害为褐斑病、白粉病和叶枯病3种，零星发生有桑疫病、烟霉病和污叶病；主要害虫有桑粉虱、桑蓟马、金龟子、叶蝉、桑螟和桑瘿蚊。2007年，隆阳区蚕桑站调查桑园病虫害，全区桑树褐斑病、白粉病危害面积1.77万亩，损失桑叶222万公斤；虫害3.6万亩，其中红蜘蛛为害1.1万亩，桑蓟马为害0.6万亩，桑粉虱为害1.1万亩，桑瘿蚊为害0.65万亩。

2009年，云南省实施现代农业蚕桑技术体系建设项目，按照任务书建立桑树病虫害监测预警机制、健全病虫发生危害情况数据库的要求，2010年由保山市经作站牵头，联合隆阳区蚕桑站、施甸县植保站和昌宁县植保站，分别在隆阳区金鸡乡金鸡村、施甸县甸阳镇张家村和昌宁县田园镇龙泉村设立了3个病虫害测报点。在云南农业大学园艺系张泽副教授的指导下，对全市11个蚕桑主产乡镇、34个重点村进行连续多年的宏观调查和定点调查。

近年来隆阳区按山区、坝区和热区地域布点，分别在板桥镇左所村、蒲缥镇蒲缥村和西邑乡补麻村，开展宏观调查和微观定点调查，研究桑树病虫害的发生与消长规律，准确预测重点病虫害的发生情况，及时根据具体病虫害特点提出相应的防治措施；向基层发出病虫害简报，组织病虫害防治技术培训和指导，指导蚕农合理进行防治，全年发布简报6期。昌宁县选点勐统镇常山村、刺竹山村、大河村和漭水镇明华、老厂、沿江、联福村，观测调查桑树病虫害的发生与消长规律。

多年的系统观测调查表明保山市桑树病害主要是桑褐斑病、桑疫病和桑里白粉病，局部发生芽枯病、膏药病和轮斑病、锈病、炭疽病、紫纹羽病等危害；虫害以桑红蜘蛛、桑蓟马、桑粉虱、桑螟、桑尺蠖、桑毛虫、叶蝉、灰象甲为主，局部发现甜菜夜蛾、蜗牛、根粉蚧、桑象虫、黄叶虫、刺蛾、小长蝽、蓑蛾、螽斯等病虫害危害。

一、病虫害发生的主要原因

一是品种抗性不强，目前生产上种植的主要品种"农桑14号"对桑褐斑病抗性较弱，"强桑1号"对桑疫病抗性较差；二是种植密度过大或套种过度影响桑园通风透光，为病虫害的发生蔓延创造了条件；三是防治措施单一，仅用化学防治，且浓度过高，药物胡乱混用，病虫产生抗药性；四是桑园管理不到位，病原基数大，增加了防治难度。

二、病虫害防治方针和方法

做好桑树病虫害的防治工作，对于提高桑叶产量、质量，减少蚕病的发生，保证蚕茧丰产，有着极其重要的意义。桑树病虫害的防治，应贯彻"预防为主，综合防治"的方针，在研究病虫害发生、发展规律，做好病虫害预测预报工作的基础上，以绿色防控为主线，着力抓好冬季清园工作，有效减少化学农药使用量，确保养蚕安全，多措并举降低病虫害暴发概率，达到治早、治小、治了的目的，将病虫为害控制在经济危害水平下，才能收到最大的经济效益。

桑树病虫害的防治方法，根据其作用原理和应用技术，可分为植物检疫、农业防治、生物防治、物理防治、化学防治五大类。

（一）植物检疫

随着交通、物流的蓬勃发展，人为的种子、苗木远距离大规模调运，病虫传入新的地域，天敌等控制因素改变或消除，使得病虫害有可能在短时期内暴发成灾，后果严重。为从源头上阻断根节线虫、菱纹叶蝉、桑白蚧、桑紫纹羽、桑萎缩病、桑疫病的发生和蔓延，外调种子、苗木、接穗时，须经当地检疫部门严格检验后，发给检疫证，方能调运或邮寄，防止输入危险性病虫。

（二）农业防治

农业防治是综合运用农业栽培管理措施，保证桑树获得生长发育所需要的适宜条件，同时改变某些环境因子，使之不利于病虫的发生，达到避免、减轻病虫为害的目的。农业防治最基本的作用是增强树势，如加强肥水管理可以促进桑树的正常生长和发育，增强桑树本身对病虫害的抵抗力；分层采叶，可以减少褐斑病和桑里白粉病的病菌积累，采摘秋叶时留柄，避免创伤感染；及时夏伐、秋伐，增强桑园通风透光，不仅可以提高桑叶利用率，而且能降低褐斑病的发生和蔓延；桑园翻耕，将潜伏在土壤表面的越冬虫卵、虫蛹、病菌深埋在土壤里或者暴露出来晒死、冻死，减少下一年病虫害的发生；冬季清园，整枝伐条、修枯桩能有效减少病虫滋生，起到事半功倍的效果。因此，农业防治既经济又有长期控制病虫的预防作用，是贯彻"预防为主，综合防治"植保方针的主要途径。

（三）生物防治

生物防治包括利用害虫天敌治虫、用生物农药防治病虫、用激素诱杀害虫等。院校科学研究较多，保山市生产实际应用较少。

（四）物理防治

指利用各种物理因子、人工和器械防治植物病虫害的方法。保山市常用方法有以下3种：

（1）人工器械捕杀：在掌握害虫特征和习性基础上，徒手或用器械工具捕灭害虫，如人工捕杀金龟子、桑螟、桑毛虫、桑粉虱，掏杀蛀虫，摘除病虫叶、芽，剪伐枝梢，刮除卵块、菌丝膜，挖掘病株等。

（2）诱杀法：利用害虫的趋光性，设置杀虫灯，诱杀金龟子、桑螟、桑毛虫等成虫；利用害虫的趋色性，设置黄板诱杀粉虱，设置蓝板诱杀蓟马等。

（3）阻隔法：根据害虫的习性，人为有选择性地设置隔离带，阻止害虫扩散、繁殖或直接杀灭害虫。如冬季害虫越冬前，用黏土、石灰填塞树穴、裂隙，阻止入内越冬；桑园内铺设“地布”防止桑瘿蚊入土成为休眠体；用石灰涂白树主干或在树干基部撒施石灰，也能防止蚧壳虫、蜗牛、蛞蝓等害虫为害。

（五）化学防治

化学防治是指用化学农药来防治病虫害的方法。具有在较短时间内控制病虫大面积发生危害的优点，是生产上最常用、最主要的防治措施。化学防治要注意：一是对症用药，选用高效、低毒、低残留农药，特别是注意养蚕期间的安全用药，避免养蚕中毒。二是用药浓度，用量要适当，不能随意加大或降低浓度。农药应交替使用和混合（2~3种）使用，延缓害虫产生抗药性。三是以村组为单位，统一时间、统一药剂、统一浓度，开展“统防统治”，提高防治效果。

三、保山主要桑树病害的防治

（一）桑褐斑病

桑褐斑病为真菌性病害，俗称烂叶病、烂斑病、焦斑病等，是保山市桑树第一大病害（图3-28）。

图3-28 桑褐斑病

1975年秋季隆阳区板桥河埂“湖桑32号”叶部受害严

重。2002年以来保山市从浙江省引进“农桑14号”种植并成为主栽品种。“农桑14号”桑叶产量高，但对桑褐斑病抗性差，导致桑褐斑病在全市各蚕区普遍发生。2008年中、晚秋季对隆阳区14个养蚕乡镇进行调查，叶片发病率高达81.2%，全区因褐斑病发生减少养蚕量6250张，造成经济损失397万元。2013年隆阳区调查保山坝片（金鸡村）病叶率为39.8%，病情指数为17.7；东山片（八鸭塘）病叶率为52.3%，病情指数为21.7。

该病保山市4月份开始发生，中秋蚕和晚秋蚕期往往大暴发，严重影响养蚕量。高温多湿是病害流行的关键因素。因此，阴雨连绵、冷凉地区日照不足、密植、春伐、间作物多、通风透光差、地势低、地下水位高、偏施氮肥的桑园易发此病。大旱之后的连阴雨，需防桑褐斑病。病害的发生与桑品种的抗病力有关，农桑8抗病力强，农桑14号抗病力较弱。

防治方法：

（1）加强桑园管理，注意增施有机肥，夏秋开沟排水，增强抗病能力，有条件的地区实行夏伐或者秋伐，秋末冬初清除病叶并烧毁。

（2）春蚕结束时马上进行1次药剂防治，之后隔7~10天再喷药1次。可以用10%苯醚甲环唑1500倍液，或70%甲基托布津1200倍液喷治，也可使用25%丙环唑乳油2500~3000倍液喷施；冬季用波美4~5度石硫合剂喷洒桑树及桑园周边，消灭越冬病菌。

（二）桑里白粉病

图3-29 桑里白粉病

该病俗称白粉病、白背病，分布于各县蚕区，无论野生或栽培型的桑树都有发生，是保山桑树叶部常见的真菌性病害（图3-29）。

1994年，隆阳区辛街乡杜家村蚕桑基地的调查，里白粉病发生株率60%，其中杂交桑发生株率97%，湖桑发生株率40%。2013年隆阳区的调查，桑里白粉病在东山片和保山坝片发生较重，而在热区片很少发生；其中东山片（八鸭塘）病叶率19.0%，病情指数达4.9；保山坝片（金鸡村）病叶率14.8%，病情指数为3.5；热区片（双桥村）病叶率6.4%，病情指数1.3。

桑里白粉病夏秋季节危害严重，密植桑园和春伐桑园容易发病，肥培管理差和土壤缺钾的桑园易发此病，气温较低的山区桑地比平原较温暖的桑地发病重；采摘不及时、过干过湿的桑园及桑叶硬化早、叶片较薄的品种有多发病的倾向。

防治方法：

（1）加强培肥管理，施足夏肥，早施秋肥，延迟桑叶硬化；合理采摘秋叶，防止桑叶老化，减少发病；及时抗旱，增强树势，改善桑园通风透光，提高抗病力。

（2）发病初期，用70%甲基托布津1500倍液喷治，隔10天再喷1次；冬季用波美4~5度石硫合剂喷洒桑树和桑园，消灭越冬病菌。

（三）桑疫病

桑疫病为细菌性病害，又名烂头病，是保山市桑树夏秋季常见病害（图3-30）。

2010年昌宁县龙泉村部分桑园偏施氮肥，导致桑疫病暴发；2013年隆阳区调查发现，热区片发生较重，其中双桥村发病枝率达21.1%；保山坝片（金鸡村）发病枝率为16.30%。

图3-30　桑疫病

病菌在高温多湿时易大量繁殖，病害迅速流行；夏季雷雨后暴晴，气温骤升，湿度较高时，发病特别严重；机械损伤（风口、暴风雨）和虫害使桑树伤口增多，有利于病原菌的入侵；地势低洼的桑园易发此病。偏施氮肥，桑树枝叶太嫩，往往诱发此病。湖桑32号、强桑1号易感桑疫病。

防治方法：

（1）在发病初期，及时剪除病叶、病梢并烧毁；冬季对发病枝在病斑下15厘米处剪梢，发病重的春伐齐拳剪除或挖除；加强治虫，减少伤口传染机会，夏秋季摘叶留柄，避免伤口；增施有机肥和磷钾肥，提高抵抗力。

（2）在发病初期，用72%农用链霉素粉剂5000倍液，或者20%噻菌铜1000倍液喷雾防治，隔5~7天1次，连喷2次。冬季用波美4~5度的石硫合剂进行喷布预防。

四、保山主要桑树害虫的防治

（一）螨类

螨属蛛形纲，叶螨科。种类多，保山统称“红蜘蛛”，分布于各县蚕区，是危害蚕桑生产的主要虫害。幼虫、若虫及成虫群集叶背吮食汁液，使叶组织萎缩，初害时叶正面出现黄褐色斑块，严重时全叶红褐枯焦(图3-31)。

图3-31 红蜘蛛为害

1975年保山地区红蜘蛛危害，导致桑叶减产10万多斤，占桑叶总产量的10%。20世纪70年代在原地委试验田开展喷洒1000倍液乐果防治红蜘蛛的同时，加入0.1%尿素，既杀灭了害虫，又进行了根外追肥，效果明显，逐步在面上得到推广，后来在华东出版的蚕桑技术刊物的论文对此法也类似研究。2007年，隆阳区蚕桑站调查红蜘蛛为害1.1万亩。2011年4月下旬，施甸县甸阳镇大竹棚村，红蜘蛛虫叶率为82.68%，虫指为32.44，百叶虫量为1354头。

红蜘蛛以春夏为害最重，雨季到来后减轻。红蜘蛛喜欢高温低湿的环境，夏秋季高温干旱时发生严重，桑园杂草多发生较重。套种豆类的桑园易发红蜘蛛。

防治方法：

(1)冬季清园减少虫源，避免套种易受红蜘蛛危害的作物。高温干旱时，对叶背喷水，可降低虫口密度。

(2)在受害株率达到20%时，用73%炔螨特3000倍液喷叶或用桑蚕宝液剂1000倍液防治，以叶背为主。

(二)桑粉虱

桑粉虱属同翅目、粉虱科。夏秋季节为害严重，成虫群集新梢嫩叶产卵，幼虫吸食中部叶汁，出现很多黑色斑点，受害叶卷缩、干瘪、老化，幼虫常分泌蜜汁，滴落在下部叶面上，易诱发烟煤病(图3-32)。

图3-32 桑粉虱为害

坝区为害重于山区；密

植、低洼、荫蔽、通风透光差、湿度大的苗圃和桑园易发生危害。主要分布在隆阳区和施甸县，尤其是隆阳区的丙麻蚕区，每年虫害面积约为75%。1966年10月，施甸保场山脚村、龙华村有7亩桑苗圃及24亩桑园遭粉虱毁灭；1975年10月，保山城郊沙滩村3亩桑园被粉虱为害，桑叶全部枯黄脱落；1980年11月保山丙麻街有24亩桑苗圃及5亩桑园，并发粉虱和煤烟病，桑叶全部损毁；1994年夏秋季节隆阳坝中北部河图、板桥、金鸡，施甸县暴发严重的桑粉虱。杂交桑叶面布满黑粉，叶被布满粉虱幼虫、卵和蛹，桑树梢部聚集大量成虫，桑叶质量下降，饲蚕食下率低，桑叶过早老化，严重影响中晚秋蚕饲养。受害桑园1000多亩，损失蚕茧5吨左右，损失率15%。

防治方法：

（1）冬季清园，杀死越冬蛹；网捕成虫，减少虫害；黄色粘虫板20~30张/亩，诱杀成虫；8月上旬粉虱繁殖盛期，摘去梢端1~5叶，杀死大量卵和幼虫，摘除顶梢后应及时施肥。

（2）春蚕后用40%氧化乐果乳油1000倍液或80%敌敌畏乳剂1000~1500倍液喷施，也可用25%扑虱灵1000倍液防治，对卵、幼虫、蛹、成虫都有效果。冬季清园时，用20%杀灭菊酯乳油3000倍液消灭越冬虫蛹。

（三）蓟马

蓟马属缨翅目、蓟马科。成虫、若虫以锉吸口器刺破叶背或叶柄表皮吸取汁液；被害部位因失去叶绿素而显白色透明小凹点，不久变褐色，被害叶因失水而提早硬化，叶质下降，饲蚕效果极差（图3–33）。

图3–33 蓟马为害

保山市各蚕区都有发生，夏秋季为害严重，高温季节、干旱少雨时为害重。

防治方法：

（1）冬季清洁桑园，铲除田间及周边杂草，收集枯枝落叶，集中处理，消灭越冬成虫；成虫发生期，挂蓝色粘虫板诱杀。

（2）发生量达到每枝50头时，用25%吡蚜酮粉剂2000倍液，或者40%氧化乐果乳油1000倍液喷杀；虫害重灾区用10%溴虫腈1500倍液，隔5~7天再喷一次。

（四）桑瘿蚊

桑瘿蚊有桑芽吸浆瘿蚊和桑橙瘿蚊，属双翅目、瘿蚊科。以幼虫寄生桑枝顶芽幼叶间，以口器锉伤顶芽组织，吸食汁液，造成顶芽弯曲、萎凋、黑变、脱落、枝条止芯封顶（图3–34）。

图3–34 桑瘿蚊为害

秋季是为害高峰期，此虫繁殖快，来势凶，可造成秋叶毁灭。1984年施甸县大面积发生桑瘿蚊，受害桑园面积达95%以上，其中受害株率21.4%~100%，全县造成桑叶减产15万斤，蚕茧减产1万斤，占11%；1985年春蚕期，施甸坝区所有桑园都发生桑瘿蚊幼虫为害桑枝梢，但夏秋季消失，未造成严重损失，第二年未见再发生。2004年，保山冬春持续干旱，夏秋阴雨寡照，隆阳区西邑、丙麻、板桥、辛街、金鸡5个乡镇遭受桑瘿蚊为害，受害桑园5026.1亩，损失蚕茧1.75万公斤；2016年隆阳区调查10个乡镇，有7个乡镇发生桑瘿蚊为害，以西邑乡、丙麻乡和瓦渡乡较为严重，发生率最高的丙麻乡，发生株率达到79.7%。

防治方法：

（1）对受害桑园进行摘心，将带虫桑芽运出桑园烧毁；翻耕晒土，可减少虫口密度；覆盖地膜或地布切断传播途径。

（2）春蚕结束后，每亩用3%甲基异硫磷、5%辛硫磷颗粒剂3~5公斤拌细土40~50公斤，在桑园全面撒施，再浅锄5厘米使药物入土；冬季清园后，每亩用48%毒死蜱乳油100毫升拌细土40~50公斤，制成毒土，撒施翻耕于土壤中；每批蚕饲养结束时用40%乐果乳油1000倍液加80%敌敌畏乳油1000倍液喷洒顶芽或浸梢。

（五）桑螟

桑螟又称青虫、油虫、卷叶虫等，属鳞翅目，螟蛾科。老桑园桑螟较多，夏秋期1~2龄幼虫在叶背叶脉分叉处取食叶肉，3龄幼虫吐丝卷叶或将两叶重叠，藏在中间嚼食叶片绿色组织，仅留一层黄褐色透明表皮，俗称“开天窗”（图3–35）。

图3-35　桑螟为害

20世纪80年代隆阳区东河两岸桑螟成为主要虫害，一般损失夏秋叶产量的20%~30%。1988年以来地区茶桑站对保山市板桥、河图、辛街、金鸡，施甸县由旺、甸阳、保场、仁和8个蚕桑主产乡镇进行调查，桑螟不同程度发生和为害，部分区域已呈猖獗之势，如保山市河图官田村、三家村东河沿岸，大部分桑叶密布灰褐色透明薄膜残破孔，桑园成片整株枯黄，已失去饲料价值；施甸县中村、永福、银川等办事处，桑园连续被害成灾，桑叶产量、质量明显降低。全区投产桑园1988年秋季调查，螟虫为害株率为54%，1993年达到90%以上，百株虫口密度由1990年的1100头上升至1993年的2260头。2008年8月，施甸县由旺镇四大庄村暴发历史上最严重的桑螟为害，受害株率达100%，虫情指数全部为5级，部分桑园桑叶全部被吃光，损失达95%以上，被迫放弃饲养中秋蚕。县蚕桑技术部门在省市蚕桑技术部门指导帮助下，采取在最后一批蚕养结束后桑树伐条前用菊酯类农药打一次封园药，伐条后结合中耕施肥用石硫合剂喷施桑拳（刮白），春季养春蚕前15天打一次短效农药（炔螨特+敌敌畏）等措施，取得了防治成效。

防治方法：

（1）发现卷叶时，人工捏杀幼虫或摘除虫叶，集中处理；成虫羽化盛期用杀虫灯诱杀；冬季清园，填塞树干裂缝，束草诱杀越冬老熟幼虫。

（2）在1~2龄（卷叶前）用80%敌敌畏乳油1000倍液或50%辛硫磷乳油1500倍液喷施。秋蚕结束，用20%杀灭菊酯乳油3000倍液或65%毒死蜱乳油2000倍液重杀关门虫。

（六）蜗牛

蜗牛，属软体动物门，腹足纲，柄眼目，蜗牛科（图3-36）。夏季为为害高峰期。白天隐藏，夜间取食，阴雨天多整天栖息在植株上，温暖潮湿之地利于发生。1966年施甸城郊公社有15亩嫁接苗圃，每平方市尺有成虫32条，受害株率达40.7%；1982年保山河图公社籽种站、三家、青阳村23亩苗圃的受害株率达29.3%；2016年施甸县永福村50亩连片桑园，秋伐后萌发的嫩芽被啃食殆尽。

菜，既能稳定桑叶产量，又能取得一定经济收益，全年养蚕亩收入1000元左右，间套种亩收入600~800元。

2008年，蚕桑被列为保山市农业重点产业，随着规模化种植桑园，间套种开始受到重视，套种开始规范化，套种作物呈多样化发展。2008年，隆阳区在杨柳乡阿东村蓝板凳小组新植桑园内套种细辣椒60亩，亩产鲜椒1000~1500公斤，另收获部分干椒。

2009年，隆阳区蚕桑站与瓦窑镇蚕桑办在大蒿村举办了400亩新植桑园套种大豆示范样板，品种选用丰产性好的于氏五号，大豆亩产150~200公斤；保山市经作站在昌宁县田园镇龙泉村举办200亩桑园套种小米辣示范样板获得成功。

2010年，隆阳区蚕桑站在瓦渡乡、蒲缥镇举办300亩新植桑园间套种豌豆样板，样板平均单产510公斤（青豆），以当期市场价1.8元/公斤计算，亩增收918元；同时通过样板示范作用，辐射带动周边桑园间套种豌豆约2000亩。施甸县在由旺镇华兴村举办桑园套种小米辣样板200亩。

2011年，隆阳区在金鸡乡育德村套种线椒150亩，平均亩产700公斤，亩增效益1400元；在瓦渡乡套种500亩马铃薯，平均亩产900公斤，亩增效益900元；在水寨乡套种500亩续断（中药材），亩产120公斤干品，亩增收1440元；在丙麻乡套种大豆523亩，亩增收610元；在板桥镇柴河村套种马铃薯700亩，亩产1300~1500公斤，亩增收1300~1500元；在板桥镇唐家村套种小米辣，亩增收700元；全区实施桑园合理套种0.87万亩，占新植桑园总数的79%，为蚕农增收835万元。

2012年，保山市开展桑园多样化栽培试验，在河图镇青阳村建立330亩蚕桑套种科技示范基地，辐射带动全市桑园套种2.5万亩，共增加收入2500万元左右。

2013年，套种成效最为明显，隆阳区套种1.2万亩，其中新植桑园套种0.43万亩、老桑园冬春季节套种0.77万亩，套种作物主要是辣椒、马铃薯、蚕豆、豌豆、大豆、花生等，套种作物每亩为桑农增加收入1600元。昌宁县分别在田园镇新城村、漭水镇明华村、更戛乡更戛村、大田坝乡华严村共建设桑园套种辣椒、大豆示范样板675亩，辐射带动全县推广桑园套种作物9674.5亩，套种收入445.3万元。套种作物品种包括魔芋、马铃薯、黄豆、辣椒等，亩收入最高的达3000多元。据市蚕桑产业办统计，2013年全市79个重点村推广桑园套种作物达35226亩。

2014年，隆阳区在西邑乡乌马村举办新植桑园套种大豆样板500亩，完成新植桑园套种0.47万亩，每亩为桑农增加收入1410元，共增收656万余元；昌宁县在田园镇、勐统镇、漭水镇、大田坝乡建设桑园套种辣椒、魔芋、豆类、薯类、麦类示范样板共700亩，全县推广桑园套种作物5324亩，套种收入272.6万元。

2015年，隆阳区推广新植桑园套种0.78万亩，套种作物每亩为桑农增加收入1500

元。2016—2019年，隆阳区在新植桑园和幼龄桑园每年套种0.8~1.0万亩，套种作物主要是马铃薯、大豆、豌豆、蚕豆、辣椒、生姜等，每年实现套种增收约1000万元。

一、间套作模式

通过多年的实践与研究，科技人员和广大蚕农探索总结出桑园套种粮食（马铃薯、麦类）、桑园套种蔬菜（辣椒、豌豆、魔芋、蚕豆、萝卜、芋头、青菜等）、桑园套种油料（油菜、花生）、桑园套种药材（续断、板蓝根、鱼腥草）、桑园套种食用菌（大球盖菇、黑木耳、榆黄蘑）五大模式与技术。

保山的成功经验表明，在人口密集的社区，桑园间套作可多层次利用有限土地资源，是从平面型种植向立体型种植发展的有效途径，也是市场经济条件下资源配置优化和提高产业竞争力的客观要求。

（一）桑—粮间套作模式（以套种马铃薯为例）

选择海拔1400~2000米之间的桑园内套种。播种时间12月中下旬至次年1月上旬。种植品种为全省大面积种植的中甸红。种植密度为40厘米×35厘米，播种量决定于种薯大小。

1.种植方法

打塘种植，亩施基肥普钙30公斤、硫酸钾10公斤、农家肥2000公斤，5%辛硫磷颗粒剂3公斤。农药和化肥同施塘中，并充分与土壤拌匀，避免农药、化肥烧伤种薯。每塘必须有3个以上芽眼，播种后用已发酵的农家肥盖在种薯上，而后盖上5~10厘米厚的土层，淹好出苗水。

2.肥水管理

待薯苗高至15~20厘米时，结合除草施肥进行培土，每亩追施尿素10~15公斤、硫酸钾15~20公斤；在2~3月分别灌水一次，有利于薯块的生长和膨大。

3.病虫防治

马铃薯的主要病虫害是红蜘蛛、金龟子和疫病。用73%炔螨特3000倍液防治红蜘蛛，用5%辛硫磷颗粒剂3公斤进行土壤处理防治金龟子幼虫，在薯块膨大期（初花期）用58%甲霜灵锰锌1000倍液防治马铃薯疫病。

4.收获及效益

收获时间4月下旬至5月上旬，平均产量1000公斤/亩，单价1元/公斤，亩产值为1000元（图3-37）。

（二）桑—菜间套作模式（以套种辣椒为例）

选择海拔在1300~1600米之间，且日照充足、灌溉便利的区域，小米辣品种有：米辣3号、米辣王、香米辣、一束红等。海拔在1500~1700米之间，以种植鲜食辣椒为主，

图3-37 桑园套种马铃薯

适应我省种植的品种有：鲜辣王，春香，湘椒系列，航椒3、4、5号等。

1.育苗

育苗方式有漂浮育苗和苗床育苗两种。要求出圃苗高20厘米左右，茎粗0.5厘米左右，着叶6~7片，一级根40条左右。移栽前用甲霜灵锰锌作为“送嫁药”喷施。

2.播期和苗龄

小米辣的播期在1月，苗龄60天以上；鲜食辣椒的播期在2月下旬至3月上旬，苗龄60天以上。

3.整地要求

前作（非茄科作物）收获后及时深耕，移栽前再翻挖1次，使土壤充分细碎，开墒理沟种植，墒面宽1.0米，沟宽0.4米，深0.2米。

4.种植密度

行距50厘米，株距40厘米，单株对空种植，种植密度每亩1000株左右，定植后浇透水进行地膜覆盖。

5.合理施肥

亩施腐熟农家肥1000~1500公斤，蚕桑专用复合肥20公斤、硼砂1~2公斤、锌肥1公斤。化肥与农肥充分拌匀后作底肥，施肥后与穴内土壤充分拌匀。定植后，植株在开花坐果前可不追肥，以防前期生长过旺。干旱天可适当浇施腐熟清粪水（沼液），当1~2台花开时，以1:2的人畜粪尿水（或沼液）施稳花肥，盛果期每亩施尿素10~15公斤，施后覆土或浇水（严禁漫灌）。采果期间每隔15天左右喷施叶面肥1次，每次用0.3%的尿素和0.3%磷酸二氢钾混合液喷施，充分满足结果期植株所需营养，确保丰产。

6.病虫防治

苗期主要病虫害以地下害虫为主，移栽前亩用5%辛硫磷颗粒剂3公斤于种植沟内进行防治；中后期在开花前每隔15天喷1次代森锰锌杀菌剂预防叶斑病，坐果期间每采收2次果，喷1次甲霜灵锰锌或其他杀菌剂，防止因采摘造成伤口感染发病；治疗可选用25%丙环唑600~1000倍液或10%苯醚甲环唑3000倍液进行防治；若发生病毒病及螨类害虫为害，应在发病和危害初期，及时喷施菌毒清、逼毒、炔螨特等药剂进行防治。

7.采收及效益

如采收鲜椒，可在果实充分膨大、果色亮丽时采收青椒，待果色转红时即可采收红辣椒，每星期采摘1次，一般于晴天采摘为好。

小米辣亩产可达500公斤，以3.5元/公斤计，亩效益达1750元。鲜食辣椒亩产可达1000公斤，以2.5元/公斤计，亩效益达2500元（图3-38）。

图3-38　桑园套种辣椒

（三）桑—油间套作模式（以套种花生为例）

选择海拔1300~1500米之间的沙壤土，于4月上中旬播种，种植6000~8000株/亩。种植前翻犁土壤，并起墒种植；种植方式以打洞点播为主，种植规格20厘米×25厘米。

1.肥水管理

在耕地前，亩施16%普通过磷酸钙30~50公斤、农家肥1000~1500公斤。在苗期喷施钼酸铵5000倍液，在初花期喷施高效硼2500倍液。

2.病虫防治

整地时亩撒施5%辛硫磷颗粒剂3公斤，防止金龟子幼虫为害。

3.收获及效益

收获时间一般在8月下旬至9月上旬，亩产鲜果500公斤左右（干果150公斤左右），鲜果4元/公斤，亩产值达2000元左右。

（四）桑—药间套种模式（以套种续断为例）

桑园可间套种多种喜阴药材，如续断、黄精、白及、半夏、天南星、当归、重楼等。保山市以隆阳区水寨乡间套种续断最为成功。

选择海拔1700~2200米山地沙壤桑园，5月后雨季来临即可移苗栽定植，种植密度为1500~2000株/亩。

1.种植管理

亩施16%过磷酸钙20公斤、农家肥1000~1500公斤，翻犁入土。若续断植株长势过旺，可割除部分以促进根茎的生长。续断病虫害发生较少，无须防治。

2.收获及效益

续断的生长期一般为一年，部分可到2~3年，随着生育期的延长，产量产值不断提高，收获时间可根据市场需求和价格而定。一年生续断根产量（干重）100~150公斤/亩，亩产值1000~1500元（图3-39）。

图3-39 桑园套种续断

（五）桑—食用菌间套作模式（以套种大球盖菇为例）

桑园可间套种多种食用菌，如香菇、平菇、茶树菇、榆黄蘑、大球盖菇等。其中以隆阳区汉庄镇、西邑乡果桑园内间套种大球盖菇效益最高。

选择海拔1400~1800米排灌方便、向阳通风、土质疏松、富含腐殖质的桑园。12月下旬种植，3~5月与桑葚同步收获。

1.堆制菌床

先将桑枝粉末充分吸水后，预堆2~3天。将桑枝粉末、玉米棒粉末、谷壳和新鲜生石灰按照62∶31∶6∶1的比例混合充分拌匀后堆置发酵，每隔7天翻堆一次，连续翻堆3次，使其散堆降温和发酵均匀。

2.整地理墒

首先在桑树行距中间留60厘米宽的采摘道；然后在桑树两侧开挖种植沟，沟深30厘米，宽40厘米，将表土堆放一旁作覆土用；回填表土，并将堆制发酵好的培养料覆盖在整理好的土地上，覆盖厚度8~10厘米。把地整成垄，畦高10~15厘米，宽40厘米。

3.栽植菌种

将一个菌棒均匀掰成小团块，每沟种植两行，行距20厘米，穴距15厘米；采用三角形对空点播，播种深度5~8厘米。增加播种穴次可使菌丝生长更快。

4.覆盖菌床

菌种栽植结束，覆盖2~3厘米厚的一层细土，然后再覆盖一层松针，松针厚度8~10厘米；喷水均匀浇透后用薄膜盖好菇床。

5.植后管理

（1）菌丝期管理：播种后3~5天菌丝开始生长，约15天遇连续晴天及时喷水，防止培养料过干；温度低于14℃时覆盖草帘增温；温度高于30℃在膜上开口或喷水降温。控制温度在25℃左右，培养基含水量为65%~75%，促使发菌。菌丝生长期为30天左右。

（2）出菇期管理：当菌丝长出发白并布满畦面时，清除薄膜，经8~10天形成菇蕾，再经10~15天子实体成熟可以采摘。此阶段重点是喷水保湿，保持培养基含水量在65%~75%，加强通风换气，并为菇床提供部分遮阴环境，避免太阳直射，为子实体健壮、提高品质和产量创造条件。

（3）病虫害防治：栽培植前亩撒入新鲜生石灰150公斤对种植沟和表土进行消毒；回填表土后，亩撒辛硫磷颗粒剂2~3公斤（拌毒土）防虫；然后用70%甲基托布津或25%丙环唑1500倍液喷雾防治杂菌；播种后控制好温度和水分使菌丝生长健壮、旺盛，以便抑制杂菌滋生。

6.采收及效益

大球盖菇现蕾到成熟大约需10~15天。当子实体的菌褶皱尚未破裂或刚破裂、菌盖呈钟形、直径5~6厘米时为采收适期，每天早上采收菌子，然后浇水，保持墒面湿润，以利于后期菌子生长。

亩桑园可采菇1500公斤左右，15元/公斤，亩产值22500元，扣除生产成本，亩纯收益近万元（图3–40）。

二、间套作范围及注意事项

等行种植区在新植桑园和1~2年的幼龄桑园中，冬春季节可以适当套种，而夏秋季节则不适宜套种；宽窄行种植区，各龄期桑园各季节都可以适当套种。

图3–40 桑园套种大球盖菇

注意事项：一是茬口衔接要合理，在作物结构上本着高矮搭配、喜光与耐阴搭配、休眠与生长搭配的原则，充分利用光、温、水和土地资源，获取最高亩效益；二是田桑在大春季套种经济作物，要起墒种植，避免水患；三是套种作物防治病虫害用药应充分考虑养蚕用叶的安全，选择残毒期较短（安全间隔期3~5天）的农药进行适时防治；四是避免连作，尽量实施轮作，同时加强水肥管理，防止间套作物与桑树争水、争肥引起桑叶减产；不宜套种玉米、西瓜等高秆或蔓生作物；禁止套种烟草、除虫菊等对蚕有毒的作物。

保山县、施甸县蚕农供种，其孵化率高达97%，饲养过程中蚕体生长发育良好，受到蚕农欢迎，但因疫苗厂检修冷库和房屋，只能满足春季蚕种供应。

保山饲养的蚕种主要来源于云南省蚕桑研究所蚕种场，20世纪70年代曾从楚雄州蚕种场引进一两批。1988年全省暴发家蚕微粒子病，蚕种紧缺，经省农业厅协调，蚕种主要由楚雄州蚕种场和陆良县蚕种场供应；20世纪90年代末期，云南省蚕种供应偏紧，一般实行划片供应，随着保山地区桑园面积的增加，德宏州大力发展蚕桑产业，隆阳区计划在本地新建蚕种场，满足自身需要并辐射周边州市，编制了蚕种生产可行性研究报告，但未获云南省农业厅批准立项。

2005年，云南保山茧丝绸有限公司，在隆阳区西邑乡乌马村创建保山蚕种场后，由该蚕种场提供蚕种，保山实现本地供种。2011年，保山蚕种场更名为保山海宏蚕种生产经营有限公司，主营产品家蚕一代杂交种，主要品种有“菁松×皓月”和“秋丰×白玉”。昌宁县饲养的“雄蚕”品种主要从浙江省调供。

2017年后，保山饲养的主要蚕品种“华康2号”为山东广通蚕种集团姚安天硕蚕种有限公司生产，保山海宏蚕种生产经营有限公司生产的“华康2号”“华康3号”，仅少部分供应施甸县、龙陵县和腾冲市。2020年，隆阳区、施甸县主要饲养的蚕种“781×7532”从四川省调供。

二、引进饲养的主要蚕品种

新中国成立前，保山饲养的蚕种主要为土种，有的蚕三眠期之后就吐丝结茧（三眠蚕），茧色多为鹅黄色。20世纪50年代家蚕品种推广“华九×瀛汗”，张产茧12.5~15公斤，蚕种引自云南省蚕桑研究所。

20世纪60年代家蚕品种推广“华十×瀛文”“306×华十”，张产茧17.5~22.5公斤，蚕种主要引自云南省蚕桑研究所。同时在20世纪60年代初期，由地区农科所张述尧带领曾在保山县、施甸县、腾冲县和昌宁县（星光农场）推广蓖麻蚕，蓖麻蚕是三大绢丝昆虫之一，以蓖麻叶为主要饲料，还吃臭椿叶、木薯叶、马桑叶等，蓖麻蚕茧虽不能缫丝，但可以制绢丝或丝棉。

1973年开始从云南省蚕桑研究所引进推广“华合×东肥”高丝量优良家蚕品种，茧层率高达21%~23%，张产量22~27.5公斤，淘汰了使用多年的产丝量低的老品种“华十×瀛文”等。

1981年，隆阳区、施甸县开始引进“滇13×滇14”（781×782）进行家蚕品种区试，用“滇13×滇14”正反交种与“华合×东肥”正反交种进行比较，试验成功后逐步推广；1983年，又成功引进了一对家蚕良种“781×802”，1985年开始大面积推广饲养；1986年，施甸县茶叶蚕桑工作站引进蚕种“云1×云2”进行饲养观察，获得成功，1987年开始大面积推广。“滇13×滇14”“781×802”“云1×云2”这三对杂交种均是春秋兼用种，抗逆性较强，产量高，茧层率提高到22%~24%，张产茧提高到25~30公斤左右，成为20世纪80年代保山地区家蚕当家品种。

20世纪90年代，家蚕品种引进较多，蚕种分别从云南省蚕桑研究所普种场、楚雄州蚕种场、陆良县蚕种场调购。隆阳区生产上主要推广“浙蕾×春晓”“781×802”和“菁松×皓月”；施甸县以“菁松×皓月”“浙蕾×春晓”“苏花×春晖”这3对品种饲养量最多。其他少量试养的有“云7×云8”“苏3·苏4×秋3·秋4”“781·802×734”“新四元”“731×732”“795×796”“黄鹤×朝霞”等10余个家蚕新品种。

2000年以后，保山市蚕桑快速发展，龙头企业及技术部门引进试验、示范了相当数量的家蚕品种。2002年，为解决氟化物污染区养蚕问题，隆阳区蚕桑技术推广站与保山茧丝绸公司引进了抗氟品种“秋丰×白玉”。

2000—2005年，隆阳区主要饲养的蚕种为“菁松×皓月”“秋丰×白玉”，同时试养“浙蕾×春晓”“苏菊×明虎”和“薪杭×白玉”；施甸县主要饲养的蚕种为“菁松×皓月”“云7×云8”“竹岭×芙茹”“丰1×54A”。

2006年，隆阳区引进“秋华×平30”和“秋丰×平28”两个夏秋用“雄蚕”品种，以夏秋用普通蚕品种“湘7×9芙”为对照种，试验对比显示，雄蚕具有抗性强、产量高、茧层厚、丝质优等特性。2008年，隆阳区家蚕品种以“菁松×皓月”和“秋丰×白玉”为主；另外，在项目区示范“秋华×平30”等雄蚕品种，平均单张产茧41.3公斤。“秋华×平30”雄蚕茧因为适宜缫制高品位生丝，2008年以来一直是昌宁县春蚕饲养的主要品种。

2016年，隆阳区蚕桑站引进“华康2号”品种进行试验，华康2号平均张产茧分别为46公斤和55公斤，分别比对照种“菁松×皓月”提高6.48%和29.4%；2016年，施甸县茶叶蚕桑工作站晚秋蚕在酒房、由旺等乡镇布点示范，“华康2号”表现较好，平均张产茧45.8公斤，比对照种提高8.6%。

2017—2019年，隆阳区和施甸县大规模推广饲养“华康2号”抗病品种。2019年，鉴于养殖的华康2号蚕种出现退化且细菌病严重的情况，隆阳区引进“781×7532”品种1400张进行试养，施甸县也少量饲养了该品种。2020年，隆阳区全年养殖“781×7532”51515张，占全区养殖总量的95%；施甸县全年养殖11076张，占全县养殖总量的50.15%。

2019年，保山市经作站根据体系建设任务书，引进云南省蚕桑研究所选育的抗病新品种“云抗1号”200多张，在隆阳区、施甸县、昌宁县春、夏、秋、晚秋蚕期开展试验示范工作，该品种与“华康2号”对照种相比，具有抗性强、好养、茧形大、产量高的优势，但纤度偏粗，万米吊糙，净度等丝质指标弱于“华康2号”。2020年，隆阳区引进家蚕特殊新品种“金秋×初日”在板桥镇苏家村开展试验，对照为“781×7532”。试验结果“金秋×初日”蚕茧张产量与对照基本持平，但蚕茧质量较高，颜色为金黄色，收购价比普通蚕茧提高4元/公斤，提高幅度12.5%，今后可以根据丝绸工业实际需要安排饲养。

21世纪以来保山市小规模试验、试养过的蚕种还有“竹岭×芙茹”“云月×云松”“蒙草×红云”“丰1×54A”“新莹×玉泉”“红青×河皓”“2081×2082”“野三元”“云蚕9中×日”“云蚕10中×日”“云蚕11中×日”“云夏3×云夏4”“云7×红平2”(雄蚕品种)“华康3号”“云限2中×日”“云抗2号中×日”“云抗1号”等。

三、推广的主要蚕品种及性状

(一)华十×瀛文

该品种为夏、秋用品种，二元(中×日)杂交。生产实际中常作春、秋兼用蚕种，具体质强健、好养，茧层率在16%左右，解舒率为83%。该品种是保山地区20世纪五六十年代饲养的主要蚕品种之一。

(二)华九×瀛汗

该品种为春用品种，二元(中×日)杂交。该品种抗逆性较差，但茧质和产量优于“华十×瀛文”，全龄经过26天，茧层率为17%~18%，茧丝长1050~1150米，解舒率80%~85%。早先的蚕农主要从好养出发，以饲养“华十×瀛文”为多，而技术高的蚕农，春蚕多选用“华九×瀛汗”品种。该品种是保山地区20世纪五六十年代饲养的主要蚕品种之一。

(三)华十×306

该品种为夏、秋用品种，二元(中×日)杂交。血缘：“306”由广东省蚕桑研究所选育而成，江苏省、浙江省引入后与“华十”组配。该品种发育快，全龄经过20天左右，茧层率18%，茧丝长975米，解舒率86%。其抗高温性强，好养，在夏、秋高温多湿的恶劣条件下，仍能获得稳产，缺点是茧形较小，双宫茧多。该品种是20世纪60年代保山地区饲养的主要蚕品种之一。

(四)华合×东肥

该品种为春用品种，二元(中×日)杂交，由安徽省农科院蚕桑研究所育成，是20世纪70年代保山蚕区的当家品种。克蚁2350~2400头，食桑活泼，眠性较快，蚕体匀整，壮蚕体色青白、普斑，5龄经过7~8天，全龄经过25~27天。老熟齐，易在下层结茧，茧形大，尚匀整，茧色白，斤茧粒数200粒左右，茧层率23%，茧丝长1200米，解舒良好，净度优。该品种具有丝量多、好养、双宫茧少的特点，是一个杂种优势很强的大茧型品种，缺点是纤度偏粗。由于复壮工作没有跟上，该品种退化严重，20世纪80年代被淘汰。

（五）滇13滇×14

1974年春，由云南省蚕研所从中国蚕研所引进所谓“7”字号品种16个，其中以“滇13滇×14”这对品种最优，1977年秋蚕开始进行选育推广。该品种突出表现为茧型大、茧层厚、丝量多，茧层率高达25%左右，强健好养，经济价值高，很受蚕农欢迎，成为20世纪80年代云南省各州市主力品种，缺点是纤度偏粗。

（六）781×802

该品种由云南省农科院蚕桑研究所育成，1983年秋蚕开始试点推广。其为春用品种，二元（中·日×日）杂交。“802”由“东肥”与“782”杂交选育而成。卵色青灰带绿，卵壳淡黄色；反交卵色紫灰，卵壳白色。孵化齐，克蚁数2400头，眠起欠齐，5龄8天，全龄28天。稚蚕活泼，起蚕易成堆；壮蚕食桑旺盛，体色青带淡赤色、普斑，体形大。老熟齐一，营茧快，茧形匀整，椭圆形；斤茧粒数300粒，茧层率24%。该品种1986年在保山地区部分蚕区推广饲养，20世纪90年代后逐步停止使用。

（七）云1×云2

该品种由云南省农科院蚕桑研究所育成，1986年春蚕开始试点、推广。其为春秋兼用种，抗逆性较强，产量高。该品种1986年在保山地区部分蚕区推广饲养，20世纪90年代后逐步停止使用。

（八）浙蕾×春晓

该品种由浙江省农科院蚕桑研究所育成。其为春用品种，四元（中·中×日·日）杂交，又名“春五×春六”。血缘：“浙蕾”由“753”与“757”杂交选育而成；“春晓”由“春四”与“东肥671”杂交选育而成。该品种孵化齐一，蚁体黑褐色，克蚁数2200~2300头；稚蚕有密集性和趋光性，眠起齐一，眠性快，食桑旺盛，普斑，蚕体青白粗壮；5龄8~9天，全龄27~28天；熟蚕体色带粉红色，老熟齐快，喜结上层茧，易结双宫茧，茧形大而匀整，茧色洁白，斤茧数230~235粒，茧层率24%~25%，茧丝长1400米，解舒率75%。其为20世纪90年代保山地区饲养的主要蚕品种之一。

（九）菁松×皓月

该品种由中国农科院蚕桑研究所育成，1982年经国家审定通过，为全国主要推广品种。其为春用品种，四元（中·中×日·日）杂交，又名“春试三×春试四”。血缘：“菁松”由“781”与“757”杂交选育而成；“皓月”由“782”与“758”杂交选育而成。该品种孵化齐一，蚁体黑褐色，有逸散性，克蚁数2200~2300头。稚蚕期趋光性强，要注意扩座、匀座工作；壮蚕有趋光性、趋密性，体色青白粗壮、普斑。5龄8~9天，全龄27~28天。熟蚕体色淡粉红色，结上层茧，茧形大而匀整，茧色洁白，斤茧粒数220粒，茧层率25%，茧丝长1400米，解舒率78%。该品种1993年引入后在市内大规模推广饲养至2017年，是保山市饲养时间最长的主力当家蚕品种。

（十）秋丰×白玉

该品种由中国农科院蚕桑研究所育成。其为夏秋用蚕品种，二化、四眠，正交为斑纹限性，花白蚕各半，反交为白蚕。该品种孵化齐一，一日孵化率可在85%以上，蚕儿眠起齐一，饲养容易，夏蚕有少数三眠蚕发生，食桑旺，蚕体较大，壮蚕体色青白，产茧量较高，营茧快，熟蚕排尿量较多，爱结中下层茧，上蔟过密黄斑茧多，茧形中等，茧层紧，茧形匀整，长椭形。茧丝长1100米左右，解舒好而稳定，净度93分以上，出丝率较现行的夏秋蚕品种高；耐氟性能好，据调查，桑叶含氟量在50~60ppm左右，仍不会影响其产茧量和茧丝丝量。是目前体质比较强健，产量较高，茧丝质优良，适于夏秋期，特别适宜于中秋期饲养的一对单限性蚕品种。该品种2002年引入后在市内大规模推广，一直使用至2017年，是保山市当家蚕品种之一。

（十一）苏花×春晖

该品种由中国农科院蚕桑研究所育成。其为春用蚕品种，是1989年国家审定通过的一对高产优质多丝量新品种。杂种优势强，体质强健，抗病和抗氟化物污染能力较强；饲养容易，孵化齐一，蚁蚕体色黑褐色，克蚁头数正交2600头，反交2300头左右。稚蚕期趋光性强，密集性强，需注意及时匀座、扩座。各龄眠起齐一，眠性快，处理容易。各龄起蚕活泼，逸散性强，壮蚕期蚕儿有趋密性，易密集成堆，应注意匀座。各龄食桑旺盛，食性好，不踏叶，吃得光，5龄期经过稍长，进入盛食期偏迟，因此5龄前期要注意节约用桑，进入盛食期后要充分饱食，防止饥饿，以充分发挥多丝量优良性状，提高产量。壮蚕体色青白，体形粗壮、长大，普通斑纹，蚕体匀正，老熟较齐，营茧快，多营上层茧，茧形大而匀正，茧色洁白，缩皱中等，茧层厚，干壳量高，产值高。

（十二）秋华×平30

该品种是浙江农科院蚕桑研究所利用转育改良后的性连锁平衡致死系与我国优良常规品种组成的夏秋用三元雄蚕杂交种，于2005年通过省级审定，是国内外第一个通过审定的雄蚕品种。该品种具有体质强健好养、茧丝质性状优良、茧层率与出丝率高、能缫制高品位生丝等特点，杂交种雄蚕率高达98%以上。为二化性四眠蚕，越年卵灰绿色，卵壳淡黄色或白色。因是平衡致死系雄蚕杂交种，只有正交，无反交。雌卵几乎全在胚胎期死亡，正常孵化率48%左右，但有时也会有少部分雌蚕孵化（孵化率会超过50%），但孵化的雌蚕通常在1龄末2龄初自然死亡，只有雄卵能正常孵化生长，克蚁头数2300头左右。各龄蚕眠起齐一，食桑旺，应注意充分饱食，壮蚕体色灰白、普斑，大小均匀。全龄经过22天左右，5龄经过6.5天左右。

（十三）华康2号

该品种是中国农科院蚕业研究所培育的耐家蚕核型多角体病毒病的家蚕新品种。亲本来源“秋丰N×白玉”，2013年通过四川省品种审定。该品种表现为孵化齐一，食桑旺盛，食桑量大，不踏叶，对血液型脓病抗性强，好养；入眠和老熟快而整齐，龄期经过短（5龄7天左右，全龄23天左右）；蚕体大，产茧量高，丝质好，深受蚕农、丝厂欢迎。“华康2号”是抗血液型脓病品种，精心饲养张产量可达50公斤以上，但该品种易感细菌病；保山市饲养的“华康2号”为山东青州广通集团生产，2019年饲养表现不佳，抗性退化快，脓核病严重，产量不稳定。

（十四）781×7532

该品种是四川省蚕桑研究所培育的夏秋用品种，1973年1月经四川省家蚕品种审定委员会批准正式推广使用。该品种具有杂种优势强、抗逆性强、丝质优等特点。蚁蚕活泼，逸散性强，蚁体黑褐色；大蚕体色青白。各龄眠起整齐，发育整齐，食桑快，蚕体健康，容易饲养。5龄期经过7天10小时左右，全龄经过25天10小时左右。张种用桑量在600公斤左右。一茧丝长1200米左右，茧丝纤度中内层开差小，清洁，洁净度优，适合缫高品位生丝，为20世纪80年代四川省主力品种，现仍为四川省的主养品种。

第二节　养蚕方式

一、蚕种催青

将已活化的蚕种保护在合理的环境条件下，促使其胚胎顺利发育，直至按预定的日期孵化称为催青，保山蚕农俗称抱蚕种。催青期间每天早晨按品种、批次等分别抽样解剖，依据胚胎发育进度，及时调节温度，并注意补湿；通过调换蚕种位置，促使蚕卵感温均匀；结合调种每天进行换气，保持催青室空气新鲜。当蚕卵胚胎发育到己5期（转青期）时，把蚕种分发到乡村。

民国时期育蚕技术落后，农户养蚕无统一催青办法，由于饲养土种，习惯于靠自然温度令其自然孵化或借助棉衣、棉絮或人体温度促使孵化。此时桑叶尚未发芽，蚁蚕已孵化，只好饲喂柘叶；20世纪40年代曾由省蚕业指导所派人来推广改良种，部分实行共催共育。

20世纪50年代，蚕种实行集中催青，推广普通催青法。20世纪70年代保山县以养蚕专业队为主组织催青，使用设备主要是上海产恒温催青箱和小容积纸盒（木盒）电温催青箱。“小容积电温催青法”是地区蚕桑站技术干部寸可昌于1973年发明的，即用25W炽热灯泡加温，用一块湿毛巾调节相对湿度，取代了在蚕房内加温、催青的方法，节约了人力、物力，提高了蚕种孵化率。地区农业局和县蚕丝厂支农组合作在保山县城关镇王官蚕桑专业队试用第一个纸盒电温催青箱，并于第二年在保山市举办的蚕桑技术训练班将其不同的构造类型的设计方案向蚕农和蚕桑技术干部推广。小容积催青技术从小规模饲育的特点出发，缩小了催青容积，从而节省能源，补温补湿容易；又因为采用电热或间接加温形式，催青箱内空气新鲜，有利于蚕卵胚子正常生长发育，可以提高孵化率和孵化整齐度。自1973年至1986年的13年中，在保山地区的11个催青点运用自行设计制作的四种构造类型的催青箱进行小容积催青以来，其受到技术干部和蚕农的好评。使用自制催青箱进行小容积催青，由于具有一定的科学性和实用性，在本省境内属省级先进技术，该成果获得农业厅科技推广三等奖。

20世纪80年代土地下户，养蚕专业队解散，逐步转由农业技术部门进行催青工作，1982年由省、地、县三级总投资1.66万元，在施甸县由旺镇“五七干校”县茶叶蚕桑工作站基地建成面积188平方米、年容量达1万张以上的蚕种催青室；保山市（保山县）蚕桑技术推广站进行催青工作，使用设备主要是小容积催青箱，也有部分农户使用火盆、炕房自行催青。20世纪90年代后由市蚕桑技术推广站在河图、板桥、辛街乡设置3个催青点负责保山市（保山县）催青工作，其中辛街仍用小容积催青箱催青，河图、板桥使用新型电控培养箱催青，此类设备温湿度控制更为精准，每批可催青蚕种300~400张。

2000—2004年蚕种催青继续由农业技术部门负责。隆阳区蚕桑技术推广站催青地点在蚕桑站办公室一楼，2000—2002年采用电炉和热风机加温，2003—2004年采用空调加温，2004年全年蚕种催青8次，催青工作愈加繁重，年催青蚕种15765张，其中隆阳区养蚕15718.5张，其余为代梁河等地催青。保山茧丝绸有限公司成立后，施甸县的蚕茧收购、烘干由该公司负责，“五七干校”蚕种催青室专供施甸县催青蚕种，2004年施甸县茶叶蚕桑工作站投资5.21万元，对该蚕种催青室进行扩建改造升级，更新催青设备，配备温湿度自动控制系统，年催青规模达到3万~4万张，完全能满足全县蚕种催青工作任务。养蚕时期，县茶桑工作站专业技术人员到保山蚕种场抽检、检测蚕种合格后，拿到该催青室催青，蚕种胚子发育到转青期时再发放到小蚕共育户家中进行补催青，该催青室沿用至2018年。

2005年后，全市蚕种由保山蚕种场生产和调供，隆阳区蚕种催青也由该场负责，设备使用温湿度自动控制系统，催青期隆阳区蚕桑工作站派人到公司八鸭塘蚕种场调查张种卵重量、良卵率及张种卵量。2017—2019年，隆阳区、施甸县饲养的蚕种由山东广通蚕种公司提供，2020年饲养的蚕种从四川省西昌市蚕种场和凉山州蚕种场调购，在蚕种场进行催青至转青卵，由利根（凯喜雅）丝绸有限公司各茧站站长领去再发到小蚕共育点做补催青。

二、小蚕共育及方式

生产上把1~3龄期的蚕称为小蚕，把4~5龄期的蚕称为大蚕。小蚕共育就是将若干户的小蚕集中起来，由小蚕共育点(户)统一进行蚕种补催青并饲养至3龄起蚕饷食后分发给各户饲养的一种组织形式。建设小蚕共育室，全面推行小蚕共育，有利于技术干部或辅导员进行技术指导，节约燃料、桑叶、蚕药和人工成本，提高经济效益；小蚕共育提高了小蚕的强健度和整齐度，不仅有效减少了小蚕期感染蚕病的概率，还能增强大蚕对不良环境的抵抗力，而且方便大蚕饲养。

中国农村饲育小蚕的技术主要有普通育、覆盖育和炕房育。中华人民共和国成立前，保山养蚕规模较小，小蚕由各户零星饲养，实行普通育。中华人民共和国成立初期，保山推广集中催青，小蚕共育，依然实行普通育。普通育是20世纪50年代中期以前相当长的历史时期内长期应用的一种粗放饲育方法，其在蚕室内直接生火加温，桑叶容易干瘪，给桑回数多，蚕儿伏沙，啃食陈叶不仅影响体质，而且大小不齐、遗失蚕也多。20世纪50年代中后期，使用木炭火加温，用80~82℉饲育稚蚕，同时我国包括本区的小蚕饲育技术主要研究推广了稚蚕防干纸覆盖饲育技术。20世纪60年代中期，随着塑料工业的发展，这种防干纸覆盖育技术很快就被塑料薄膜覆盖育取而代之，覆盖育对防止桑叶萎凋、减少给桑回数、增加稚蚕食下量起了一定作用，但仍然避免不了升温保温困难和有毒气体对家蚕和饲养人员的危害。这个时期我国科技工作者在北方土炕的启示下改创和研制成功了小蚕炕房育技术，其主要优点：一是便于升温保温，有利于发挥二化性多丝量品种的增产性能；二是保湿容易，保持叶质新鲜，增加稚蚕食下量，促使快速生长，体质强壮；三是饲育室内客气新鲜，避免了一氧化碳、二氧化碳和二氧化硫等气体的毒害；四是对燃料种类要求不限，燃料效率高；五是炕房建筑成本低廉，一个炕床当时建筑费用350元左右。20世纪70年代中期保山开始推广小蚕炕房育，实行一日三回育，保山县三家、官田等大队的炕房运转良好，在养蚕中发挥了重要作用。

20世纪80年代后落实生产责任制，土地下户，集体养蚕队解散，一些养蚕技术好的农户新建了炕房，改善了小蚕饲养条件，如保山县河图公社官田大队杨发荣、施甸县保场公社张家大队赵文华等既是科技示范户，又是小蚕共育户；1983年以后，保山地区全面推广浙江高温育小蚕的新方法，温度均比以前提高华氏1~3度，全龄经过缩短2~3天，蚕儿发育整齐、健壮，又省工、省叶、省成本，单产提高10%左右，平均单产提高到每张25~30公斤。20世纪80年代末期，地区茶桑站的寸可昌老师结合生产实际，在认真总结保山市杏花村、下杜家和施甸县苗圃基地炕房成功经验和失败教训的基础上，通过在河图乡官田村的潜心试验研究，不断探索改进炕房结构的合理性，为全面推广应用炕房饲育提供科学依据和积累经验。

1992年，地区茶桑站、保山市蚕桑站、施甸县茶桑站推广小蚕片叶立体育。小蚕片叶立体育是中国蚕桑研究所研制改进的一种新型饲养小蚕的方法，立体育突破沿袭了三千年之久的将桑叶切碎、平面喂饲的传统习惯，采用片叶穿连成串，垂直搁挂给予，使蚕座呈立体状态，蚕沙、病死蚕自然掉落到箱底，减少混育感染，降低发病率；结合覆盖防干措施，达到了节省桑叶、节省劳力和实现每日仅给桑一次的目标，给养蚕农民带来了很多方便，是养蚕技术一大进步。在云南省农技推广总站的大力帮助下，通过狠抓技术培训签订合同、典型引路、试验示范、层层扶持、技术干部分片专人负责及时指导帮助，不断完善操作技术，1992—1993年全区共示范推广小蚕片叶立体育2037.25张，合计产茧58672.8公斤，产值56.82万元，平均茧层率22.2%，单张产量28.8公斤，单张产值278.7元，每张蚕种可比平面育增产蚕茧1.87公斤，茧层率提高0.7%，增值27.32元。由于效益显著，该成果获云南省农业厅科技推广三等奖。

2000年后，保山市委、市政府抓住国家实施“东桑西移”，对全国养蚕布局进行调整的历史性机遇，积极引进“浙商入保”，东西部共建蚕桑基地，先后示范推广了“打孔保鲜膜小蚕一日两回育”“黑暗袋收蚁”“小蚕叠式木框育”等山东省、浙江省先进技术。2002年，隆阳区在西邑乡八鸭塘蚕桑基地集中组织小蚕共育，赵东康、余朝良、李克平3户所育小蚕，覆盖西邑、丙麻两个乡镇；2004年末，全市有小蚕共育点229个（隆阳区184个，施甸县45个），共育蚕种16122张，共育率达80%。2005年，隆阳区共育点增加到254个，共育率达到81.3%，区蚕桑技术推广站春蚕期为了防止小蚕煤气中毒，在河图镇青阳村推广天火龙养蚕10户，由隆阳区蚕桑技术推广站主持完成的“小蚕一日二回育新技术示范推广”成果获2005年保山市政府科技进步三等奖；2006年，在河图镇青阳村建成了全区最大的小蚕共育点，小蚕室面积192平方米，采用地火龙加温，每批可以共育300张蚕，当年参加共育的农户有112户。

2008年，保山市委、市政府把蚕桑列为农业重点产业大力发展，从省到市、县（区）、乡（镇）各级政府、龙头企业投入大量资金，修建了为数众多的小蚕共育室和共育中心，共育室面积50~300平方米不等，共育室验收必须达到“上有顶，下抹平，对流窗，四面光”的标准，并配套“地火龙”、贮桑室、消毒池、消毒机、切桑机等设施。2009年，隆阳区新建小蚕房19座、498平方米，累计达到459座、13698平方米；昌宁县建设小蚕房5978平方米。2011年，施甸县累计有小蚕共育室102座，小蚕共育率达85%以上；2011—2012年，全市新建小蚕房193座，至2013年全市拥有小蚕共育室1258座、36122平方米，小蚕共育率达90%以上；2014—2015年隆阳区新建小蚕共育室142座、

2441平方米。昌宁县从2008年至2019年新建小蚕共育室422座、10049平方米，从2016年起，由欣盛恒茧丝有限公司给予小蚕联户共育户每户1台自动控温器。

2017—2019年，隆阳区借助“沪滇扶贫协作项目”，在板桥、瓦房、瓦马、西邑、丙麻、蒲缥等8个乡镇援建了46个规模较大的小蚕共育中心，面积1.38万平方米，如板桥镇西河村、长岭村、瓦房乡徐掌村、梅兰山村、搭板桥村、下拉堡村小蚕共育中心，蚕房面积300~600余平方米，配套贮桑室、消毒池、切桑机、共育车、塑料蚕箔等各类设备，部分小蚕共育中心还配备了空调机，具有单批可饲养小蚕300张以上的共育能力(图4-1)。

2019年，为解决现行小蚕共育中心空调机仅控制蚕房温度难以控制蚕房湿度的实际问题，在沪滇合作项目的支持下，隆阳区积极引进四川省科技创新成果，8月13日，在西邑乡蚕桑专业村举办的小蚕共育中心智能化系统安装操作技术培训，标志着保山拉开了小蚕共育由“空调化”向“智能化”转变的序幕。2020年，施甸县依托扶贫项目在酒房乡贫困村后寨村建成全智能化标准小蚕共育中心800平方米，单批次可容纳960张种共育；隆阳区依托“上海援滇”蚕桑产业项目资金，在瓦马乡、西邑乡、丙麻乡新建小蚕智能化共育中心5座，至此全区累计建成小蚕智能化共育中心54个、1.62万平方米，推进了我市小蚕共育智能化、集约化、标准化水平再上新台阶(图4-2)。

图4-1 西河村小蚕共育中心

图4-2 后寨村智能化小蚕共育中心

2020年，腾冲市积极做好蚕桑产业服务，争取到腾冲市第二批产业扶贫项目“弄玲社区幼蚕养殖厂建设项目”“坝外社区幼蚕养殖厂建设项目”，共投入财政专项扶贫资金130万元，建成幼蚕培育及蚕茧收购场2个，供企业租赁使用。目前，保山市已全面推广小蚕共育，2020年全市养蚕100441张，其中小蚕共育94101张，小蚕共育率94.1%。小蚕共育的生产主体多为蚕桑专业合作社，也有大户承包共育和合伙共育等形式；饲养小蚕一般用共育车和塑料蚕箔，少数共育点仍然使用竹制蚕箔或小蚕木盒；小蚕共育多采用智能化加温补湿装置或者用空调机，也有使用地火龙进行加温的。

三、大蚕饲养

(一)养蚕方式及批次

民国时期,农户养蚕无专用蚕室,有的甚至人蚕同居、蚕畜同室,整个养蚕过程中基本不消毒,管理粗放,全年饲养春、夏、秋蚕三批,利用自然温度养蚕,每季育蚕时间长达两月左右,蚕茧小、茧层薄、单产低。1941年,保山县春蚕饲养1600张,平均单产8.44公斤;夏蚕饲养20张,平均单产5.6公斤;秋蚕饲养978张,平均单产4.09公斤。

中华人民共和国成立后,20世纪50年代中期,随着农村合作化运动的蓬勃发展,开始集体养蚕,使用石灰浆粉刷蚕房消毒,推广漂白粉和石灰粉进行蚕室、蚕体消毒,推广苏联"高温、薄饲、干燥、多回"快速养蚕法,全日喂蚕达12次,时间缩短,但劳力、桑叶耗费大;以后逐渐推行多季养蚕,全年饲养春、夏、早秋、中秋蚕四批,春蚕产茧量占30%~35%,夏秋蚕茧占65%~70%,其中施甸县春蚕占15%~20%,夏秋蚕茧占80%~85%,平均张产茧提高到每张12.5~15公斤。

20世纪60年代,公社、大队、生产队普遍实行养蚕专业队,保山县板桥公社赵关大队、河图公社官田大队的养蚕队就颇具规模,蚕房面积数百平方米,每批可养蚕100张以上;因为当时的蚕品种"华十×306"生长期短,一批蚕的生产周期大约40天,加上当时生产规模较小,空闲的房屋比较多,因而一年饲育五批蚕与消毒防病矛盾不突出;养蚕技术主要是推广"少回育",减少给桑回数,保持桑叶新鲜,提高劳动功效,平均张产茧提高到每张17.5~20公斤。

20世纪70年代以后普遍改用蚕箔养蚕,用漂白粉、福尔马林消毒蚕室、蚕具,用石灰粉消毒蚕体,全龄每日推广"三、四回育"饲养,缩短了养蚕周期,减轻了蚕农劳动强度;蚕种全面推广"华合×东肥""滇13×滇14"多丝量品种,幼虫生长期长,每一批蚕的生产周期大约43天,此时,桑树品种主要是"湖桑32号",每年发芽期3月10日左右,黄叶期为11月15日左右,一年中可养蚕的时间大约有220天,全年饲育5批,每批之间间隔只有一天,时间挤得太紧,迫使消毒防病工作匆忙草率,蚕病时有发生,养蚕平均张产茧20~22.5公斤。

20世纪80年代后落实生产责任制,土地下户,集体养蚕队解散,一些养蚕技术好的农户新建了大蚕房,改善了养蚕条件,养蚕平均张产茧22.5~25公斤。90年代,桑园面积锐减,养蚕主要集中在保山坝板桥、河图等乡镇,一年养蚕调整为4批,即春蚕、夏蚕、中秋蚕和晚秋蚕,平均单产提高到每张25~30公斤。

2000年以来,全市已经建成一批专业化标准大蚕房,主要采用活动蚕台或固定蚕台饲养,提高了单位面积的养蚕量,保证了蚕座面积,传统簸箕饲养已很少;昌宁县主要采用活动蚕台饲养,部分农户使用大棚蚕台育和大棚地面育,施甸县活动蚕台育占

60%，固定蚕台育占12%，大棚地面育占20%。目前，桑树品种以“农桑”系列为主，发芽期比“湖桑32号”提前一个月左右，随着“东桑西移”“浙商入保”，桑树种植规模、种植区域不断扩大，热区、次热区普遍采用夏伐、秋伐技术，养蚕时间可以延续至12月中旬，蒲缥、芒宽、勐统等热区乡镇普遍实行年养蚕6批，即春蚕、夏蚕、早秋蚕、中秋春、晚秋蚕和冬蚕；施甸坝、瓦房乡等次热区推广年养蚕5批；板桥、酒房、田园等温凉山区推行年养蚕4批。

（二）养蚕设施

1.大蚕房建设

20世纪，由于地方财力较弱，蚕房多由农户自行建盖，或者利用闲置房屋扩建。2008年蚕桑列为重点产业以来，各级政府、企业补助蚕农修建了为数众多的标准大蚕房，配套“地火龙”、贮桑室、消毒池、消毒机等设施，养蚕条件大为改观。2009年，隆阳区新建大蚕房351座、12418平方米，累计5429座、22.8万平方米，最大批次养蚕能力达到2.3万张；昌宁县新建大蚕房297座、10751平方米，累计49278平方米，改建大蚕房80座、3215平方米。2011年，施甸县有大蚕房面积达109万平方米，全市当年新建大蚕房1835座，其中重点村新建大蚕房1336座，占总数的72.8%，重点村建设初见成效，蚕桑向规模化、标准化、集约化和产业化方向发展；2013年，全市新建、改建大蚕房累计20380座、853395平方米，并配备了消毒池、贮桑室和蚕沙坑等配套设施，改善了养蚕条件。

2014—2015年，隆阳区新建大蚕房552座、23937平方米；2017—2019年，在沪滇扶贫协作项目的推动下，隆阳区新建大蚕房1041座、6.96万平方米。昌宁县从2008年至2019年新建标准大蚕房5906座、215513平方米。

2.地蚕大棚

1996年，隆阳区蚕桑站进行了简易塑料大棚养蚕试验并获得成功，为探索塑料大棚多层立体养蚕的可行性，总结大棚养蚕饲养技术及管理经验，2002年以来在市农业局的支持下，由市经作站、隆阳区蚕桑站共同承担，在板桥镇区贤村钏思锦家、汉庄乡小堡办事处张绍升家建造不同规格钢架塑料大棚，通过三年养蚕试验结果证明，大棚养蚕由于通风透气良好，桑叶现采现喂，桑叶新鲜，蚕儿食桑质量高，在棚内上蔟、蔟中环境良好，因而产茧量、上茧率都较高。大棚养蚕结合蚕台育，与室内蚕箔育相比张种可节约养蚕成本29.8元，大棚养蚕、大蚕期间给桑快、除沙次数少，上蔟时间集中、快而整齐，可提高工效30%以上；大棚养蚕的优势主要体现在节约养蚕投资，节省劳动力等方面，但钢管结构的塑料大棚也存在着阳光直晒，温、湿度难以控制的问题。2010年，昌宁县累计建设塑料养蚕大棚1529平方米；2012年，借鉴山东省大棚养蚕成功经验，并改进大棚结构，使其保暖性、防热性、通风效果更加良好，有效节省了劳动力，提高了养蚕质量；且地蚕大棚靠近桑园，能减轻劳动强度，养蚕结束后还可以用来养鸡或种菜，提高经济收入等。2015年，昌宁县示范建设地蚕大棚16座、1646.8平方米，深受蚕农欢迎。为加快地蚕大棚建设进度，2016年昌宁县制定了地蚕大棚技术规程和建设标准，并且每年都出台专项扶持政策，对验收合格的地蚕大棚，由县级财政按100元/平方米的标准给予补助，调动了农民的建设积极性。由于节本增效突出，2016年昌宁县"地蚕养殖大棚推广应用"成果获保山市农业局科技推广三等奖。借助沪滇扶贫协作项目，2017—2019年昌宁县新建地蚕大棚52892.8平方米，辐射带动施甸县2017年建盖大棚蚕房19座、1710平方米，2018年又在酒房乡、由旺镇示范地蚕养殖大棚面积1000平方米，2020年施甸依托扶贫项目在酒房乡贫困村后寨村建成标准化地蚕养殖大棚3000平方米。至此富有保山特色的"地蚕大棚"已建成600余座、近6万平方米，建设规模、推广面积为全省之冠。

3.绳吊式活动蚕台

大蚕饲育是一个劳动密集型的养蚕阶段，传统的蚕箔饲养方式中，每个近2公斤的蚕箔每天要搬动3~4次，比较费时费力。吊式蚕台制作十分简单，用实心竹竿、竹片编织组合成一个长2~2.9米、宽1.3~1.5米的长方形竹框架，将10层竹框架悬吊于4根尼龙绳上挂于木梁或钢梁上，层与层之间用活动卡环绷紧，即形成一个活动蚕台，养蚕时竹框内垫编织带，蚕台可上下移动。2004年，隆阳区春蚕、夏蚕、秋蚕分别在板桥、西邑试养40张，平均单张产茧达到35千克。吊式蚕台最大的优点是取材容易，制作简便，节省了蚕具投资，操作方便，节约了给桑时间，降低了除沙、上蔟劳动强度，一般节省蚕具成本50%左右，每张蚕节省养蚕用工3~5个；另外，活动蚕台还具有使用寿命长、提高蚕室空间利用率60%以上、拆洗方便、利于消毒防病等优点，是一种经济实用的饲育形式，特别适合贫困山区广大农户推广应用。

四、上蔟结茧

中华人民共和国成立前保山农户多用作物秸秆，如油菜秆、麦秆、稻草秆作上蔟蔟具（草笼蔟），由于蔟具不规则，下脚茧较多，但材料来源方便，造价低廉，颇为流行。20世纪50年代起，除使用草笼蔟外，还推广了蜈蚣蔟、折蔟等各种类型的蔟具；20世纪70年代，以蜈蚣蔟、花蔟为主；20世纪80年代另外还推广了塑料折蔟、竹签蔟，群众中多数用草笼、折蔟、花蔟等蔟具，有的由于所制作的蔟具规格不一，加之上蔟方法及管理不当，蚕茧质量很不稳定，甚至有所下降，往往出现即使饲养优良的蚕品种，良好的饲养条件，由于没有良好的蔟具及管理，却得到质量低下的蚕茧。20世纪80年代初期保山地区全年平均上车茧率仅在75%左右，出丝率不到11%，夏秋季还出现大量的捂黄茧，极大地影响了蚕茧的解舒和丝质，以及蚕农的收入和丝厂的经济效益和出口任务的完成。

1984年，保山地区从江苏省引进了一批“双列座式方格蔟”。方格蔟起源于日本，称为“回转蔟”，20世纪50年代引入中国，经改进后成为中国蚕区主要上蔟用具。1984年晚秋蚕期，地区茶桑站杨沛、杨锡珍在保山市河图区柳上乡杜家庄姬从芹家开展首次方格蔟试验。经农业、外贸、丝厂三家联合对方格蔟茧质测定发现：一是茧衣少，方格蔟茧茧衣只占0.66%，而草笼蔟茧衣占1%；二是上车茧率高，方格蔟茧上车率达96.7%，而且次茧少，匀净度高达96.42%，比草笼蔟上车茧率高6.56%，匀净度高11.29%；三是茧层率高，方格蔟茧层率达23.2%，比草笼蔟高0.8%；四是方格蔟茧色雪白，手触蚕茧特别干爽，茧衣蓬松，是比较理想的优质茧。从交售蚕茧的数据看出，上车茧率方格蔟比草笼蔟高4.3%，为一个级价，茧层率方格蔟略高草笼蔟0.07%，解舒、潮燥、斤茧粒数方格蔟价格均已升级。

1985年，施甸县也曾进行方格蔟试验示范，取得良好效果，但由于蔟具成本高，一次性投资大，而蚕茧收购中未能执行“优茧优价”的政策，方格蔟被束之高阁。直到2008年，昌宁县发展蚕桑产业，在保山利根丝绸有限公司的大力支持下，高标准、高起点100%使用方格蔟，辐射带动隆阳区2009年推广方格蔟67.25万片，与塑料折蔟相比，下茧下降16%，均价提高2元以上，张增收80元。2008年，昌宁县“纸板方格蔟具上蔟技术的应用”成果获保山市农业局科技推广一等奖，2009年获云南省农业厅科技推广三等奖。

2010年，《中共施甸县委、施甸县人民政府关于巩固发展蚕桑产业的意见》（施发〔2009〕31号）提出执行方格蔟推广扶持政策。养蚕户使用方格蔟，所需资金由县政府、施甸丝缘丝绸公司和农户共同承担，其中：用塑料折蔟置换的县财政承担30%，施甸丝缘丝绸公司承担70%，养蚕农户不承担；新购买的县财政承担25%，施甸丝缘丝绸公司承担50%，养蚕农户承担25%，所需方格蔟由施甸丝缘丝绸公司负责配置，价格以实际进价为准，但每片不能超过1.25元，若超过，超出部

图4-3 方格蔟

分由施甸丝缘丝绸公司承担。对使用方格蔟生产出来的鲜上茧,在测评价格的基础上,施甸丝缘丝绸公司给予1元/公斤的补助。对村干部给予推广方格蔟奖励,奖励以养蚕张数计算,100%使用方格蔟的村奖励标准为8元/张,奖励资金由施甸丝缘丝绸公司承担。2010年,隆阳区全面推广方格蔟,云南保山利根丝绸有限公司出台了使用方格蔟扶持政策:一是全面置换旧蔟具,公司全部承担购置方格蔟资金,蚕农无偿使用;二是后期添置或新购买所需方格蔟,在项目区的公司无偿提供,其余的公司补助50%,农户自负50%。以上政策促进了方格蔟在隆阳区和施甸县的全面推广,目前,全市主要推广应用纸板方格蔟,少数农户使用塑料折蔟或者篾折蔟,草龙蔟已经完全被淘汰(图4-3、图4-4、图4-5)。

图4-4 传统塑料折蔟

图4-5 传统草龙蔟

第三节 省力化养蚕技术

省力化养蚕是指依靠蚕桑科技进步,以优质、高产、高效、省力、低耗为目标,建立省力化养蚕技术及相关体系,从而达到蚕桑生产可持续发展,并朝着产业标准化方向发展。

随着农村劳动力的大量转移,蚕桑产业向温凉山区、贫困地区不断转进,保山栽桑养蚕中缺设备、缺技术、缺劳力和效益低"三缺一低"的问题已十分突出,采用高效、轻简、省力化养蚕技术已成为必由之路。2009年以来,保山市在以省力化、轻简化为核心的云南省现代农业蚕桑技术体系建设的指引下,以改变养蚕方式为基础,大力推广"黑暗袋收蚁""小蚕一日二回育""大蚕一日三回育"技术;以改进养蚕设施为抓手,大力推广"小蚕炕房育""小蚕叠式木盒育""智能化小蚕共育技术""活动蚕台育""地蚕大棚育";以改良蔟具为着力点,大力推广"方格蔟自动上蔟"技术。省力化养蚕,有效降低了生产成本,减轻了劳动强度,降低蚕业风险,提高了生产效率,提高了经济效益,提升了蚕桑生产水平、促进蚕业可持续发展。

一、小蚕一日两回育技术要点

(一)要做到“五个定”

即定时、定量给桑,定温湿度,定蚕座面积,定时消毒,做到喂一次蚕,扩一次座,消一次毒。

(二)控制温湿度

收蚁时27℃(或80℉),疏毛期28.5℃(或83℉);1~2龄27~28.5℃(或80~83℉),干湿差0.5℃(或0.5~1℉);3龄25~26℃(或77~79℉),干湿差1~1.5℃;眠中温度降低0.5~1℃,干湿差1.5~2℃。

(三)精选良叶

小蚕采叶以叶色为主要依据,叶位作为参考;收蚁、疏毛期选采适熟偏嫩叶,叶色嫩绿带黄绿,最大叶上1叶;1龄期选采叶色嫩绿略黄,最大叶;2龄期选采叶色浓绿,饷食时采最大叶,之后采最大叶下1叶;3龄期选采叶色浓绿,饷食时采第4~5叶,之后采5~6叶或三眼叶(图4-6)。

图4-6　小蚕采叶标准

小蚕叶1次最多采两餐,采后盖湿纱布,松装快运;在贮桑室内用砖头围成长方形,底层垫聚乙烯塑料薄膜,上铺沙子,再垫一层纱布,加水使纱布刚好浸透,把整理好的桑叶叶柄朝下,竖放于纱布上面,桑叶上盖湿纱布,每隔1~2天用消特灵消毒一次。一般小蚕叶贮藏不超过12小时。

(四)打孔保鲜膜使用

1~2龄上盖下垫,四周折好,3龄只盖不垫,各龄眠中不盖。给桑前30~40分钟揭膜,阴雨天增加揭膜时间。

(五)定时定量给桑

按照饲养参考表称量给桑,再根据食桑情况灵活调整,残桑偏多时可适当减量,过早吃完时则适当增加。

(六)扩座、匀座、调蚕箔

小蚕期要超前扩座,每次给桑前用鹅毛和蚕筷将小蚕和残叶一起向外移动,逐渐扩大蚕座面积，扩座后还必须匀座，使蚕头分布均匀。蚕室不同位置温度有差异，饲养过程中经常进行上下、左右、里外调箔，促使整批蚕发育整齐。

（七）除沙和蚕体蚕座消毒

1龄不除沙；2龄起除沙、眠除沙各一次；3龄起除沙、中除沙、眠除沙各一次。眠除必须把握加眠网的时间，1龄不加眠网，2龄见少数蚕体色由青转白，皮肤紧张发亮（油亮），行动呆滞，出现蚕驼蚕，就可加眠网。饷食前撒小蚕防病一号消毒，每次给桑前撒新鲜石灰粉消毒。

二、智能化小蚕共育技术

（一）功能及特点

PLC远程智能控制小蚕共育设备，由四川省蚕桑研究所南充蚕具研究有限公司、国家蚕桑技术体系设施与机械研究室联合研制。主要由控制器、升温器和补湿器三部分组成，可实现自动电力加温、超声波补湿；结合PLC与现代物联技术应用，能有效地控制环境温湿度保持在预设的范围内，并实现手机远程监测控制，同时把所有的数据存储在云端便于后期管理。具有操作简便、省力高效、杜绝污染、利于小蚕生长发育的特点（图4-7、图4-8）。

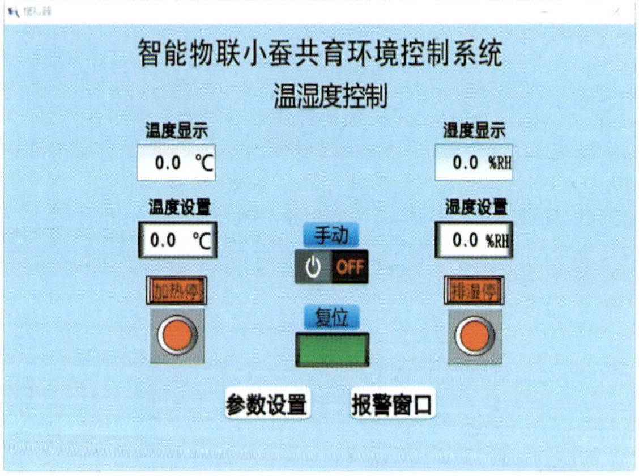

图4-7 智能化控制屏

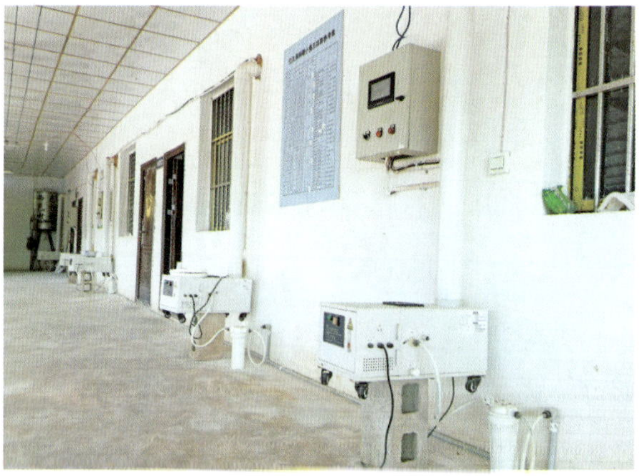

图4-8 智能化小蚕共育设备

（二）生产条件

采用智能化小蚕共育系统必须有稳定电力和自来水供应，必须安装匹配的电线、电表；自来水必须水质清洁；小蚕房必须密闭性好，门窗和天花板合格，确保保温条件和换气条件良好；必须有配套的小蚕专用桑园。

（三）小蚕饲养技术

1.领种、补催青

收到蚕种，及时装入黑袋，温度设置26℃，相对湿度84%~86%；装袋结束及时关闭门窗，严格遮光。

2.收蚁

早5~6时感光，上午8~9时完成。不孵化的蚕卵继续遮光，并及时补湿，第二天清晨感光再收蚁。

3.饲养技术

搞好桑叶运输与保管。养蚕操作按照智能化小蚕一日三回育（见表4–1）或者智能化一日两回育技术标准（见表4–2），做到“五个定”，适时饷食，促成日眠（如图4–9）。

图4–9 智能化共育小蚕

4.注意事项

探头应该在蚕房中部靠近共育车的位置，避免紧靠门窗和加温器。建议采用蚕座纸或者蚕台编织布，不必盖保鲜膜。

表4–1 智能化小蚕共育一日三回育参考表

<table>
<tr><th rowspan="2">龄期</th><th rowspan="2">总第几天</th><th rowspan="2">龄期天数</th><th colspan="4">给桑</th><th colspan="2">蚕座</th><th colspan="2">温湿度</th><th rowspan="2">操作事项</th></tr>
<tr><th>第几回</th><th>时间（时）</th><th>切叶（厘米）</th><th>喂叶量（公斤）</th><th>宽×长（厘米）</th><th>蚕箔（个）</th><th>温度（℃）</th><th>湿度</th></tr>
<tr><td rowspan="9">1</td><td rowspan="4">1</td><td rowspan="4">1</td><td>收蚁</td><td>8:00</td><td>0.8×0.8</td><td>0.025</td><td>27×33</td><td rowspan="9">1</td><td>26.5</td><td>87</td><td>蚁蚕消毒，收蚁</td></tr>
<tr><td>1</td><td>9:00</td><td>1×1.5</td><td>0.03</td><td>35×40</td><td rowspan="4">28.5</td><td rowspan="8">96</td><td>定座</td></tr>
<tr><td>2</td><td>14:00</td><td>1×2</td><td>0.05</td><td>40×45</td><td>扩座匀座</td></tr>
<tr><td>3</td><td>21:00</td><td>1×2</td><td>0.07</td><td>45×50</td><td>扩座匀座，蚕体消毒</td></tr>
<tr><td rowspan="3">2</td><td rowspan="3">2</td><td>4</td><td>8:00</td><td>1.5×2</td><td>0.125</td><td>55×60</td><td>扩座匀座，蚕体消毒</td></tr>
<tr><td>5</td><td>14:00</td><td>2×2</td><td>0.175</td><td>60×70</td><td rowspan="4">28</td><td>扩座匀座</td></tr>
<tr><td>6</td><td>21:00</td><td>2×2.5</td><td>0.25</td><td>65×80</td><td>扩座匀座，蚕体消毒</td></tr>
<tr><td rowspan="2">3</td><td rowspan="2">3</td><td>7</td><td>8:00</td><td>2×2.5</td><td>0.175</td><td>70×85</td><td>扩座匀座，蚕体消毒</td></tr>
<tr><td>8</td><td>14:00</td><td>1.5×2</td><td>0.1</td><td>75×90</td><td>扩座匀座</td></tr>
</table>

续表

龄期	总第几天	龄期天数	给桑				蚕座		温湿度		操作事项
			第几回	时间(时)	切叶(厘米)	喂叶量(公斤)	宽×长(厘米)	蚕箔(个)	温度(℃)	湿度	
1	3	3	止桑	21:00	0.5×2	0.025	75×90	1	28	96	适时揭膜，撒新鲜石灰
			眠中1龄每张蚕种用桑2.1市斤						26	86	保持安静
2	4	1	饷食	19:00	1.5×2	0.25	75×90	1	27	89	蚕体消毒，加分箔网
			1	21:00	2×2.5	0.6	50×75	2			起除沙，分箔定座
	5	2	2	8:00	2.5×3	0.6	55×80				扩座匀座，蚕体消毒
			3	14:00	2.5×3	0.7	60×85				扩座匀座
			4	21:00	2.5×3	0.8	65×90				扩座匀座，蚕体消毒
	6	3	5	8:00	2×3	0.7	70×90				扩座匀座，蚕体消毒，加眠网
			6	14:00	2×2	0.375	77×95				扩座匀座，除沙
			止桑	20:00	1×2	0.075	77×95				适时加网提青，撒石灰
			眠中2龄每张蚕种用桑4.1公斤						25	86	保持安静
3	7	1	饷食	20:00	2×3	0.55	80×100	2	25	92	蚕体消毒，加分箔网
			1	21:00		1.1	50×60	6	26		起除沙，分箔定座

1.按智能化小蚕共育设备说明书正确使用，安全使用。
2.坚持按采叶标准。
3.称量给桑，叶量应根据蚕头、剩叶等因素适当调整。
4.可根据蚕种、气候等情况适当调整。

表4-2　智能化小蚕共育一日两回育参考表

龄期	总第几天	龄期天数	给桑				蚕座		温湿度		操作事项
			第几回	时间（时）	切叶（厘米）	喂叶量（公斤）	宽×长（厘米）	蚕箔（个）	温度（℃）	湿度	
1	1	1	收蚁	8:00	0.8×0.8	0.025	27×33	1	26.5	87	防病一号消毒,收蚁
			1	9:30	1×1.5	0.05	35×40		28.5	96	定座
	2	2	2	20:00	1×2	0.1	45×50				扩座匀座, 撒新鲜石灰粉
			3	8:00	1.5×2	0.2	55×60				扩座匀座, 撒新鲜石灰粉
			4	20:00	2×2.5	0.35	65×75		28		扩座匀座, 撒新鲜石灰粉
	3	3	5	8:00	1.5×2	0.25	75×90				扩座匀座, 撒新鲜石灰粉
			止桑	21:00	0.5×2	0.05	75×80				撒石灰粉,干燥蚕座
			眠中1龄每张蚕种用桑1.05公斤						26	86	保持安静, 注意通风换气
2	4	1	饷食	18:00	1.5×2	0.025	75×90	1	27	89	防病一号蚕体消毒,加分箔网饷食
			1	20:00	2×2.5	0.6	50×75	2			起除沙,分箔定座
	5	2	2	8:00	2.5×3	0.95	60×85				扩座匀座, 撒新鲜石灰粉
			3	20:00	2×3	1.15	80×97				扩座匀座, 撒新鲜石灰粉
	6	3	4	21:00	2.5×3	0.8	65×90				扩座匀座,加眠网,蚕体消毒,眠除沙
			止桑	20:00	1×2	0.075	77×95				适时加网提青,撒石灰,干燥蚕座
			眠中2龄每张蚕种用桑4.1公斤						25	86	保持安静, 注意通风换气

续表

龄期	总第几天	龄期天数	给桑 第几回	给桑 时间（时）	给桑 切叶（厘米）	给桑 喂叶量（公斤）	蚕座 宽×长（厘米）	蚕座 蚕箔（个）	温湿度 温度（℃）	温湿度 湿度	操作事项
3	7	1	饷食	20:00	2×3	0.6	83×100	2	25~26	92	防病一号蚕体消毒，加分箔网饷食
			1	21:00		1.05	50×60	6			起除沙，分箔定座
	8	2	2	8:00	片叶	2.55	57×70				扩座匀座，撒新鲜石灰粉
			3	20:00		3.45	60×77				扩座匀座，撒新鲜石灰粉
	9	3	4	8:00		3.45	70×80				扩座匀座，撒新鲜石灰粉，加网除沙
			5	20:00		2.9	77×87				扩座匀座，撒新鲜石灰粉，注意通风换气
	10	4	6	6:00	3×4	2.9	80×93				扩座匀座，撒新鲜石灰粉，加眠网，眠除沙
			止桑	20:00		0.45	80×93		25	87	适时加网提青，撒石灰，干燥蚕座
			眠中3龄每张蚕用桑17.35公斤								

1.按智能化小蚕共育设备说明书正确使用,安全使用。

2.坚持按采叶标准。

3.称量给桑,叶量应根据蚕头、剩叶等因素适当调整。

4.可根据蚕种、气候等情况适当调整。

三、大蚕活动蚕台育技术

（一）蚕台的制作

每层蚕台分3个部分，即框架、竹帘、台布。框架要做得牢实，在蚕5龄盛食期一层蚕台的重量就有30~40公斤。10层蚕台组成一组蚕架，每层蚕台间隔25厘米，可以养一张种。

框架：用细铁丝将直径4厘米以上竹竿绑成长方形担架式框架，长2.9米、宽1.3米，竹竿长两端4个竹头各留出20厘米，便于使用时塞入双根的吊绳内作悬挂用。每个框架内用3~4根长1.3米、直径3厘米左右的毛竹作横档，在框架下方捆扎牢固，上铺竹帘。

竹帘：把竹子破成篾条，编成长2.6米、宽1.2米的竹帘子（篾笆），放于蚕台内，再用细铁丝固定四个角，上铺台布即可用于养蚕。

台布：可用塑料编织袋、条纹布等制作。

（二）蚕台的组装

准备4根尼龙绳子，食指粗细，每根长6米。根据蚕台的长宽把绳子折双拴于屋顶形成4组吊绳，每组套入10个铁环，按一层蚕台一层铁环塞入相应的吊绳后，由于蚕台的重力、绳子和铁环的摩擦力，蚕台可以稳稳地托在绳子上。给桑、除沙饲养操作时一手托住蚕台扶手，一手移动铁环即可任意调节高度、固定蚕台。蚕台既能育蚕，又方便用于方格蔟上蔟。

（三）蚕台育操作要点

1.给桑喂蚕

从小蚕共育中心领回蚕以后，就可以在活动蚕台上饲养了。喂蚕时，一般从上至下逐层给桑，注意适当缩短层间距离，减缓气流速度以延缓桑叶萎凋时间，待蚕儿基本吃完桑时，再加大层间距离，促使蚕座通风干燥（图4-10、图4-11）。

图4-10 活动蚕台育

图4-11 传统蚕箔育

2.加网除沙

除沙前，撒新鲜石灰粉给蚕儿消毒，干燥旧叶，杀灭病原；铺网给桑，蚕在网下吃不到桑叶，就会自动爬上网来吃上层的新叶，等到下次给桑前就可以除沙了。把蚕台全部移高并缩短层间距离，除沙时先下层后上层节省劳动力；用铁钩钩住下层网并挂于上层蚕床，移动铁圈放低下层蚕台，蚕网即悬于半空，拾取漏网的蚕儿，卷起编织布倒掉蚕沙，再铺上干净的编织布，还原蚕台，即完成一层蚕台的除沙操作。

3.技术参数

按照大蚕饲养参考表（表4-3）要求，注意稀放蚕座，良桑饱食，通风换气；做好合理采叶和贮桑工作；搞好眠起处理，及时除沙，加强蚕体蚕座消毒。

表4-3 大蚕一日三回育技术参考表

<table>
<tr><th rowspan="3">龄期</th><th rowspan="2">饲育日顺</th><th rowspan="2">龄期天数</th><th colspan="3">给 桑</th><th rowspan="3">蚕箔（只）</th><th colspan="2">温湿度</th><th rowspan="3">技 术 处 理</th></tr>
<tr><th rowspan="2">回数（第几回）</th><th rowspan="2">时间（时）</th><th rowspan="2">用桑量（公斤）</th><th rowspan="2">温度</th><th rowspan="2">干湿差</th></tr>
<tr><th colspan="2">（第几天）</th></tr>
<tr><td rowspan="12">4龄期</td><td rowspan="2">11</td><td rowspan="2">1</td><td>饷食</td><td>20:00</td><td>1.75</td><td>6</td><td rowspan="6">24~25℃</td><td rowspan="11">2.2℃（4℉）</td><td>大蚕防病1号或漂白粉防僵粉消毒加除沙网</td></tr>
<tr><td>1</td><td>22:00</td><td>2.3</td><td rowspan="4">8</td><td>起除沙扩箔</td></tr>
<tr><td rowspan="3">12</td><td rowspan="3">2</td><td>2</td><td>6:00</td><td>4.6</td><td>撒新鲜石灰粉</td></tr>
<tr><td>3</td><td>13:00</td><td>6.9</td><td>叶面添食</td></tr>
<tr><td>4</td><td>21:00</td><td rowspan="2">9.2</td><td>蚕体消毒</td></tr>
<tr><td rowspan="3">13</td><td rowspan="3">3</td><td>5</td><td>6:00</td><td rowspan="6">10</td><td>撒新鲜石灰粉、加除沙网</td></tr>
<tr><td>6</td><td>13:00</td><td rowspan="2">11.5</td><td rowspan="5">（75~77℉）</td><td>中除沙</td></tr>
<tr><td>7</td><td>21:00</td><td>蚕体消毒</td></tr>
<tr><td rowspan="3">14</td><td rowspan="3">4</td><td>8</td><td>6:00</td><td>9.2</td><td>撒新鲜石灰粉、加眠网</td></tr>
<tr><td>9</td><td>13:00</td><td>6.35</td><td>蚕体消毒，眠除沙</td></tr>
<tr><td>止桑</td><td>21:00</td><td>2.3</td><td>适时加提青网提青，撒新鲜石灰粉</td></tr>
<tr><td>15</td><td></td><td colspan="4">眠中 4龄每张用桑74.8公斤</td><td>23℃（73~74℉）</td><td>2.8℃（5℉）</td><td>保持安静</td></tr>
<tr><td rowspan="4">5龄期</td><td rowspan="2">16</td><td rowspan="2">1</td><td>饷食</td><td>20:00</td><td>2.3</td><td rowspan="2">10</td><td rowspan="4">24℃（75℉）</td><td rowspan="4">2.2℃（4℉）</td><td>大蚕防病1号或漂白粉防僵粉消毒，加分箔网</td></tr>
<tr><td>1</td><td>22:00</td><td>4.6</td><td>起除沙，分箔</td></tr>
<tr><td rowspan="2">17</td><td rowspan="2">2</td><td>2</td><td>6:00</td><td>11.5</td><td rowspan="2">20</td><td>撒新鲜石灰粉</td></tr>
<tr><td>3</td><td>13:00</td><td>13.8</td><td></td></tr>
</table>

续表

龄期	饲育日顺（第几天）	龄期天数	给桑 回数（第几回）	时间（时）	用桑量（公斤）	蚕箔（只）	温湿度 温度	干湿差	技术处理
5龄期	17	2	4	21:00	17.25	20	24℃（75℉）	2.2℃（4℉）	撒新鲜石灰粉
	18	3	5	6:00	23	20			撒新鲜石灰粉
			6	13:00	25.3				叶面添食
			7	21:00	28.9				蚕体消毒，加除沙网
	19	4	8	6:00	32.2				中除沙、撒新鲜石灰粉
			9	13:00	32.2	24			
			10	21:00	34.5				蚕体消毒
	20	5	11	6:00	34.5				撒新鲜石灰粉、加除沙网
			12	13:00	34.5				叶面添食，中除沙
			13	21:00	34.5				蚕体消毒
	21	6	14	6:00	34.5				撒新鲜石灰粉
			15	13:00	34.5				加除沙网
			16	21:00	32.2				蚕体消毒，中除沙
	22	7	17	6:00	32.2				撒新鲜石灰粉
			18	13:00	32.2				叶面添食
			19	21:00	29.9				蚕体消毒，加除沙网
	23	8	20	6:00	23				中除沙、撒新鲜石灰粉
			21	13:00	13.8				
			22	21:00	5.75				蚕体消毒，适时上蔟
	24		5龄每张用桑568.1公斤						

四、大棚养蚕技术

标准化大蚕房的建设成本一般为500元/平方米左右，加之大多数蚕房建在家里，离桑园较远，运输困难，而且还出现过部分蚕房验收后转为他用的情况，严重制约养蚕量的增加。而大棚建设成本为200元/平方米左右，成本明显降低，且通风效果较好，加温保暖方便；靠近桑园可以扩大养殖规模，降低劳动强度，增加单位面积养蚕量，养蚕结束后还可以用来养鸡或种菜等，提高蚕农经济收入。

（一）养蚕大棚的规划与选址

图4–12 地蚕大棚

养蚕大棚要统一规划，相对集中，具备水源、电源。选择地势高、干燥、平坦、通风、向阳，远离工厂、砖瓦窑、果园、菜园、烟草等污染源，并且离桑园较近，养蚕方便的地方（图4–12）。

棚与棚之间，棚与桑园之间要间隔6米以上。按桑园面积和养蚕量确定大棚面积，一般按每张蚕建筑面积50平方米计算，养蚕量大而面积不足时，应在棚中搭建临时性蚕台。

（二）大棚的构造及配套设施

1.物资准备

包括空心砖、竹竿、木柱、塑料无滴膜、门、窗、稻草、尼龙绳、油毡、旧帆布等。

2.建设标准

大棚有拱形棚和暖式棚两种形式，大棚长宽根据地形而定。中间屋脊高不低于2.5米，两边屋檐高不少于1.8米，对流窗窗台高不超过0.4米；屋顶处理采取"膜＋草＋膜＋保温棉"的做法，保温棉外覆水泥浆；大棚四周深挖侧沟40厘米，主要是降低大棚地面的湿度，使地面干燥；为充分利用大棚空间，可以在大棚走道两边离地1米的上方搭建简易蚕台，增加蚕座面积。

3.加温设备

棚内建地火龙或配备自制铁炉加温。

（三）大棚养蚕技术要点

1.小蚕共育

1~3龄小蚕必须在共育室内饲养，注意搞好眠起处理，及时扩座稀养；严格提青分批，促进各批次内发育整齐、体质强健，为大蚕移入大棚饲养打好基础。

2.适时进棚

4龄饷食以后，结合起除沙，即可将蚕儿移进大棚。

3.严格消毒防病，防止有害动物

养蚕前2~3天，用0.3%消特灵液对大棚及棚内养蚕用具进行认真消毒，蚕台地面及操作道撒新鲜石灰粉，同时用蚂蚁净配制毒饵防治蚂蚁，注意防止老鼠、蟑螂和蛙类入棚为害。

4.良桑饱食，精心饲养

图4-13　地蚕大棚养蚕

大棚养蚕采用少回育的方法，中午温度高光照强，桑叶容易萎凋，而夜间[illegible]，在饲喂总量不变的前提下，中午要少喂，夜间要多喂，其比例为夜间占50%，早上占30%，中午占20%。在空气比较干燥时可巧喂湿叶，即给桑后在棚内空中和叶面喷0.3%消特灵液，既能保持桑叶新鲜，又起到蚕体和叶面消毒的目的。大棚养蚕春蚕期结合疏芽、夏伐进行条桑育。地蚕育整个大蚕期不必除沙；蚕台育5龄中期除沙一次，见熟时再除沙一次，以便于上蔟，夏秋蚕为减少蚕座湿度，防止真菌病发生，可适当增加除沙次数（图4-13）。

5.合理调节棚内气象

室外大棚养蚕昼夜温差大，所以傍晚时应将大棚两侧通风膜放下，以减少棚内温度散失，中午温度偏高，开启天窗，揭起通风膜，加强通风换气。另外，强光不仅会造成蚕稀密不匀，而且还会灼伤蚕体，因此晴天棚内用遮阳网、草席、篱笆等物进行遮阳处理，同时在室内外洒水降温补湿。雨天养蚕要加强通风换气，增加石灰等吸湿材料的用量。无论是春蚕、夏蚕或秋蚕，蚕茧见白后都要清除所有蚕粪，增加通风换气，以提高茧质。

6.适熟上蔟

大棚养蚕可采用方格蔟自动上蔟。一般上午11点至日落上蔟表现为快而齐，因此如果傍晚始见熟蚕，夜间温度低，应该延后到次日早上上蔟。上蔟后需遮光避风，以利于熟蚕快速营茧少吐浮丝，增加全茧量。蔟中一定要做好通风排湿等工作，以提高蚕茧质量。

7.清理大棚,及时消毒

养蚕结束后及时用0.3%消特灵液喷洒,进行毛消毒,然后将蚕沙、残桑等清理出大棚,刮除大棚内已污染的土层,并对大棚进行全面彻底的清洗消毒,有僵病发生的应该增加一次熏烟消毒。

五、方格蔟上蔟技术要点

(一)蚕老熟整齐

方格蔟上蔟要求大蚕必须发育一致,老熟整齐。抓好4龄期眠起处理,做到提青分批和延迟饷食是促进蚕老熟整齐的重要技术环节。

(二)适熟上蔟

蚕始熟时,除沙一次,喂片叶尽量使蚕座平整。见有10%熟蚕时,可添食一次蜕皮激素,以促使上蔟整齐。当熟蚕达40%时,给薄桑后放上蔟具,各蔟片间隔10~15厘米,待熟蚕爬上蔟片后,将蔟片升高,蔟片底边离蚕座10厘米以上。

(三)控制密度

方格蔟入孔率要求在85%以上,先平整蚕座,把原来的蚕座面积缩小到二分之一,并按一片方格蔟上160条蚕,一张蚕种需要100个双联片,蚕台总长度16米的原则掌握好上蔟密度。

(四)蔟中管理

蔟室温度保持24~25℃;保持光线均匀,应避免强光直射、强风直吹;挂蔟后6~9小时倒置蔟片,上蔟30小时后捉游山蚕另行上蔟;上蔟72小时后打开门窗通风排湿,及时除沙清理蔟室场地。

(五)方格蔟消毒与保管

1.除去浮丝

采茧后的蔟孔有部分浮丝,会影响下次使用的入孔率。在“回山消毒”前,先将方格蔟整理好,展开蔟片,可在火堆上烤去浮丝,或用喷火灯快速烧去。

2.蔟片消毒

以日光暴晒消毒为主,如蚕病较重时用熏蒸消毒,将晒干的方格蔟片挂在蚕房内,每立方米用熏消净30克或优氯净5克点燃后灭明火发烟,关闭门窗。

3.蔟片保管

方格蔟消毒后要扎成捆、搁高、平放于高燥处,注意防潮、防鼠、防毒、防变形。

第四节　养蚕消毒

消毒就是应用物理、化学的方法来杀灭养蚕环境中的病原体。它是贯彻“预防为主，综合防治”方针，控制和预防各种传染性蚕病发生，夺取蚕茧优质高产的重要措施。“养蚕不消毒、到头一场哭，消毒不彻底、蚕病来找你”，这句话充分说明了消毒在养蚕工作中的重要性。

养蚕中应用的消毒方法，按其性质分为物理消毒和化学消毒两大类；按消毒时期来分，有养蚕前消毒、蚕期中消毒及养蚕结束后消毒；按消毒范围来分有蚕室蚕具、蚕体蚕座和桑叶消毒。

物理消毒包括煮沸消毒和日光消毒，化学消毒就是使用化学药剂消灭病原微生物。贯彻“三消制”即养蚕前消毒、蚕期中消毒及养蚕结束后消毒，是确保养蚕成功的关键。

一、养蚕前的消毒

养蚕前消毒是彻底杀灭病原的极好机会。养过蚕的地方，特别是上一期发病的蚕室蚕具上遗留的病原物很多，如果养蚕前不进行彻底消毒，病原物就会很快转移到下期蚕体上，引起感染发病。尤其是在夏秋蚕期，气温高，病原繁殖快，为害严重，如果消毒不彻底，常会造成蚕病暴发，因此必须认真抓好养蚕前消毒工作。

（一）消毒的范围

包括蚕室、贮桑室、上蔟室、周围环境及所有养蚕用具都要进行清理、打扫、清洗，然后进行消毒（蚕室蚕具消毒方法见表4–4）。

（二）消毒步骤

实行五步消毒法，即：一扫、二洗、三刷、四消、五晒。

一扫：搬出蚕具，拆卸蚕架、蚕台，清除蚕沙、病蚕尸体和茧丝屑，把蚕室内外彻底打扫干净。

二洗：用流水将蚕架、蚕台、蚕具上的污渍及粪便等残留污物洗净，用清水冲洗蚕室、内外墙壁及门窗。

三刷：用20%新鲜石灰浆把蚕室墙壁全面粉刷一次。

四消：用0.3%有效氯消特灵或消力威液，浸湿蚕具保持湿润30分钟以上；搭好蚕架，用1%消特灵加辅剂溶液或1%漂白粉溶液对蚕室、贮桑室及周边环境进行喷雾消毒，密闭蚕室再用熏烟宝熏烟12小时以上。

五晒：将已消毒后的蚕具放在已消毒的晒场上暴晒，然后收藏备用。

二、抓好蚕期中消毒

养蚕环境中病原分布广泛，期求养蚕前一次消毒把病原全部杀灭难以做到。另外，病原还会通过各种渠道如桑叶、蚕室用水、养蚕工作人员的生产活动等带入蚕室，污染蚕座，使蚕感染发病。因此，在搞好养蚕前消毒的基础上，抓好蚕期中消毒，做到喂一次蚕消一次毒，是防病工作不可缺少的措施（图4–14）。

（一）加强蚕体蚕座消毒

图4-14 蚕期消毒

1.新鲜石灰粉消毒

中除和眠除前（易感期）在蚕座中撒新鲜石灰粉一次，经10分钟后再给桑。连续阴雨湿度大或发病多时，每天可撒新鲜石灰粉1~2次。

2.防病一号消毒

蚁蚕给桑前，各龄起蚕饷食前及熟蚕上架前（易感期）对蚕体各撒一次，薄霜样即可；若蚕已发病，每天撒一次，至病情好转为止。小蚕用小蚕防病一号，大蚕用大蚕防病一号，防病一号不能与石灰粉同时用，需间隔12小时，否则降低消毒效果。

3.漂白粉防僵粉或"消力威"防僵粉消毒

蚁蚕及各龄起蚕饷食前使用一次防僵粉。

4.0.3%消特灵液（不加辅剂）消毒

4~5龄高温干燥时用于蚕体蚕座喷雾消毒（蚕体蚕座消毒方法见表4-5）。

（二）建立卫生防病制度

要求做到"四防"：

一防手脚带菌传染。切桑、给桑前和除沙后要洗手；进出贮桑室、蚕室要换鞋；蚕室门口设石灰坑，进出蚕室要在上面踏过。

二防用具带菌传染。未经消毒的蚕具不能带入蚕室使用，采运桑叶的工具和装运蚕沙的工具要严格分开；采桑用具每隔1~2天用0.5%漂白粉液进行消毒。

三防病蚕、死蚕、蚕沙随便乱丢。病蚕、死蚕不能喂鸡鸭；蚕沙必须制成堆肥经过充分发酵后，才能用作肥料施入桑田；严禁在桑园或者蚕室附近摊晒蚕沙。

四防养蚕环境传染。贮桑室2~3天用0.5%漂白粉液进行消毒；除沙后用1%漂白粉液对蚕室地面喷雾消毒；严禁在蚕室内一边养蚕，一边堆放桑叶；细菌病、僵病严重时，桑叶被污染，用0.3%漂白粉液作叶面消毒。

三、重视蚕后"回山消毒"工作

养蚕结束后，病原留存量大，为防止病原扩散传播，要以最快的速度在最短的时间把病毒病菌消灭在最小的范围内，必须做好"四个及时"。

一是上蔟后必须及时清理蚕沙和残桑，制成堆肥；二是采茧结束后，及时把薄皮茧、烂茧及蔟中死蚕集中投入消毒桶中，经浸渍后深埋土中；三是所有的蚕室、蔟室及养蚕用具，上蔟用具等及时用1%漂白粉液喷洒毛消毒一次再行打扫清洗；四是方格蔟及时集中在水泥地上喷洒漂白粉液，上盖薄膜，在阳光下晒5小时以上，再取出晒干，清理浮丝。消毒后的方格蔟应该扎成捆、搁高、平放，防潮、防鼠、防毒。

四、提高消毒效果的措施

（一）蚕室要扫得清洁，蚕具要洗得干净

对养蚕场所及蚕具等进行全面、彻底的打扫、清洗，既能减少病原体的数量，又能使附着的病原体充分暴露，便于消毒时使药物或热力直接地、快速地起杀灭作用，提高消毒效果。

（二）药剂要配得准

如漂白粉用作蚕室、蚕具消毒时，应用含有效氯1%的澄清液，用作桑叶消毒时则只能用含有效氯0.3%的澄清液，否则对蚕有不良影响。消毒药物用药量也不能任意更改，如漂白粉液的喷布量以1平方米喷药250毫升为准，否则由于药量不足也会影响到消毒效果。

（三）药液要喷得均匀，作用时间要充足

喷洒药液时务必处处喷到，勿有遗漏，消毒做到全面、彻底。作用时间越长，消毒杀灭病原体效果越好。漂白粉液喷洒消毒要求在湿润条件下保持半小时，否则药物迅速吹干，就会降低其消毒效果；熏蒸消毒时需要在密闭条件下保持12~24小时，过早逸散则会大大降低效果。

（四）消毒后要管理得好，防止交叉感染

全面封存蚕室、蚕具、蔟具等一切养蚕用具，领种前1~2天，再开窗换气，而后养蚕。

表4–4　蚕室蚕具消毒方法

药名	消毒对象	配制方法	消毒方法	注意事项
消特灵	病毒 细菌 真菌 原虫	先将主剂放入容器内，加少量水调成糊状。再加足每包25公斤水，加盖放置2小时后，加入辅剂搅拌均匀，即可喷雾或浸渍消毒	按配制方法配成含0.3%有效氯的消毒液即可用于消毒。喷雾消毒：蚕室消毒每100平方米面积用消毒液25公斤。浸渍消毒：蚕具直接浸泡在释液内，浸湿透为宜，随浸随加液，保持有效氯的浓度，浸渍后的蚕具保持湿润状态半小时以上	1.一定要把主剂配成水溶液后才可将辅剂加入 2.消毒前蚕室蚕具必须清洗干净，提高消毒效果 3.消毒后不再清洗 4.喷雾消毒要求全面喷到，并保持半小时以上湿润 5.消毒时间宜在蚕前一星期进行 6.当天用药当天配制

续表

药名	消毒对象	配制方法	消毒方法	注意事项
消力威	病毒 细菌 真菌 原虫	先将大包药粉(70克)倒入25公斤水中稍加搅拌后再倒入小包药粉(20克),充分溶解后取药液对蚕室蚕具进行喷雾消毒	配制液喷雾,每平方米表面用药液225毫升	严禁直接将主剂与辅剂混合后加水 配液必须在5小时内用完
漂白粉	病毒 细菌 真菌 原虫	含有效氯25%的漂白粉原药1公斤,加水24公斤,先用少量水将漂白粉调成糊状,再加足总水量,加盖放置1小时后,取澄清液即可消毒	按配制方法配成含1%有效氯的消毒液,喷雾消失。蚕室消毒每100平方米(面积)用消毒液25公斤;蚕具消毒要求喷湿透为宜,保持湿润状态半小时以上	当天配制当天消毒,间隔时间过长易降低消毒液中有效氯浓度。消毒工作宜早上或傍晚进行,不能在露天或日光下进行,否则有效氯挥发过速,会降低消毒效果。避免药液与电气设备、金属等接触,以免损坏锈蚀
熏消净	病毒 细菌 真菌 原虫	直接使用,点燃内袋袋角即可起烟		1.封闭门窗,架空蚕具 2.注意防火
蒸煮消毒	病毒 细菌 真菌 原虫	煮沸15分钟		将零星蚕具如蚕网、黑布等清洗干净后放入锅中,加水浸没,煮开后经15分钟以上即可

表4–5 蚕体蚕座消毒方法

药名	消毒对象	配制方法	消毒方法	注意事项
小蚕防病一号	对各类蚕病都有防治效果	收蚁和1~2龄期用小蚕防病一号,含甲醛1.25%	给桑前均匀撒于蚕体蚕座上。用药次数:收蚁和各龄起蚕各1次	1.撒药后不给湿叶 2.间隔12小时后撒石灰粉 3.用剩的药粉,要扎紧口袋,放在干燥阴凉避光处

续表

药名	消毒对象	配制方法	消毒方法	注意事项
三七糠	对各类蚕病都有防治效果	石灰3份加焦糠7份拌匀备用	给桑前,将药粉均匀撒于蚕体蚕座上	用剩的药剂要扎紧口袋放在干燥处
漂白粉防僵粉	对各类蚕病都有防治效果	小蚕用有效氯含量2%,1份漂白粉与12份石灰粉混合;大蚕用3%,1份漂白粉与8份石灰混合	给桑前,将药粉均匀撒于蚕体蚕座上,不留空隙用药次数:蚁蚕及各龄起蚕各一次;发生僵病或其他蚕病时每天一次。用药量:略多于防病一号	1.漂白粉防僵粉必须随配随用,用剩的放入塑料袋扎紧,避免与空气接触,防止失效 2.撒药后不喂湿叶 3.注意出厂日期和有效氯,低温、干燥、避光处存放
新鲜石灰粉	仅对病毒病有效	生石灰10公斤,加水5~6公斤,化成石灰粉,过筛后密封待用	给桑前,将新鲜石灰粉均匀撒于蚕体、蚕座上不留空隙。主要作用:蚕座消毒和吸湿、隔沙。每次给桑前撒新鲜石灰粉,就眠后适量撒新鲜石灰粉保持蚕座干燥	1.新鲜石灰粉与防病一号间隔12小时以上使用 2.蜕皮时不撒石灰粉 3.自然风化的石灰粉无消毒效果
消特灵液	对各类蚕病都有防治效果	主剂125克每包加水25公斤,不加辅剂	4~5龄在高温干燥情况下蚕体、蚕座采用喷雾消毒。也可作蚕箔、蚕架、蚕室地面等蚕期中消毒	喷雾后半小时开窗通风换气,蚕座太潮湿时撒干燥材料(短稻草或菜籽壳等)再给桑

第五节　蚕病防治

自古以来,栽桑养蚕一直是保山地区农村的一项骨干副业,但是在中华人民共和国成立前因统治者衰败无能和科学技术落后,蚕农往往虽辛勤劳动而仍惨遭蚕病洗劫,多数农户粒茧无收。有歌泣之:"种姜养蚕盖高房,姜烂蚕瘟哭断肠。"农村中流传有“栽桑容易养蚕难，自古养蚕是飞财”之说法。

中华人民共和国成立后，在地县各级党委的领导下，保山地区认真贯彻“预防为主、综合防治”的方针，注重消毒防病技术的推广，举办培训班，普及知识，组织调入药物、药械以及综合配套先进技术的应用，为害家蚕的各种疾病基本得到控制。一般春蚕、夏蚕和晚秋蚕发病少，早秋蚕和中秋蚕发病较多，但在少数社队时有蚕病发生，造成的损失仍然比较大。1966年秋季，施甸县有85%养蚕单位暴发以体腔型脓病（血液型脓病）为主的多种蚕病，地区农业局在施甸县召开灭病现场会议，由地区农科所张述尧主讲消毒和严格防病的技术措施，省、地、县及时派出蚕桑工作组，组织发动群众采取措施，狠抓消毒防病工作，使发病率由原来的40%下降到万分之五。

20世纪七八十年代在保山地区流行蚕病有胃肠型脓病（中肠型脓病）、病毒性软化病、白僵病和体腔型脓病，其中尤以胃肠型脓病和病毒性软化病对生产危害较大。1976年全地区有54个养蚕单位因病损失蚕茧6490公斤，其中有41个单位因为胃肠型脓病和病毒性软化病损失蚕茧33140公斤，占各种蚕病损失总数的51%。保山县1981年1~4批蚕因胃肠型脓病和病毒性软化病损失蚕茧19389.5公斤，占各种蚕病损失总数的54%。这一年早秋蚕期，板桥公社汉庄专业队胃肠型脓病和病毒性软化病的病蚕头数占各种病蚕总头数的57.1%，徐家蚕桑专业队病蚕高达81.2%。

这段时期保山、施甸两个蚕茧主产县的蚕病防治工作存在差异。施甸县由于十分重视蚕桑生产，充分发挥农业技术部门的职能，为害家蚕的各种蚕病已基本控制。保山县则因技术人员和管理机构不稳定，夏秋季节累发蚕病。1976年保山县有43个养蚕单位因病损失蚕茧共计6127公斤，价值25000元；1977年和1980年这两年全县因病损失蚕茧均在5000公斤以上，约占全年蚕茧产量的12%；1981年部分养蚕单位夏蚕就开始暴发蚕病，蚕病较重的板桥公社早秋蚕因病损失蚕茧378.5公斤，占早秋蚕茧产量的30.3%，这个公社的徐家专业队早秋发病率达到43.8%，8张蚕平均每张产茧8.1公斤，汉庄专业队发病率高达45.7%，10张蚕平均每张产茧仅7.9公斤。这一年发病面比较广（近1/3的养蚕单位发病），特别是白僵病的发病面突然扩大，有12个单位因暴发白僵病损失蚕茧1041公斤，占各种蚕病损失总数的29%。1982年又因没有及时地抓消毒防病工作，春蚕就开始暴发蚕病。

保山县的蚕病连绵不绝，主要是思想上不重视，对待消毒防病缺乏一丝不苟的科学态度，嫌麻烦，不按操作规程办，不测定漂白粉有效氯含量，药水配制靠估计，1981年早秋期，板桥公社13个养蚕单位中有6个单位暴发蚕病，其中有5个单位不用喷雾器喷药而是用瓢泼浇，零星蚕具不消毒，蚕密沙厚，蚕座潮湿，眠起处理粗放，工作人员除沙后喂蚕不洗手。

保山地区常见的几种传染性蚕病中，急性传染病白僵病和体腔型脓病由于疾病的潜伏期短，如果发现少数病蚕时及时采取措施，仍然可以避免大的损失，事实上全区80%以上的养蚕单位由于初步掌握了一些规律，并且采取综合防治的技术措施，取得了很好的预防效果。1978年郭里蚕桑专业队蚕病严重，在技术干部杨玉芬的示范指导下，加强了消毒和各环节的技术操作，1979年该专业队春蚕张产茧高达43公斤；保山县板桥公社板桥专业队和赵官专业队1975年秋蚕期间这两种蚕病的发病率曾达到17%和23.4%，通过几年来加强消毒，搞好提青分批、隔离、淘汰迟小蚕，注意管好贮桑室及蚕粪等，蚕病明显减少，1981年这两个专业队两种蚕病发病率分别下降为4.01%和3.1%，保山县城郊公社上官专业队和板桥公社汉庄专业队1981年秋蚕2龄就暴发白僵病，由于及时采取排湿、扩座、蚕体消毒和蚕室蚕具补消毒等措施，也收到了较好的防治效果。

1988年春蚕期，云南省蚕研究所草坝蚕种场生产的蚕种微粒子病病毒超标，导致云南省全面暴发微粒子病。为此，省级相关部门专门召开了防治家蚕微粒子病的工作会议，下发紧急“明传电报”，并提出了相应的应对措施。1990年8月8日，云南省农牧渔业厅发出《云南省蚕种生产与供应暂行管理办法》《云南省蚕种生产微粒子病检验试行办法》《关于改蚕种价格补贴为优质蚕种奖励的意见》三个文件；1991年8月2—4日，云南省家蚕微粒子病防治研讨会在楚雄州茶桑站召开，会上通报了全省春、夏蚕及蚕种生产情况，开展了防治微粒子病技术培训，研讨了防治微粒子病的措施。陆良、草坝、楚雄3个种场，大理、保山、丽江、曲靖等地州市蚕桑站负责人参加了会议。

1992年春，云南省蚕区蚕种供不应求，应云南省农业厅安排布置，为解决滇西片蚕区用种之需，楚雄州蚕种场从湖北黄冈蚕种场购入2500张杂交种，发到蚕区饲养2300张，因蚕种毒率严重超标，导致大姚、姚安、武定、祥云、弥渡、保山（隆阳区）、施甸7个县（市）暴发微粒子病，严重者绝收。此事件发生和处理期间，1992年5月4—20日，恰巧农业部刘桥处长带领全国家蚕微粒子病防治专家小组在云南指导防治微粒子病工作，专家小组成员包括全国知名的蚕病研究专家金伟教授和钱元教授，专家小组于1992年5月19日上午在楚雄通过对死卵进行镜检，确定发病原因是蚕种带毒且毒率超标。

杜绝胚种传染是防治该病的关键。通过总结，云南省蚕种生产采取了以下措施进行防控：一是选择技术力量强、信誉高的原种单位生产合格原种，并在收蚁前后进行补正检查，发现带毒立即淘汰。二是切断食下传染途径。对饲养环境、蚕室、蚕具进行严格的消毒，取样镜检无毒后方可饲养原蚕；坚持蚕期防病卫生制度，对病死蚕、蚕沙、废蚕具（如蚕箔、蔟具等）妥善处理，有本病发生的蚕沙不做桑园肥料；加强桑园管理，及时防除桑园害虫。做好桑叶的采、运、贮工作，做到全龄用叶全程消毒。三是严格执行"母蛾微粒子病集团磨蛾抽检法"，避免原可靠性低、误判率高、常出现虽达标准但仍发生微粒子病的情况。四是切实做好对各龄迟眠蚕进行镜检，发现本病坚决予以淘汰；对苗蛾进行预知检查，追踪有毒蛾批次种；做好袋蛾、烘蛾、贮蛾等环节的工作，镜检实行两人对照检查，以防漏检。由于防控有力，至1993年该病在云南蚕区基本得到了控制。

1991年，保山中秋蚕期部分乡镇发生微量农药中毒导致的不结茧蚕现象；1992年，春夏严重干旱对桑树生长和养蚕生产带来一定影响；1993年，中秋蚕期部分乡镇发生白僵病；1995年保山市蚕桑站在金鸡乡毛守坡蚕场调查确诊了首例家蚕氟化物中毒，毒源主要是陶器厂和砖瓦窑。1995年，市蚕桑站曾经从云南省蚕桑研究所引进抗氟化物品种"丰1×54A"，试养后取得明显效果，但是后续种源不稳定，2002年隆阳区蚕桑站与当时的保山茧丝绸公司一起，从浙江省海宁市引进抗氟化物品种"秋丰×白玉"，再结合改进养蚕生产技术从而解决了氟化物污染区的养蚕安全问题。

1998年，保山市的蚕病主要是血液型脓病、中肠型脓病、白僵病和农药中毒；2005年，隆阳区中秋蚕期血液型脓病偏重。2009年，昌宁县田园镇四角田村砖瓦厂氟化物污染桑园，春蚕损失严重；隆阳区育德、世科、唐家、罗寨、青阳、陶孔、邹里7个村受砖瓦厂、陶器厂氟化物污染。2017年，保山市全面推广抗病品种"华康2号"，蚕农反映其无病、好养、产量高，然而好景不长，2019年群众反映该品种抗性退化严重，脓病不少，细菌病较多。

一、蚕病主要类型

蚕病可分为传染病和非传染病两大类。保山常见的传染病有三大类：一是病毒病，如血液型脓病、中肠型脓病；二是细菌病，如细菌性败血病、细菌性中毒病和细菌性胃肠病；三是真菌病，如白僵病、曲霉病等。非传染病，主要是氟化物中毒、农药中毒和烟草中毒。传染性蚕病是主要的蚕病。

二、蚕病发生的原因

（一）病原存在

病蚕及病蚕排出的粪、吐出的胃液或流出的血液都含有大量的病原。如一条5龄僵病死蚕，尸体上覆盖有数亿个白僵分生孢子，若消毒不彻底，会经人员流动或随风飞散到养蚕用具、蚕室内外。特别在蚕期中，乱丢蚕沙、病蚕、死蚕、病蚕喂鸡鸭、到处堆放旧蔟等都会使病原大量扩散，污染蚕室、院场、桑园、道路和村庄。中肠型脓病多角体在阴暗潮湿区或水中可存活20个月；白僵病分生孢子在自然环境下可保持两年活力，低温中存活3年。

（二）存在传染途径

一是食下传染，蚕吃了带有病毒的桑叶。二是接触传染，如僵病分生孢子接触蚕体皮肤后，只要温湿度适宜就能发病。三是创伤感染，收蚁、给桑、扩座、除沙过程中，由于操作粗糙造成创伤；又因蚕座过密蚕儿互相爬抓也容易受伤，微细的伤口将成为病原微生物侵入的孔道。四是不良的卫生习惯导致病原在桑园、蚕房内传播。

（三）蚕抵抗力差

1.与发育阶段有关

蚕龄越小，抵抗力越差，越容易感染，每一龄中，起蚕、将眠蚕易感染。

2.与饲养环境有关

温度过高、过低，湿度过高、过低导致蚕对病原体抵抗力下降，蚕易染病，如高温闷热易发脓病，蚕座潮湿易发僵病。另外，眠起处理不当、蚕沙过厚蒸热发酵等，均可导致蚕抗病力下降感病。

3.与桑叶质量有关

喂发酵叶、日照不足叶、未成熟叶会使蚕的抗病力下降。

4.与蚕儿中毒有关

农药、烟草、废气等通过空气或污染桑叶传入蚕室，会导致蚕儿轻微中毒、体质虚弱、抗病力下降引起蚕病严重发生。

三、主要蚕病的诊断与防治

（一）血液型脓病

该病俗称脓蚕，在生产上多见于3龄蚕之后，特别是5龄中期到熟蚕前后较多，小蚕发病3~4天死亡，大蚕发病4~6天死亡。温度高死亡快。

1.典型症状

蚕体色乳白，全身肿胀，狂躁爬行，皮肤易破，常爬到蚕箔边缘落地流白色脓血而死。而正常蚕的血液呈淡黄色透明（图4-15）。

本病如发生在各龄催眠期则出现不眠蚕，这些蚕皮肤紧张发亮，呈乳白色，不吃桑叶，不断爬行直到流脓死亡。如发生在各龄期饷食后则蚕

图4-15　血液型脓病症状

生长停止，体色乳白，不转青，皮肤松弛略皱，体躯缩小，前一节的节内向后一节套叠，直到死亡。如发生在4、5龄盛食期，病蚕行似竹节蚕，称“高节蚕”。如发生在5龄后期上蔟前，病蚕全身肥肿发亮，体色乳白，环节中央肿胀拱起，形似算珠盘，俗称脓蚕。

2.诊断

有以上症状的病蚕，撕破尾角或腹足皮肤，如流出的血液为浑浊乳白色，即可诊断为血液型脓病。

3.防治方法

血液型脓病由家蚕核型多角体病毒（BmNPV）侵染引起。养蚕前要严格消毒，饷食前必须用防病一号或消力威防僵粉等进行蚕体消毒，每次给桑前要撒新鲜石灰粉；高温干燥时用0.3%有效氯的消特灵液体喷洒蚕室；提高叶质，精心饲养，提高蚕的抵抗力；加强大蚕室空气流通，开门开窗养大蚕，妥善处理病蚕、死蚕和蚕沙。

（二）白僵病

该病是真菌经皮肤浸入蚕体而引起的病害，种类较多。一般感染蚕死以后，大多数尸体出现僵化现象，不同的真菌病在僵化的尸体上会长出不同颜色的分生孢子，常见的有白僵病、绿僵病、曲霉病等。

白僵菌的分生孢子通过空气传播，接触蚕体表面发芽侵入寄生，也可经伤口直接侵入蚕体发芽生长。白僵病的分生孢子最佳繁殖温度是24~28℃，28℃以上受抑制，33℃以上不能发芽。湿度高对分生孢子发芽、生长更为有利。白僵病各龄都会发生，蚁蚕感染多在1龄眠中很快死亡；大蚕感染死得慢；熟蚕容易感染，发病率高，死得快。2020年芒宽、瓦房有少数农户专养僵蚕，用作中药，造成周边环境污染，养蚕户损失惨重。

1.症状

图4-16 白僵病症状

患病后行动呆滞，临死时，头胸伸出，稍吐水，尸体逐渐由软变硬，并逐渐僵硬发白（图4-16）。

2.防治方法

彻底消毒，最大限度地减少病原；用防僵药剂进行蚕体、蚕座消毒，发生僵病时每天撒2~3次消力威防僵粉，连用2天；加强蚕房通风，勤除沙，多撒干燥材料，促使蚕座干燥；用熏消净进行熏烟防僵；要尽量避免喂湿叶；病蚕深埋、蚕沙制堆肥。

（三）曲霉病

曲霉菌的生存力是真菌病中最强的一种。其分生孢子在自然环境中可存活1年以上，低温10℃以下可生存5年。曲霉菌有较强的腐生性，菌丝可侵入竹木蚕具内部寄生，还有一些菌株对福尔马林有较强的抵抗性，往往难以消毒彻底，必须加倍注意。曲霉病属于急性传染病，从感染到死亡2~7天，高温多湿及小蚕期易感发病，夏蚕往往高发。

1.症状

小蚕患病头胸膨大，体皮紧张，死后体表长出黄绿色霉菌孢子（图4-17）。1龄病死蚕多潜于下面不易被发现，大蚕患病体表有1~2个大型暗褐色病斑。

图4-17　曲霉病症状

2.防治方法

消毒完成后及时将蚕房及竹木蚕具晾干，防止曲霉菌借助高湿环境再度滋生；保持蚕座干燥，每次给桑前都要撒1次新鲜石灰粉；小蚕期遇到阴雨天，应增加揭膜时间，减小蚕座湿度；一旦发病要及时采取措施，除沙换叶，换掉蚕箔或木盒，进行蚕体蚕座消毒；注意卫生，发现病蚕立即拣出，不可乱丢，防止扩散。

（四）细菌病

蚕的细菌病包括细菌性中毒病、细菌性胃肠病和细菌性败血病。

1.症状

细菌性中毒病（卒倒病）有急性和慢性两种表现，急性发病的蚕得病后很快停止食桑和爬动，不久病蚕腹足失去把握力倒下死亡。慢性发病的蚕得病后2~3天才逐渐停止食桑和爬行。

细菌性肠胃病也有急性和慢性两种症状。急性症状往往发生在5龄中后期，死亡前吐水下痢症状十分明显，慢性症状的蚕食欲减退，发育缓慢，群体大小不齐，病蚕有起缩、细小、空白、拉稀、吐水等症状。慢性症状多在2龄和5龄饷食后发生（图4-18）。

2.防治方法

喂桑和提蚕时仔细操作，防止创伤感染；勤扩蚕座，蚕座适当放稀，减少伤口出现；及时淘汰病死蚕集中烧毁或深埋，减少蚕座传染机会；桑叶新鲜清洁，贮桑时间不宜过长，避免湿叶贮藏或者堆桑过久过厚造成细菌繁殖，减小食下传染机会；注意蚕室通风排湿，保持蚕座干燥，减少传染机会；及时添食氯霉素、克蚕菌、氟哌酸等抗生素，这些药有明显的治疗效果（养蚕添食药品与方法见表4-6）。

图4-18 细菌病

（五）中毒症

中毒症是一种非传染性蚕病，由蚕接触到某些有毒物质后，其正常的生理机能受到破坏而引起。养蚕过程中主要是烟草中毒、农药中毒和废气中毒（氟化物危害最大）。

1.烟草中毒

烟草在生长和贮藏过程中散发的烟碱（尼古丁）和三甲胺可引起家蚕中毒。

（1）症状

蚕中毒后先停止食桑，不运动，前半身抬起并向后弯曲，头胸紧缩，胸部缩短膨大，排念珠状粪便，继而头胸呈痉挛性颤抖，口吐浓褐色胃液，但胃液常污染头部而不污染全身，最后蚕体弯曲侧倒而死（图4-19）。

图4-19 烟草中毒

（2）防治方法

做到“五不”：一是不在距桑园150米范围内种烟草；二

是不在烟叶仓库、烟厂、复烤厂附近栽桑养蚕；三是不用晒烟、装烟用具装桑叶或养蚕；四是不在催青室、蚕室、贮桑室及其附近贮藏烟草；五是养蚕人员不带烟草入蚕室。

发现烟草中毒，应立即开窗换气，迅速除沙，换喂新鲜无毒桑叶，及时查明原因并切断毒源。

2.农药中毒

蚕桑与其他产业相比属于弱势产业，蔬菜、水稻、玉米、果树等产业在防治病虫时喷洒农药，经常引起养蚕中毒死亡或蚕不结茧（图4-20、图4-21、表4-7）。

图4-20 有机磷农药中毒

图4-21 有机氮中毒

(1)蚕区应该禁用的农药

一是吡丙醚，又称蚊蝇醚。其对家蚕毒性很大，浙江省海宁市2011年秋蚕有7个村800户蚕农的2000多张蚕，因吡丙醚中毒不结茧，损失200万元以上；2018年隆阳区芒宽乡多次发生吡丙醚中毒事件。二是氯虫苯甲酰胺（即康宽），对家蚕剧毒，原药稀释数亿倍都会导致中毒而不结茧；江西省用过氯虫苯甲酰胺的稻田改种桑树，土壤残留农药导致大面积养蚕中毒。三是噻虫嗪、噻虫胺，已在德宏州引发家蚕中毒。四是好年冬（丁硫克百威），家蚕5龄后期中毒会引发蚕不结茧。五

图4-22 蒲缥农药中毒不结茧蚕

是百事达(顺式氯氰菊酯),2018年蒲缥镇在甜柿树上使用百事达造成蚕儿中毒不结茧。六是吡虫啉、阿维菌素、杀铃脲、灭幼脲、苏云金菌(Bt)、白僵菌粉等其他农药经常导致养蚕中毒,特别是阿维菌素,其防治玉米草地贪夜蛾效果显著,但是会导致蚕不结茧(图4-22)。

(2)家蚕农药中毒预防对策

预防农药中毒,主要是隔断农药污染途径,具体措施是:合理布局,连片规模化发展;养蚕前及蚕期中各乡镇统筹安排农田用药,降低中毒风险;防止蚕具和养蚕用品被农药污染;对靠近其他作物的桑园,以及可能受农药污染的桑叶,一律先采叶试喂少量蚕,无中毒现象方可大量采叶养蚕;桑园要尽可能地使用残毒期较短的农药,实行统防统治,划片轮治。

(3)养蚕中毒的处理措施

①隔离毒源:发现蚕有中毒症状,要立即开窗换气,撒石灰粉,除沙换叶。

②解毒:喷淋或者添食解毒药剂,有机磷农药中毒用阿托品每支兑冷开水0.5公斤,喷5公斤叶添食;有机氮农药中毒用肾上腺素每支加水0.5公斤喷蚕,待蚕苏醒后,用药液添食解毒。

③追查毒源,防止中毒面扩大。

3.氟化物中毒

昌宁县田园镇四角田村,隆阳区金鸡乡等砖瓦厂、陶器厂较为集中的区域,氟污染严重。

图4-23 氟化物中毒

(1)典型病症:小蚕中毒群体发育不齐,龄期延长;体躯瘦小、胸部萎缩、节间隆起;蚕体色略呈锈色,环节间出现黑色病斑。大蚕中毒节间隆起,形似竹节(似血液型脓病),环节间出现带状或环状黑褐色病斑(图4-23)。

(2)防治措施:新建桑园,远离有污染的工厂、砖瓦窑;被污染叶用1%石灰水在桑树上喷淋桑叶正反面,每6~7天喷1次,降低含氟量;采回桑叶后用清水浸洗,晾干后喂蚕;切除叶缘后喂蚕,减轻危害;饲养抗氟品种;添食抗生素，防细菌病发生。

表4-6　养蚕添食药品与方法

药名	防治对象	配制方法	使用方法	注意事项
盐酸环丙沙星	细菌病	每支2毫升，加水半公斤，即成500单位稀释液，喷在5公斤桑叶上喂蚕	预防：从3龄开始，每龄添食1次 发病时：第1天每8小时添食1次，连续3次，以后每天1次，浓度加倍	
氟哌酸	细菌病	每支2毫升，加水0.4公斤，喷在4公斤桑叶上喂蚕	同上	
蚕菌清	细菌病	将主剂和辅剂各一包加入8两水中，即成500单位的稀释液，喷在4公斤桑叶上喂蚕	同上	不能和漂白粉、消特灵接触，用过漂白粉液的喷雾器应充分洗净；配好的药液用不完时，装瓶加塞密封再用
阿托品	农药中毒	每支加水半公斤，喷叶5公斤喂蚕或体喷	发现中毒立即除沙、换叶、添食	适用于有机磷农药中毒
肾上腺素	农药中毒	每支2毫升，加水半公斤喷叶5公斤喂蚕或体喷	发现中毒立即除沙、换叶，添食并体喷	适用于有机氮农药中毒
蜕皮激素	促进老熟	每支加水2公斤喷叶15～20公斤喂蚕	傍晚添食，第2天上午上蔟	老熟10%以上时方能使用，否则影响蚕茧产量质量

表4-7　易引起蚕不结茧的农药

种类	品　种
沙蚕毒素类	杀虫双、杀虫单、杀虫环等
新烟碱类杀虫剂	吡虫啉、烯定虫胺、定虫脒、噻虫嗪等
微生物源杀虫剂	阿维菌素、甲维盐（甲氨基阿维菌素苯甲酸盐）等
苯甲酰苯脲类	灭幼脲、氟啶脲、氟铃脲、虱螨脲等，属于昆虫生长调节剂
蜕皮激素类	虫酰肼、甲氧虫酰肼、氯虫酰肼等
保幼激素类	苯氧威、吡丙醚、呋嗪酮等

丝绸厂生产转向，晚秋蚕停止收购鲜茧，保山市政府安排市蚕桑技术推广站承担起蚕茧收购工作，蚕桑站历年来只管技术服务，不做蚕茧收购，在本地蚕茧无人收购的情况下包揽产后服务；1997年市蚕桑站在河图镇太平村保山市农机学校内建成蚕茧收烘站；当时由于桑园面积锐减，本地蚕茧产量不大，市蚕桑站收购后及时烤干储存，以干茧再向楚雄州、红河州、四川省等地销售，收购茧价按照当地物价部门文件执行，按照茧层率评级，以质论价，对距离较远的农户按蚕茧数量给予运费补助。收烘站从1997年春开始收茧，到2002年夏停止，运行6年时间。

1997年3月26日，云南省经贸委、云南省物价局转发国家茧丝绸协调小组、国家计委《关于1997年蚕茧价格政策和收购管理的通知》(〔1997〕云经贸财156号)，要求加强蚕茧统一收购和茧丝交易管理工作，继续由省纺织品进出口公司负责统一收购蚕茧，或委托供销社及有关单位进行收购。但代购单位必须具有工商行政管理部门颁发的营业执照和省纺织品进出口公司签发的蚕茧收购委托协议，禁止个人收购经营蚕茧，禁止跨地区收购。

1997年，云南省计委、省外贸厅、省物价局、省工商行管理局联合印发《关于蚕茧收购实行统一经营管理的通知》(云经贸外字〔1997〕218号)，通知强调：一是云南省纺织品进出口公司统一负责全省桑蚕茧收购经营管理工作；二是各主产地蚕茧收烘点和单位实行报备制；三是所收购的鲜茧和干茧，必须全数按划片运交指定的仓库和缫丝厂，各单位一律不得自售或自调蚕茧；四是丝厂所需蚕茧，上报轻纺工业厅批准后实行划片定点供应；五是各地各部门一律不得以任何理由擅自与省外单位签订蚕茧购销合同。

1997年，云南省外贸厅进出口公司颁发“云南省鲜茧收购资格证书”。2001年11月，云南省成立茧丝办归属省商务厅领导。2002年，云南省蚕茧收购实行“鲜茧收购资格认定制度”，由云南省商务厅颁发“云南省鲜茧收购资格证”的单位，方能参与收购经营蚕茧。2002年4月，云南省商务厅茧丝办进行“云南省鲜茧收购资格证书”老证换新证工作，全省认定了46份“云南省鲜茧收购资格证”。

20世纪50年代至80年代中期，鲜茧主要由云南省纺织品进出口公司统一收购经营管理，或委托地州、县外贸部门、供销社有关单位进行收购。此后鲜茧逐渐转由蚕(茶)桑站技术部门主导收购，统一烘烤。保山市(隆阳区)蚕桑站、施甸县茶桑站下属农业开发公司均办理营业执照，持有鲜茧收购资格证书进行合法收购。2002年隆阳区蚕桑站注销鲜茧收购资格证书，施甸县农业开发公司鲜茧收购资格证书直至2009年才被注销。

2002年，保山茧丝绸公司投资160万元建成西邑八鸭塘、板桥两个茧站，公司从夏蚕期开始收烘隆阳区和施甸县的鲜茧；2008年7月昌宁欣盛恒茧丝有限责任公司成立，昌宁县的鲜茧归由该公司收烘。

2005年7月22日，隆阳区召开蚕茧收购管理工作会议，由政协主席陈学范主持，副区长作工作安排，参会人员有公安、工商、计划局、各乡镇的主要领导、分管领导及蚕办主任，会后区、乡、村均成立蚕茧收购管理小组，加强蚕茧收购管理，查处非法收购。

2009年12月，隆阳区人民政府出台了《关于2010年蚕桑生产的意见》（隆政发〔2009〕133号），对农户实行交茧补助，每交售1公斤蚕茧，由区财政在利根公司收购价基础上再补助1元，并补助蚕桑专用肥0.5公斤（折合0.80元）。

2010年11月，隆阳区人民政府出台了《关于2011年蚕桑生产的意见》（隆政发〔2010〕134号），对农户实行交茧补助，每交售1公斤蚕茧，由区财政补助蚕桑专用肥1公斤。同年5月21日，隆阳区在板桥召开蚕茧收购会议，要求加强收购管理工作。2012年11月10日，保山市工商管理局分管市场的副局长、市场科科长等一行，对施甸蚕茧收购市场进行调研。

2016年3月，云南省取消“蚕茧收购许可证”，放开蚕茧收购市场。

第二节 鲜茧评级标准及价格

中华人民共和国成立前，保山鲜茧收购多通过目测手摸，凭经验，凭感觉来估计蚕茧的质量。通过看蚕茧的大小、外形、颜色，手摸判定蚕茧潮湿度、茧层厚薄，再结合当地物价、当时的丝价或牌价，买卖双方协商，随行就市决定茧价，无明确的评茧分级标准。

中华人民共和国成立后，政府大力发展蚕桑生产，为鼓励生产者养好蚕，出好茧，支援国家建设，国家先后制定了以鲜茧等级、鲜茧茧层率和鲜茧干壳量为依据的评茧标准，实行按质评级，分级论价，优质高价，劣质低价的茧价政策。为保障国家出口，宏观调控茧丝绸市场，促进蚕桑产业稳定发展，国家对蚕茧收购价格有明确的政策性规定，蚕茧价格一直由国家经贸委、中国丝绸进出口总公司定价，地方政府和企业无定价权，为维护生产者长远利益，只能搞一点价外补贴，对蚕茧收购价进行微调。

1957年7月，保山县人民政府发文提高了蚕茧价格，上等茧77~83元/担、中等茧72~78元/担、下等茧67~73元/担、蛾口茧64~70元/担。

1958年，国家制定了以鲜光茧茧层率为依据的评茧标准，从根本上改变了手估目测的状况，有利于反映蚕茧的内在质量，对促进当时的蚕桑生产发展起到了一定的积极作用。但是鲜光茧茧层吸湿、放湿比较强，因此评茧不够准确，虽然有根据蚕茧潮湿程度升一级或降一级的补正条件，但往往升得不够、降得不足，不能督促蚕农自觉保护鲜茧。

1965年，省上要求蚕茧收购时，要现场取样测定茧层率进行定价，不能以目测或者用手摸代替实测，保证准确贯彻蚕茧评级标准，做到优质优价。全省蚕茧实行统一收购价：茧层率21%为一级，茧层率每减少1个百分点，降1级，从1级到9级，每市斤收购价分别为1.34元、1.26元、1.18元、1.11元、1.05元、1.00元、0.98元、0.92元、0.88元，双宫茧0.70元，下脚茧一级0.60元，二级0.10元。

1966年，实行简化等级，以鲜茧茧层率为基本条件，参照千克茧粒数定级，按上、次、下茧类分级出售原则，将正茧分为4个等级。保山地区各基层供销社收购鲜茧，收购价格依据中国化工进出口公司云南省公司制定的《桑蚕茧收购评级办法》，按照茧层率评级办法进行收购，中准价格为茧层率20%、上茧率100%基本价为140元/担；蚕茧全部调供保山蚕丝厂。

1970年，公布了桑蚕鲜茧评级以干壳量为依据的评茧标准草案。干壳量是指50克鲜茧茧壳无水时的重量，该办法以干壳量、上车茧率两要素定基本级，根据色泽匀净度、好蛹率、上车率、僵蚕（蛹）茧和茧层含水率五项补正来评定茧质优劣，确定茧级。从1971年开始，全国主要产茧区逐步执行干壳量分级暂行标准，从1973年起，云南省执行国家颁布的《桑蚕鲜茧评级标准》，该标准取消了色泽匀净度（解舒）和茧层量2项补正项目，并把取消后的补正金额加入等级价内，使评级标准更加严谨、科学。根据国家新标准中鲜茧价格和价差，结合干茧统一调拨政策，云南省制定了“干茧评级标准和调拨价”，并制定了相应的次茧、双宫茧和下脚茧等的收购价格，形成了较系统的蚕茧收购政策体系（见表5-1）。

表5-1　上茧率100%每公斤干茧收购价格

等级	1	2	3	4	5	6	7	8	9	10
干茧层率(%)	51	50	49	48	47	46	45	44	43	42
调拨价(元/公斤)	8.17	8.01	7.84	7.68	7.51	7.35	7.21	7.06	6.92	6.78

注：该调拨价已含烘烤费0.52元/公斤，色泽匀净度和流层量补正金额0.30元/公斤。

1977年，保山地区蚕茧产量73.65吨，蚕茧总产值22.02万元，平均茧价2.99元/公斤；1978年平均售价3.08元／公斤。

1979年6月23日，云南省物价局、云南省外贸局关于调整桑蚕茧收购价格的通知：桑蚕鲜茧收购价格，以茧层率16%、上茧率100%基准级每100公斤，由230元调整为276元；以干壳量分级，7克起级，基准级每100公斤，由232元调整为280元。干茧收购价格相应调整，取消现行各茧层率之间的级差价格，统一按总社规定等级执行。1979年，保山地区蚕茧产量57.8吨，蚕茧总产值16.78万元，平均茧价2.90元/公斤。

1980年，云南省人民政府《关于印发全省蚕桑工作会议纪要的通知》（云政发〔1980〕54号）提出扶持蚕桑发展，蚕茧收购价格提高20%。保山地区行署及时传达贯彻新的价格政策，1980年保山地区收购鲜茧58.55吨；蚕茧收购平均价为3.46元/公斤。

1981—1984年，收购价格按照省上制定的政策执行。价格为：上茧率100%、20%茧层率基本价格3.48元/公斤；茧层率21%为3.68元/公斤，茧层率22%为3.90元/公斤，茧层率23%为4.12元/公斤，茧层率24%为4.34元/公斤，茧层率25%为4.56元/公斤，茧层率26%为4.78元/公斤，茧层率27%为5.0元/公斤；上茧率97.5%以上不升不降，低于97.5%，每低5%降0.1元/公斤；色泽与匀净度，两项好则升0.1元/公斤，两项均不好则降0.1元/公斤；双宫茧1.60元/公斤，下茧1.40元/公斤。

1982年，保山地区蚕茧收购量96.55吨，平均收购价格为3.79元/公斤。1984年，保山地区蚕茧收购量89.25吨，平均收购价为3.42元/公斤。

1985年，全国大部分农副产品价格放开，实行市场调节，但桑蚕茧价格未予放开。保山地区收购蚕茧78.95吨，平均收购价为3.43元/公斤。之后随着物价及生产成本上涨，为调动农户养蚕积极性，地方政府实行价外补贴，蚕茧收购价逐年上调，1986年平均蚕价3.68元/公斤，1989年保山地区蚕茧收购量40.77吨，平均收购价达到11.04元/公斤。

1989年4月26日，受国务院委托，经贸部、监察部、国家物价局和国家工商局联合召开电话会议，部署蚕茧收购工作，要求进一步贯彻1988年9月22日《国务院关于茧丝收购和出口实行统一经营管理的紧急通知》及1989年4月25日的“补充通知”，严格执行国家的价格政策，基准价每担480元，不得以任何名义搞价外补贴或价外加价。

1990年保山地区行署物价局、行署对外经贸局联合印发《关于一九九〇年蚕茧收购价格的通知》（保经贸字〔1990〕第44号），要求从当年春茧起，认真执行保山地区1990年鲜茧收购价格（见表5-2）及其收购标准补正规定，不得擅自更改，以往地方自行确定的“价外补贴”“返利”等各种名目的加价同时取消。

表5-2　保山地区1990年桑蚕鲜茧收购价格(基价)表

单位:元/市斤

上茧率(%) 茧层率(%)	100~97.5	97.4~92.5	92.4~87.5	87.4~82.5	82.4~77.5	77.4~72.5	72.4~67.5	67.4~62.5	62.4~57.5	57.4~52.5	52.4~47.5
26	6.28	6.08	5.88	5.68	5.48	5.28	5.08	4.88	4.68	4.48	4.28
25.5	6.12	5.92	5.72	5.52	5.32	5.12	4.92	4.72	4.52	4.32	4.12
25	5.96	5.76	5.56	5.36	5.16	4.96	4.76	4.56	4.36	4.16	3.96
24.5	5.80	5.60	5.40	5.20	5.00	4.80	4.60	4.40	4.20	4.00	3.80
24	5.61	5.44	5.24	5.04	4.84	4.64	4.44	4.24	4.04	3.84	3.64
23.5	5.48	5.28	5.08	4.88	4.68	4.48	4.28	4.08	3.88	3.68	3.48
23	5.32	5.12	4.92	4.72	4.52	4.32	4.12	3.92	3.72	3.52	3.32
22.5	5.16	4.96	4.76	4.56	4.36	4.16	3.96	3.76	3.56	3.36	3.16
22	5.00	4.80	4.60	4.40	4.20	4.00	3.80	3.60	3.40	3.20	3.00
21.5	4.85	4.65	4.45	4.25	4.05	3.85	3.65	3.45	3.25	3.05	2.85
21	4.70	4.50	4.30	4.10	3.90	3.70	3.50	3.30	3.10	2.90	2.70
20.5	4.55	4.35	4.15	3.95	3.75	3.55	3.35	3.15	2.95	2.75	2.55
20	4.40	4.20	4.00	3.80	3.60	3.40	3.20	3.00	2.80	2.60	2.40
19.5	4.27	4.07	3.87	3.67	3.47	3.27	3.07	2.87	2.67	2.47	2.27
19	4.14	3.94	3.74	3.54	3.34	3.14	2.94	2.74	2.54	2.34	2.14
18.5	4.01	3.81	3.61	3.41	3.21	3.01	2.81	2.61	2.41	2.21	2.01
18	3.88	3.68	3.48	3.28	3.08	2.88	2.68	2.48	2.28	2.08	1.88
17.5	3.77	3.57	3.37	3.17	2.97	2.77	2.57	2.37	2.17	1.97	1.77
17	3.66	3.46	3.26	3.06	2.86	2.66	2.46	2.26	2.06	1.86	1.66
16.5	3.55	3.35	3.15	2.95	2.75	2.55	2.35	2.15	1.95	1.75	1.55
16	3.44	3.24	3.04	2.84	2.64	2.44	2.24	2.04	1.84	1.64	1.44

1990年，保山地区蚕茧收购量50.40吨，平均收购价9.40元／公斤，茧价比1989年下降1.64元／公斤，降价14.9%。1991年，全区收购蚕茧46.2吨，收购金额499443.3元，平均收购价10.81元／公斤；1993年，保山市(隆阳区)鲜茧收购价下降为9.02元／公斤。1994年，蚕茧收购价有所上升，保山丝绸厂蚕茧收购价为12.57元／公斤。从1974年至1994年保山地区鲜茧收购均价由2.73元／公斤，提高到12.57元／公斤，收购均价提高4.6倍(见表5-3)。

表5-3　保山地区1974—1994年蚕茧收购价

年份	保山地区			隆阳区			施甸县		
	蚕茧产量(公斤)	蚕茧产值(万元)	平均单价(元/公斤)	蚕茧产量(公斤)	蚕茧产值(万元)	平均单价(元/公斤)	蚕茧产量(公斤)	蚕茧产值(万元)	平均单价(元/公斤)
1974年							8300	2.27	2.73
1975年							10000	2.98	2.98
1976年							11850	3.51	2.96
1977年	73650	22.20	2.99				13400	3.92	2.93
1978年	75550	23.27	3.08				12800	3.46	2.70
1979年	57800	16.78	2.90				10000	4.63	4.63
1980年	59100	20.44	3.46	39000	13.81	3.54	20100	6.63	3.30
1981年	71900	27.19	3.78				26250	9.24	3.52
1982年	96550	36.61	3.79	60300	22.91	3.80	36250	13.70	3.78
1983年	97550	33.93	3.48	56000	18.63	3.33	41550	15.30	3.68
1984年	89250	30.55	3.42	47300	15.25	3.56	41950	15.3	3.65
1985年	77550	26.59	3.43	38300	13.29	3.47	39250	13.3	3.39
1986年	65710	24.18	3.68	35300	12.68	3.59	30410	11.5	3.78
1987年	48150	22.63	4.70	23800	12.23	5.14	24350	10.4	4.28
1988年	46750	33.50	7.16	23200					
1989年	36550	40.57	11.04						
1990年	50400	47.38	9.40	34700	32.07	9.24	15700	15.31	9.75
1991年	46195	49.94	10.81	32120	34.56	10.76	14075	15.39	10.93
1992年				26.9	27.49	10.22			
1993年						9.02			
1994年						12.57			

续表

干壳量(克)	价格	备　注
8.4	590	
8.2	580	
8	570	
7.8	560	
7.6	550	
7.4	540	
7.2	530	
7	520	

补正因素：

（1）上车茧率：以100%为基数，每降低5%降一级。满2.5%作5%，满7%作10%计算，不满2.5%舍去。

（2）色泽匀净度：色泽、匀净度，两项都好者升一级；两项都差者降一级；其余情况不升不降。斤茧粒数400粒及以上者按次茧收购。

（3）好蛹率：每笔随机抽样10粒茧子，削剖茧层。死笼、内印、毛脚等非好蛹0~1粒不扣重、2粒扣茧量1%、3粒扣茧量2%、4粒扣茧量3%，余类推。有僵蛹者，好蛹率和色泽匀净度均不得升级，僵蛹率30%及以上者按次茧收购。

（4）鲜茧茧层含水率扣重：含水率在13%及以下，每50公斤鲜上茧升10元；含水率13.1%~18%不升不降；含水率18.1%~21%扣茧量1%；含水率21.1%~24%扣茧量2%；含水率24.1%~27%扣茧量3%；含水率27.1%~29%扣茧量4%；含水率29.1%及以上，扣茧量5%。

2003年，隆阳区从春蚕开始试用干壳量电脑评茧仪收茧办法，实行干壳量计价，收购价格以9.2克干壳量为基准价，春至中秋为12.6元/公斤，晚秋提高到14.6元/公斤。2003年，隆阳区收购蚕茧176.54吨，上茧平均价为13.0元/公斤。根据施甸县人民政府《关于2003年蚕桑生产的意见》(施政发〔2003〕12号)，从2003年起由保山茧丝绸公司收购施甸县鲜茧，上茧最低保护价为每公斤12元，实际收购蚕茧53.57吨，上茧

1990年，保山地区蚕茧收购量50.40吨，平均收购价9.40元／公斤，茧价比1989年下降1.64元／公斤，降价14.9%。1991年，全区收购蚕茧46.2吨，收购金额499443.3元，平均收购价10.81元／公斤；1993年，保山市(隆阳区)鲜茧收购价下降为9.02元／公斤。1994年，蚕茧收购价有所上升，保山丝绸厂蚕茧收购价为12.57元／公斤。从1974年至1994年保山地区鲜茧收购均价由2.73元／公斤，提高到12.57元／公斤，收购均价提高4.6倍(见表5–3)。

表5–3　保山地区1974—1994年蚕茧收购价

年份	保山地区			隆阳区			施甸县		
	蚕茧产量（公斤）	蚕茧产值（万元）	平均茧价（元/公斤）	蚕茧产量（公斤）	蚕茧产值（万元）	平均茧价（元/公斤）	蚕茧产量（公斤）	蚕茧产值（万元）	平均茧价（元/公斤）
1974年							8300	2.27	2.73
1975年							10000	2.98	2.98
1976年							11850	3.51	2.96
1977年	73650	22.20	2.99				13400	3.92	2.93
1978年	75550	23.27	3.08				12800	3.46	2.70
1979年	57800	16.78	2.90				10000	4.63	4.63
1980年	59100	20.44	3.46	39000	13.81	3.54	20100	6.63	3.30
1981年	71900	27.19	3.78				26250	9.24	3.52
1982年	96550	36.61	3.79	60300	22.91	3.80	36250	13.70	3.78
1983年	97550	33.93	3.48	56000	18.63	3.33	41550	15.30	3.68
1984年	89250	30.55	3.42	47300	15.25	3.56	41950	15.3	3.65
1985年	77550	26.59	3.43	38300	13.29	3.47	39250	13.3	3.39
1986年	65710	24.18	3.68	35300	12.68	3.59	30410	11.5	3.78
1987年	48150	22.63	4.70	23800	12.23	5.14	24350	10.4	4.28
1988年	46750	33.50	7.16	23200					
1989年	36550	40.57	11.04						
1990年	50400	47.38	9.40	34700	32.07	9.24	15700	15.31	9.75
1991年	46195	49.94	10.81	32120	34.56	10.76	14075	15.39	10.93
1992年				26.9	27.49	10.22			
1993年						9.02			
1994年						12.57			

续表

干壳量(克)	价格	备注
8.4	590	
8.2	580	
8	570	
7.8	560	
7.6	550	
7.4	540	
7.2	530	
7	520	

补正因素:

(1)上车茧率:以100%为基数,每降低5%降一级。满2.5%作5%,满7%作10%计算,不满2.5%舍去。

(2)色泽匀净度:色泽、匀净度,两项都好者升一级;两项都差者降一级;其余情况不升不降。斤茧粒数400粒及以上者按次茧收购。

(3)好蛹率:每笔随机抽样10粒茧子,削剖茧层。死笼、内印、毛脚等非好蛹0~1粒不扣重、2粒扣茧量1%、3粒扣茧量2%、4粒扣茧量3%,余类推。有僵蛹者,好蛹率和色泽匀净度均不得升级,僵蛹率30%及以上者按次茧收购。

(4)鲜茧茧层含水率扣重:含水率在13%及以下,每50公斤鲜上茧升10元;含水率13.1%~18%不升不降;含水率18.1%~21%扣茧量1%;含水率21.1%~24%扣茧量2%;含水率24.1%~27%扣茧量3%;含水率27.1%~29%扣茧量4%;含水率29.1%及以上,扣茧量5%。

2003年,隆阳区从春蚕开始试用干壳量电脑评茧仪收茧办法,实行干壳量计价,收购价格以9.2克干壳量为基准价,春至中秋为12.6元/公斤,晚秋提高到14.6元/公斤。2003年,隆阳区收购蚕茧176.54吨,上茧平均价为13.0元/公斤。根据施甸县人民政府《关于2003年蚕桑生产的意见》(施政发〔2003〕12号),从2003年起由保山茧丝绸公司收购施甸县鲜茧,上茧最低保护价为每公斤12元,实际收购蚕茧53.57吨,上茧均价为13.0元/公斤。另外，从2003年晚秋蚕起蚕茧免征农业特产税。

2004年2月，保山茧丝绸公司改制为民营企业，当年全面采用以干壳量电脑评茧仪进行收茧；确定9.2克干壳量的中准价为：春蚕15元/公斤，秋季16元/公斤。2004年，隆阳区上茧收购均价为15.0元/公斤，施甸县上茧均价为15.10元/公斤。

2005年5月，隆阳区人民政府出台了《关于2005年度蚕桑生产的意见》（隆政发〔2005〕91号），实行蚕茧收购最低保护价，价格为每公斤上茧15元。保山茧丝绸公司蚕茧收购继续采用干壳量评茧，以9.2克干壳量为中准价，春蚕14.4元/公斤，夏蚕15.6元/公斤。隆阳区、施甸县上茧收购均价为16.0元/公斤。

2006年，隆阳区和施甸县上茧收购均价分别为[illegible]元/公斤、[illegible]元/公斤；2007年，保山利根公司收购价，春夏一个价，中秋、晚秋降价，全年上茧收购均价隆阳区19.0元/公斤，施甸县19.4元/公斤。

2008年5月7日，云南省茧丝绸协会在隆阳区召开蚕茧收购专题会议，确定全省春茧收购参考价中准价为18元/公斤，按级类推，各蚕茧收购企业的收购价格可以上下浮动5%。2008年，上茧均价隆阳区19.3元/公斤，施甸县19.5元/公斤，昌宁县综合均价20.31元/公斤。

2011年，根据《国家商务部、工商总局关于做好2011年蚕茧生产与收购管理工作的通知》（〔2011〕324号）精神，云南省茧丝办、省茧丝绸协会下发《云南省茧丝办、省茧丝绸协会关于〈2011年度春季蚕茧收购参考价的通知〉》，各地州（市）蚕桑办、茧丝绸集团公司认真执行。2011年昌宁县召开蚕桑收购工作会，明确了春茧收购价格为每公斤鲜上茧37元，较2010年春茧价格每公斤23.50元上涨13.50元，涨合58%，确认昌宁欣盛恒茧丝有限公司为昌宁县境内唯一有鲜茧收购资质的企业。

2011年，隆阳区和施甸县收购蚕茧1813吨，支付茧款6416万元，上茧均价隆阳区35.9元/公斤，施甸县36.1元/公斤，同比增加10.9元/公斤，增43.6%；昌宁县收购蚕茧551.9吨，支付茧款1911.85万元，综合均价34.64元/公斤。

2011年9月，保山市人民政府出台了《关于2012年蚕桑生产的意见》（保政发〔2011〕175号），决定实行蚕茧收购最低保护价政策，上茧价格为每公斤20元；蚕茧收购价格参照全国全省的收购价格，由公司、物价、农业、商务等部门在市人民政府的指导下根据市场行情合理定价。昌宁县人民政府出台《关于2012年蚕桑生产的意见》（昌政发〔2011〕112号），决定鲜上茧最低收购保护价不低于30元/公斤。2012年，云南保山利根丝绸有限公司为全面推广方格蔟，充分体现优茧优价的精神，制定了方格蔟蚕茧优惠收购政策（见表5-6）。

续表

年份	隆阳区			施甸县			昌宁县		
	收购量（吨）	总茧款（万元）	上茧均价（元/公斤）	收购量（吨）	总茧款（万元）	上茧均价（元/公斤）	收购量（吨）	总茧款（万元）	综合均价（元/公斤）
2006年	1212.74	2407.73	20.3	493.26	995.76	20.4			
2007年	1840.18	3428.83	19.0	809.92	1517.64	19.4			
2008年	1614.56	3028.11	19.3	768.87	1459.41	19.3	95.50	193.91	20.31
2009年	1014.05	1916.30	19.5	616.17	1189.75	19.7	158.00	329.03	20.82
2010年	990.78	2416.20	25.0	473.87	1206.42	25.7	316.80	762.09	24.06
2011年	1195.07	4211.48	35.9	617.76	2205.17	36.1	551.90	1911.85	34.64
2012年	1135.65	3963.54	35.3	596.69	2086.44	35.2	662.80	2303.08	34.75
2013年	1175.49	4664.30	39.9	615.82	2442.45	39.9	840.70	3326.17	39.56
2014年	1147.29	4585.64	40.2	573.66	2284	40.0	881.70	3535.40	40.10
2015年	1081.81	4061.12	37.9	531.04	1995.64	37.7	1104.10	4353.55	39.43
2016年	1060.50	4003.88	38.2	354.15	1343.80	38.2	1154.10	4604.42	39.90
2017年	1601.03	7243.06	46.0	454.52	2080.27	46.0	624.50	2651.32	42.40
2018年	1690.37	7847.37	47.2	361.58	1722.10	47.8	727.20	3368.83	46.10
2019年	1152.39	4735.79	41.2	228.12	937.98	41.2	758.10	3204	42.25
2020年	1181	4062.64	34.4	289.60	92236	35	628	2223.6	37

第三节　烘茧技术

一、收烘设备

1957年保山专区专县外贸部门成立以后，坚持扶持发展外贸目丁商品生产，到1985年29年间的不完全统计，外贸部门用于扶持蚕桑生产的资金为31.68万元，其中补助建设烘茧灶房资金17.90万元。

20世纪五六十年代，保山专区建设分散土烘灶10余座，主要是利用炉或锅的辐射热来干燥蚕茧；70年代分别在县丝绸厂厂部、保山县辛街公社杜家村、板桥公社（阶段性使用）、河图公社白塔村（未使用）、施甸保场公社建设了相对集中的中型烘茧灶房5座，茧灶型号为川60型，比土烘灶提高生产效率三分之一，使鲜茧得到及时烘干处理，减少了下脚茧，避免了烂茧。

20世纪80年代初期，保山地区外贸局管理蚕茧收购，共有收购站5个，其中运行3个，分别为保山丝绸厂厂部收茧站、辛街公社杜家蚕场收茧站和施甸县保场公社收茧站。蚕茧划片收购，就地及时烘烤，基层供销社负责蚕茧款兑付，干茧调保山丝绸厂进行缫丝。1985年后施甸县蚕茧主要由县茶叶蚕桑站为主收烘。

1997年，保山市（隆阳区）蚕桑工作站在河图镇太平村的保山市农机学校建成蚕茧收烘站。20世纪90年代，保山地区尚在运行的蚕茧收烘站有4个，即保山丝绸厂所属的厂部和辛街乡杜家村收茧站、施甸县茶叶蚕桑站所属的干校基地收烘站、保山市蚕桑站所属的农机校收烘站，茧灶均为川60型。

2002年，保山茧丝绸公司在西邑八鸭塘基地新建收烘站，开始收购隆阳区蚕茧；2003年，公司建成板桥收烘站，收购隆阳、施甸两县区的蚕茧。板桥和西邑八鸭塘两个蚕茧收购站的烘烤设备最初为浙73–1型车子风扇灶，收购设备有蚕茧干壳量测定仪、蚕茧水分测定仪、JSC–S型电子台秤，并配有鲜茧收购智能化支付系统。

2004年2月，辛街乡茧站建成使用，以干壳量电脑评茧仪进行收茧；2007年5月，利根公司注册资金200万元，成立施甸县丝缘丝绸有限公司，主要负责施甸县蚕茧收烘。

2008年，云南保山利根丝绸有限公司使用73–1型车子风扇灶45套，该茧灶主要是利用直接热（烟道气）干燥蚕茧，直接热煤灶热能利用率比较高，烘茧时间短、烘茧能力大、设备简单。

2010年，保山部分茧站开始使用四川南充科技开发有限公司研发的“创艺牌”自动循环热风烘茧机；该机属多级段落回转带式热风干燥设备，热风炉把风机送入的冷空气加热至需要的温度后，由热风系统按蚕茧干燥工艺要求分别从烘室的上部和中部送入，鲜茧经自动铺茧装置送入干燥室最上层茧网，沿水平方向做段落回转移动，经过高、中、低三个温区，被干燥的蚕茧最后由出茧机输出冷却装包；每台日处理鲜茧8~10吨。

2000年以来，保山市蚕桑生产快速发展，收烘站建设方兴未艾，至2020年，全市有收烘站11个，其中云南利根丝绸有限公司拥有收烘站9个，即隆阳区西邑、板桥（厂部）、辛街、丙麻、蒲缥、芒宽、瓦渡、瓦马茧站和施甸县由旺茧站，拥有创艺自动烘茧机

6套，73-1型热风循环灶18套，日收烘能力165吨；昌宁欣盛恒茧丝有限责任公司拥有田园、漭水2个蚕茧收烘站，拥有热风自动烘茧机2套，日收烘能力16吨；腾冲迅一农业发展有限公司拥有团田收烘站，热风自动烘茧机1套，日收烘能力8吨。

2016年开始，云南保山利根丝绸公司引进鲜茧缫丝新技术，部分茧站不再烘烤，直接拉鲜茧到总公司，整理后装入冷库。

二、蚕茧干燥技术

蚕茧干燥的目的是杀死蛹体及寄生蝇蛆，防止出蛾、出蛆；烘除蛹体水分，防止蒸热霉变，以便长期贮藏；同时使丝胶适当变性，补正茧质，以利提高生丝品质。要掌握适干程度，在确保贮藏的前提下，尽一切可能保护茧质，以符合缫丝工业的需要。

（一）鲜茧处理

收购来的鲜茧要求堆放在低温、通风、干燥、宽敞的场地，插好标明地区、等级、数量、放置日期的牌号；分好茧类，随时剔除死笼等下脚茧；进行顺序翻茧，依次干燥；注意蒸热，防止出蛆出蛾；做到轻运、轻铺、轻倒、轻翻，减少茧与茧的摩擦。放置时间春期不超过24小时，夏期以16小时为限。

（二）干燥设备

目前，生产上采用的蚕茧干燥设备，一般分为煤灶和烘茧机两大类。保山市目前仅芒宽乡茧站还在使用73-1型车子风扇煤灶烘茧，其余茧站全部使用热风式自动循环烘茧机干燥蚕茧。热风式烘茧机利用对流热进行干燥，它排除了气热式等烘茧机辐射热的不良影响干茧质量较好，烘茧能力也大，自动化程度高，是目前比较先进的烘茧机（如图5-1）。

图5-1　热风自动化烘茧机

（三）热风式烘茧机的工作原理

鲜茧通过自动铺茧机输入干燥室茧网，在机械传动系统作用下水平移动并落入下一层茧网，依次经过高、中、低三个温区，蚕茧干燥后，由出茧输送机送出干燥室。同时，经热风发生炉加热的热风空气由热风输送管网将其送入干燥室三个温区加热干燥蚕茧。排湿系统分别将高、中、低温区蒸发的水分排出干燥室，使蚕茧达到合理干燥目的。

热风烘茧机由送茧机、主机、热源、热交换系统和电器控制等部分组成。

（四）烘茧工艺设置

1.上铺茧厚度设置要求

铺茧厚度直接影响蚕茧干燥均匀度和设备利用率。厚度设计应根据茧形大小，茧层率高低和茧层含水率确定。茧形大、茧层率高的蚕茧因其蛹体比例小、耗能小，铺茧应稍厚，反之铺茧应稍薄；方格蔟茧一般含水率低、透气性好，铺茧应稍厚些；热风式自动循环烘茧机多采用直干，铺茧应稍薄，一般应掌握6~6.5公斤/平方米，即铺茧厚2.5粒左右，然后根据茧粒厚度调整铺茧滚筒与茧网间隙，一般50~60毫米为宜。

2.温度设置

合理的烘茧温度是保全茧质的关键，温度过高，易导致油茧的发生和丝胶变性，不利于解舒，温度过低，不但影响烘力，也会造成低温长烘，使丝胶产生不可逆变性，解舒不良。根据蚕茧干燥三个阶段的要求，直干法三个温区的温度设置为高温区115±5℃、中温区95±5℃、低温区65±5℃。根据三个温区的目的温度，设置好自动控温计的控制温度，自动控温装置会按照设定的控温温度自动将高、中、低温区设计的温度调节到位。

3.排湿气流设置

热风式自动循环烘茧机通过排湿风机分别将高、中、低三层湿气排出干燥室。直干法烘茧，高、中温区排湿机全开，低温区半开。

4.网速设置（干燥时间设置）

热风式自动循环烘茧机采用无级变速器带动茧网运动，因而干燥时间由茧网的运行速度决定。

干燥时间与网速的关系：网速（米/分钟）=整机茧网有效总长（米）÷烘茧时间（分钟）。

根据合理的烘茧温度及达到的适干标准，针对不同类型的蚕茧，直干法设计的时间为：含水率15%，干燥时间260~270分钟；含水率20%，干燥时间270~280分钟；含水率25%，干燥时间280~290分钟。

5.烘茧方式设置

目前，通常采用的烘茧方式有直干法和两次干燥法两种。直干法即从鲜茧一次烘到适干茧，直干法有节约用工、减少烘茧过程蚕茧丝纤维损伤和降低烘茧费用的优点。但传统土灶直干法往往因茧质不同而造成适干不匀，和等速干燥阶段温度过高或时高时低而影响解舒，易产生油茧。两次干燥法具有适干均匀、缩短每次烘茧时间、保证及时杀蛹杀蛆而缓解收茧量过大造成鲜茧堆积等优点。但两次干燥法会增加堆晾场所和劳动量，易造成蚕茧人为和机械损伤，同时在“还性”堆放中多湿环境会使茧层色泽变差。

热风式自动循环烘茧机的热风管网使整个干燥室内及茧腔内外空气处在流动状态，达到了茧腔内与茧层外的水分平衡，从而解决了干燥不匀的问题。同时，高、中、低三个温区解决了蚕茧干燥三个阶段的温度要求，使丝胶变性符合缫丝生产要求。因而，热风式自动循环烘茧机宜采用直干法烘茧。

6.适干茧出灶标准

嗅觉微香为适干；手摇蚕茧发出清脆声音为适干；手触茧堆清爽微湿为适干；手捻蛹体呈片状重油而不腻为适干。

（五）干茧处理

干茧出灶后要经短时间堆放，充分冷却，然后装袋打包。堆放时注意通风干燥，待茧体各部位与室温接近或略低，手触茧堆中心已无潮热且富有弹性时即可装袋打包。对干燥程度不同的干茧应分别打包，每包25公斤，称准重量即时缝口，扎上标签，注明站别、季别、品种、毛重、净重等。干茧打包后要堆放在密闭的地方，茧堆垫脚架0.6米，四周不靠墙；并经常检查，防止受潮和被鼠咬。

（六）干茧运输及进仓

干茧应随收快运，运输中要随时防潮，茧袋上盖油布，搬运要轻，尽量减少冲击与挤压。

（七）干茧贮藏

1.贮库条件

贮库内要尽量不受或少受外界温湿度的影响，温度要求保持一致，湿度控制在65%~70%。同时，要取拿方便，收容率高，便于保管。

2.贮藏方法

用麻袋或布袋装茧，每袋25公斤左右，扎袋后在通过消毒的茧库中分类堆放，在地板上要先搁脚架，然后放包，包与库壁应距0.5米以上，库中留通道1~1.2米。

3.贮藏管理

干茧入库后，根据不同庄口和茧质合理堆放。防止霉变、鼠害等情况的发生。通过破包检查、手感检查和听觉检查等检查库内情况。

第四节　丝绸织物

中国丝绸的历史悠久，在古代中国，丝绸品种主要是在织机上生产的梭织物，以织物组织变化为主，结合工艺应用形成。

一、丝绸发展

商周时期。丝绸工艺技术得到了极大的发展和提高，品种极为丰富，绢、罗、绮、锦、绣、缀、编已经形成了完整体系。

秦汉时期。织锦得到充分发展，提花技术达到极高水平。印花与彩绘技术相当精湛，已掌握了镂空版与凸版分色印花的全部工艺，出现了精美的显花编织物。

隋唐时期。隋朝设置了专司染织生产的司染署，对民间丝绸生产在质量、规格、艺术风格上进行管理。隋唐时期是丝绸业发展的高潮。这一时期丝绸产区分为三个，黄河流域、四川巴蜀地区和长江下游东南地区。

宋、辽、金、西夏。生产技术臻于完善，形成了一整套从栽桑[illegible]上机织造的技术体系。缂丝技法自西域传入内地，与书画之风结合，发展出缂丝艺术品。南宋时，浙江已成为名副其实的“丝绸之府”，楼俦的《耕织图》是宋代丝绸生产的全面反映。

元代。元代司农司编纂的《农桑辑要》与《农书》（王祯）是对元代蚕桑丝绸技术的系统总结。织入金线显花的丝绸称为织金锦，是元代最重要的丝绸品种。

明代。明代丝绸技术因专业化生产而有较大发展，其丝织络并捻技术和提花织造技术相当完备，丝绸种类繁多，妆花和绒类产品代表了当时丝织技术的重要进步。

清代。云锦是清代著名的高档丝绸产品，在品种涉及和织造技术上达到了很高的水平。刺绣、缂丝工艺发展迅速，出现了苏、粤、蜀、湘“四大名绣”。清朝除在北京设内染织局外，江宁、苏州、杭州设织造局，管理丝绸生产。

民国。鸦片战争后，西方先进工业技术、生产设备和经营管理模式催生了我国第一近代丝绸企业，建立了较为完整的工业体系，基本实现工业化。这一时期丝绸品种和艺术设计大发展的成熟，为现代丝绸技术奠定良好基础。

当代。中华人民共和国成立后在印染等工艺技术方面取得很多研究与推广应用成果，丝绸作为我国出口创汇的重要产品主要面向东南亚、日本、印度、美国、欧洲和中东地区。

二、永昌丝绸

保山很早就有蚕丝业。傣族是保山的世居民族，傣语蚕和桑都有自己的称谓，蚕在傣语中的含义为尊贵的公主，说明当时已经明白蚕的娇贵，需要精心呵护，这从一个侧面印证当地蚕桑古来就有。“哀牢国”境内自然条件得天独厚，成为物阜民丰、欣欣向荣的文明古国。据《后汉书·南蛮西南夷列传》记载：“哀牢土地沃美，宜五谷、蚕桑。织染彩文绣”；永昌从古哀牢时期起，即采用大树桑叶养蚕取茧抽丝织锦。除了蚕丝外，古哀牢国的著名纺织品还有桐华布和兰干细布，《华阳国志·南中志》记载：

“桐华布”质地“柔如丝”，民绩以为布，幅广五尺，且“洁白不受污”，“兰干细布”则“文如绫锦”，这两种布产于哀牢，又称蛮锦。据《永昌府志》记述，有人以此布制成“蛮锦琴囊”，其声清雅如击金石，成为名士的“传家玩宝”，可见布料之优良。蛮锦流入四川，张骞将其与四川所产丝绸、蜀锦统称为“蜀布”，至少在周朝，“蜀布”就经中国历史上第一条国际商道“蜀身毒道”出境缅甸通达印度，远销西亚和欧洲诸国，被人称为“东方一绝”。

东汉明帝永平十二年（公元69年），哀牢归汉后，设置永昌郡。永昌郡“四时皆蚕，取其丝织五色锦充贡”，五色锦是具有多种色彩和花纹的名贵丝织品，其原料要求高、织造难度较大，可见永昌丝绸业已具有较高水平。汉代永昌丝绸产品，主要是永昌丝（黄丝）、永缎、永昌丝线、织锦（五色锦）以及各种丝绵制品。《云南备徵志》卷一记载：“云南之极西南永昌郡，土地肥沃，出产黄金、孔雀、蚕桑、锦缉等”，证明汉晋时代永昌郡丝绸产业繁荣昌盛，成了“金银宝货之地、殊方异域的集散地”，西南丝绸古道上的国际大都会。

至唐代、宋代，保山的纺织及丝绸加工已达到一个新的发展时期，据《保山县志续编》记载宋代“永昌织锦如女，能将宋诗人梅尧臣《咏雪诗》织入锦中。为苏东坡在清井监得到一端织有《咏雪诗》之锦，视为珍贵礼物，送与老师欧阳修，被制作一具琴束，作为传家宝玩”。

蚕丝生产是保山历史上的一大优势产业，有咏蚕丝诗云:“三月清明蚕女忙，黄丝卷卷喜登场，纨绔怎知稼墙苦，食衣之本是农桑。”清朝年间，永昌丝绸产品甚多，质地堪与川丝媲美。除供本地自制作绫罗产品外，大量运销印度、缅甸、南洋、中亚和西亚各国。至清末，仅腾冲著名商号就有三成号、春延记、恒顺祥、永茂祥、永茂和、永生源、宝盛兴、华盛荣、洪盛祥、福春恒、三盛等10多家。这些商号，输出以丝绸、缎正、四川的黄丝及大理、保山、腾冲等地的土特产品为大宗。输入以印、缅的棉花、玉石、宝石、琥珀、象牙、木棉布为大宗。

到近代，保山栽桑养蚕遍及城乡，缫丝织绸者较多，蚕丝行业仍然兴盛。据有关资料记载，民国元年（1912年），保山知县林志恂曾实行以工代赈，官商合办“实业团”，进行丝绸生产，但由于管理不善，三年后即停业。民国八年（1919年），在李根源的鼎力支持下，保山督办李竹斋利用救济款又重新组织并扩建了保山实业团，成立“腾永实业公司”，为开发丝绸、针织品的生产，从国外购进日本织机45台，请来日本技师传授织绸技艺。同时，在全县普及种桑和养蚕技术，从浙江省湖州、吴县等地引进桑种，以改良当地桑叶品种，提高蚕丝质量。腾冲则由地方出资选派青年才俊到日本学习蚕桑缫丝手工工业。由此，既培养了一大批蚕业手工技术工人，又开了风气之先，开阔了当地民众的眼界，激励保山各地习于缫丝技艺之人甚多，缫丝打线，染成各种色线，艳丽夺目，适于刺绣，行销各县。实业公司年产丝绸量达21万余尺，产品大部分出口，少量运销腾冲、龙陵一带，保山所产“永丝”“永绸”“永锻”成为出口缅甸及东南亚的名牌产品。

“永丝”输出后，购回洋纱、棉花织成永布，“永布”除供应迤西各县外，还出口缅甸。后来，川丝、改良丝大量输出，永丝锐减。据《云南对外贸易概况》记载：1912年至1923年，从腾越海关出口货以四川黄丝居多，最少为1914年出口1166担，最多为1920年出口3846担。据《腾冲县志》记载，民国元年至民国二十九年，经腾越海关出口的商品共60多种，其中尤以四川黄丝出口最多，民国八至十二年，黄丝出口价值占出口总值73.9%~94.8%；至民国三十七年（1948年），以黄丝为主的丝出口量高达3.33万担。黄丝出口后，经缅甸运销印度等地，当时，腾冲经营黄丝出口的商号有30多家，他们在成都、宜宾等地收购土丝，加工成纺丝出口。“永昌祥”商号生产的单狮、双狮牌纺丝驰誉全缅和印度，使原来独占市场的意大利丝市场锐减。“永茂和”商号经营进出口贸易，其中，出口生丝年约10万公斤。“茂恒”商号同样以经营进出口贸易为主，同时开办了一批工厂，贸易出口又以生丝为主，出口量最高的民国二十六年（1937年）达35万公斤。以后，受日本帝国主义侵略、国民党腐败统治残害，保山蚕丝业一落千丈，据保山地区商业志记载，腾冲海关1948年出口黄丝仅有1667.3公斤。

1950—1955年，新中国成立后保山蚕桑生产恢复了生机，有抽丝技能的蚕农，自己抽土丝出售，不懂技术的则请丝匠加工，当时的土丝主要由贸易公司及其供销社代购，也有出售给“丝贩子”加工成花线的。

1956年7月保山县成立国营蚕丝厂，1957年始产土丝40担，至1970年以前生产的都是土丝，除内销外，部分由外贸调供出口。1970年后蚕丝厂先后增购立缫机、丝织机等先进设备，蚕丝品位达到2A+45，开始缫出优质出口丝，通过广州口岸出口创汇得到省外贸的赞赏。据保山地区商业局资料记载，保山、德宏1952年出口蚕丝1332公斤；1960年出口蚕丝119公斤；1965年外贸商品调供出口金额全地区合计295.91万元，其中出口蚕丝（土丝）1.07吨、4.28万元；1970年全区合计出口282.5万元，其中土丝0.85吨，白厂丝2.10吨、13.90万元；1975年调供出口土丝0.74吨、厂丝6.90吨；1980年全区合计出口1372.83万元，其中出口厂丝8.00吨、40.00万元；1985年生产厂丝13.23吨，调供外贸出口8.16吨，占丝产量的61.7%，全区合计出口2352.23万元，其中厂丝48.16万元。

1978年保山丝绸厂当年收购鲜茧61.25吨，生产生丝13.42吨，丝绸产量2.92万米，总产值78.09万元，利润4.67万元，上缴税金10.09万元，产丝、产绸、产值、利润和税金的5项工业指标均为建厂到1979年为止的最高纪录。

20世纪80年代，在经济改革浪潮的推动下，保山丝绸厂实现了扩大生产设备能力技措改造的第二次飞跃，新增织绸机40台，缫丝机480绪，形成粗具规模的综合丝绸厂，1984年生产生丝13.45吨，丝绸11.1万米；1985年，生产厂丝13.23吨，丝绸产品增加到14.7万米，比1975年增长72倍，其精纺软缎被面继承了"永昌绸"的特色曾获云南省优良产品称号。所生产的"梅花牌"桑蚕白厂丝产品不仅在国内畅销，而且还远销苏联、意大利、加拿大、日本等国，成为云南省丝绸出口总公司统一注册出口商标。1990年，保山丝绸厂生产白厂丝7.2吨，丝织品27.68万米，出口创汇18万美元(占全市15.6%)。

按国家外贸进出口专业公司经营分工划分，纺织品属出口商品，也属国家计划内商品。保山市收购调供出口品种，1957年只有二类10多个品种，1985年达八类100多种。其中纺织品类有蚕茧、蚕丝(土丝、厂丝)、纺织品，历来为外贸主营产品。

从1957年设立地、县建制的外贸机构至1990年，多由地区对外贸易局(对外贸易公司)负责下达生丝生产指(令)导性计划，丝绸厂缫丝加工后部分满足内需，部分交云南省纺织品公司出口。1991—1992年外贸体制改革，实行计划经济与市场经济双轨制，1993年后取消指令性计划，生丝由丝绸厂自产自销。

2001年，浙江海宁丝绸集团公司入驻保山发展蚕丝生产，成立保山茧丝绸公司，后改制为云南保山利根丝绸有限公司，在各级党委、政府及相关部门的关心、支持帮助下，先后兴建了20组自动缫丝生产线，丝绸织造厂(云迪纺织厂)年生产能力白厂丝达670吨，真丝经编绸达100万米，2013年12月"利根"生丝产品被认定为云南省名牌产品(图5-2)。

该公司致力于振兴永昌丝绸，通过抓基地、建工厂、创品牌、拓市场，使保山市丝绸产业得到空前发展，所产生丝及经编绸受到市场欢迎，产品不断远销海内外(图5-3)。

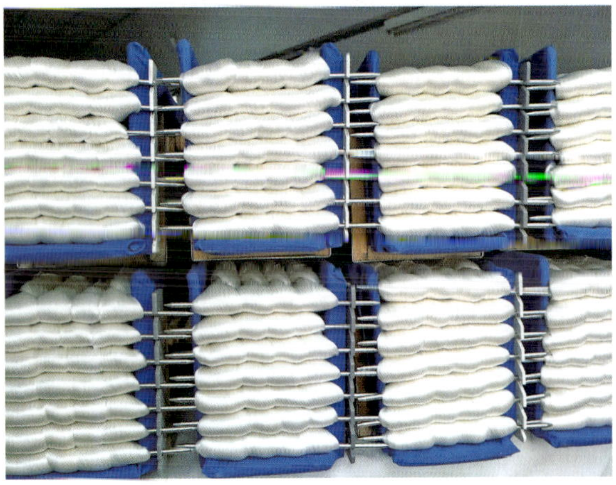

图5-2 优质白厂丝

图5-3 真丝经编面料

从2016年起，利根公司投资建冷库搞鲜茧缫丝，部分蚕茧不再烘烤，鲜茧缫丝获鲜蛹做食品供应东南亚和山东、东北市场，同时进一步降低了蚕茧加工成本。2017年，利根公司因原料不足，缫丝机20组，闲置一半，大量采用鲜茧缫丝。用未经烘茧处理的鲜茧立即缫丝，因鲜茧未经杀蛹，可供缫丝期限短，同时鲜茧的丝胶未变性，抗煮力差，缫丝时丝易出故障，生丝清洁、洁净度差，强力低，一般很少采用。但在蚕新品种选育时，为鉴定茧质往往需要在低温碱液中进行鲜茧缫丝（图5–4）。

三、缫丝技术发展

中国在原始社会已开始利用野蚕茧和家蚕茧进行人工缫丝。商代时缫丝技术有所发展，出现装有旋轮的手摇纺车雏形，将蚕茧中引出丝绪，把丝绕到框架上形成丝绞，出土的商代丝织物、经纬丝均经并捻，为捻度为2500~3000捻/米的强捻丝。周代索绪是靠振动蚕茧，在温水中引出丝绪；商周时选茧后剥下的茧衣用于制作丝锦袍，茧及时生缫，三淹而出绪，当时可能已用浮缫法或煮茧，然后索绪、集绪、缫丝；秦汉时期缫丝技术发展，沸水煮茧已很普遍；晋代时手摇纺车已安装纺锭，固定卷绕并捻，络丝车则由络架、调丝小渡组成；唐代时手摇式缫丝车、掉丝已很普及。

宋代缫丝技术突飞猛进，出现了较为复杂的脚踏缫丝车，从此缫丝者可以腾出双手进行索绪、添绪等工艺，生产效率大为提高。宋代缫丝分为生、熟两种，生指将鲜茧直接缫丝；熟则鲜茧经过贮茧过程（日晒或盐泡）后再进行缫制。元代缫丝工艺进一步完善，鲜茧干燥处理分为日晒、盐绝和笼蒸三种，其中以笼蒸法质量最好；缫丝工艺要求："缫丝之诀，惟在细、圆、匀紧，使无偏、慢、节（接头）、核、粗恶不匀也"；缫丝水温分热釜和冷盆两种，冷盆与今缫汤水温相近，从工艺看，冷盆速度略慢，但比热釜所缫的丝坚韧，质量高，成为后代缫丝技术的主流。

明代更加注重缫丝用水的选择，强调以清水为要旨，总结出"山水不如河水，止水不如流水"的规律，以提高丝质。在结茧火烘"出口干"的基础上，缫丝时也采用加温达到"出口干"的方法，使丝随缫随干，提高品质。

清乾隆年间江宁局有织机600台，苏州局有织机663台，杭州局有织机600台，织造皇室用和赏赐用绸缎。当时民间织机更多，"机杼之声，比户相闻"。

清代晚期机械缫丝工业兴起后，厂丝产量质量大幅提高，且蒸汽煮茧优点较为明显，手工缫制的土丝相形见绌。

四、现代缫丝工艺

缫丝加工指的是由蚕茧经过加工缫制成丝的过程。主要包括下列技术环节：

原料茧→抽样试验→混茧→剥茧→选茧→煮茧→缫丝→复摇、整理→打绞、打包→品质检验→成品入库。

(一)原料茧

丝厂从茧站购买原料茧,应优先选择上茧率高、茧层率高、解舒好的优质蚕茧。

(二)抽样试验

原料茧投产之前,按规定抽样调查原料茧的性能并进行试缫,根据试缫结果结合生产任务和对产品的要求制定出切实可行的缫丝工艺和技术措施。

(三)混茧

根据工艺设计的要求,把同庄口或两个及两个以上的庄口茧均匀混合,目的是扩大茧批的数量,平衡原料茧的质量,稳定工艺和操作,提高生丝的质量和产量。

(四)剥茧

利用设备剥去蚕茧茧衣,以便于选茧操作和茧质的鉴别,保证煮茧的移量准确和煮熟均匀。

(五)选茧

按照工艺设计的要求进行蚕茧分类,剔除原料茧中不能缫丝的下脚茧(如双宫茧、薄皮茧、穿虫茧、黄斑茧、重油茧、软绵茧、深色茧、烂茧等),得到缫丝用原料上车茧。

(六)煮茧

缫丝用茧按工艺设计通过触蒸和机外渗透后,送煮茧机煮至适熟,溶解部分丝胶,增强茧丝的强度,保证茧丝能正常离解,便于缫丝。

(七)缫丝

煮熟的茧经过索绪,理绪、茧丝的集绪、捻鞘、缫丝等步骤按一定的工艺标准把茧丝离解成目的规格生丝。

(八)复摇、整理

将缫丝车间小篗上的丝再返成周长1.5米、宽7~8厘米的丝片,然后把复摇后大篗上的丝片经过编丝、整理、平衡等步骤使生丝丝条整齐一致、丝色统一,除去缫丝中造成的部分缺点,统一规格。

(九)打绞、打包

经过以上步骤按成品生丝的规格进行打绞,打绞后及时打包,及时检验,定级后及时入库。

复摇整理应确保满足下列工艺要求:使丝片必须达到一定的回潮率和规格;复摇时必须充分保持生丝的弹性、强度和伸度,减少切断;检查并严格剔除前缫中造成的各种疵点丝,提高生丝品级;使丝片有适当篗角,成形良好;整理中不损伤丝质。

复摇整理工艺包括小篗丝片平衡工艺和小篗丝片给湿工艺。其标准是:大篗丝片必须整形良好,篗角挺括,不硬不松,消灭宽紧,不带浮丝,一层到底,花纹稍浑,手触较滑，色泽明亮。

整理工艺的管理：复摇后得到的大箴丝片，必须整理后按规定要求成包成件。

五、丝绵及蚕丝被

蚕丝被是指含用100%桑蚕丝作填料的被褥类床上用品。其按制作加工方式的不同，可分为"手工"（手拉绵、手剥绵）和"机制"两种。保山蚕丝被采用优质天然纯蚕丝为原料，蚕丝"丝胶"含有丰富的丝胶蛋白及18种氨基酸，能促进睡眠增强人体活力，延缓衰老；蚕丝含有的"丝容积空隙"使蚕丝被具有良好的御寒力和恒温性。具有轻松、柔软、透气、保暖性强、不刺激皮肤、不产生静电等优良品质。具有防螨、抗菌、抗过敏、亲肤及排湿性能，对过敏体质者及风湿病患者极为有益，并对有哮喘、心血管等方面疾病的人也有一定的保健作用。

图5-4　缫丝

保山市采用双宫茧、次茧、下茧抽丝后的"滞头"加工成丝绵及蚕丝被历史悠久。清末民国时期，保山、施甸的蚕丝被除供本地外，还远销缅甸。

中华人民共和国成立至1970年以前，保山蚕丝厂缫丝为手工，主要产品是土丝、丝绵和蚕丝被；20世纪80年代，保山丝绸厂设备更新，生产蓬勃发展，蚕丝被年生产能力达到一万床，同时随着土地下户，农民有了更多的生产经营自主权，隆阳区板桥镇赵关村、金鸡乡金鸡村、施甸县由旺镇永福村等老蚕桑村一些有技术、有经营头脑的蚕农纷纷制作蚕丝被。

改革开放40多年，人民物质文化生活日益提高，蚕丝被因其舒适性、保健性深受消费者青睐。据市蚕桑产业办公室统计，保山利根丝绸公司2011年生产蚕丝被3500条，2012年生产蚕丝被9000公斤、产值360万元；2013年保山利根丝绸公司生产蚕丝被6000条，昌宁欣盛恒公司生产蚕丝被1000条。

2015年保山利根丝绸有限公司生产蚕丝被3163条，2016年蚕丝被产值达到了326.7万元。近年来民间蚕丝被的产能也不可小觑，生产方式是收购鲜茧加工，来料代加工，隆阳区、昌宁县均有蚕农加工出售蚕丝被，年产量在一万床以上；施甸县本地也有7户加工蚕丝被的家庭式小作坊（由旺永福村5户），每年鲜茧用量约115吨，生产蚕丝被5000多条，平均每个6斤丝，年加工丝绵3万多斤，年产值600万元，增加值约200万元，产品销往昆明、上海、福建等地。大部分专业户蚕丝被生产方式已由小弓、大弓抽丝手工制作迈向机械化抽丝、整形，电脑绣花制作。另外，保山市场上，各乡镇街道还有为数众多的由河南、陆良等外乡人开设的蚕丝被加工制作店铺。据不完全统计2017—2019年全市生产蚕丝被17.1吨，产值4110.2万元（图5-5、图5-6）。

图5-5 加工蚕丝被

图5-6 蚕丝被成品

第五节 桑产业开发利用

传统蚕桑产业科技体系中，桑只是家蚕饲养的原料，重蚕轻桑，历来如此。中国目前生丝产量占世界产量的82%，在世界市场居于绝对优势地位。但是，随着我国经济的发展和消费市场结构的快速变化，在技术、市场、产业组织等方面已经相当成熟的蚕桑产业面临着产业生产规模和产品市场无法有效扩大，产业社会经济功能弱化等问题。2008年，向仲怀院士提出“立桑为业”，促进我国蚕桑产业转型的倡议，近年来桑树产业快速发展，带来传统蚕桑产业经营观念的重大革新和转变。

保山市以工业理念谋划农业，进一步优化蚕桑产业结构，积极拓展提升桑树新功能新用途，在桑枝、桑叶的食药用、饲料用开发方面取得一定成效，尤其是在果桑的多元化开发利用，无论在广度或深度均走在全省前列。果桑产业以果桑种植为基础，果桑产品加工利用为目的，果桑产物休闲采摘、观光旅游为特色，通过一、二、三次产业融合发展模式，充分发挥其见效快、效益高、收益期长、产业链条长、就业容量大的优势特点，为农村经济发展提供了一个新的增长点，在精准扶贫、促进农民脱贫增收等方面发挥了重要的作用。

一、桑枝利用

桑树每年必须剪伐1~2次，普通嫁接桑园每亩年产鲜枝条约900公斤，干枝条约500公斤，保山市每年大概有鲜桑枝10万吨以上。桑枝以前是农村的主要燃料之一，随着新农村建设，精准扶贫，生活用电户户通，农村生活条件改善，桑枝条逐渐成为蚕桑生产过程中最大的废弃物，田间、沟道、路旁随意堆放，严重污染桑园和环境。目前，保山市的桑枝条主要用于食用菌生产基料，与其他食用菌基料相比，桑枝条中粗蛋白、粗脂肪含量较高，农药残留量低，对不同食用菌品种的适应性强。保山市将桑枝条粉碎后作为种植大球盖菇、香菇、木耳、平菇的原料，年消耗900~1000吨，栽培后的废料可直接还田，改良土壤，增加肥力。施甸县2012年以来，20%的桑枝作为桑枝黑木耳菌棒原料，同时开发种植桑枝灵芝等菌类。

2011年，云南省安排科技经费50万元，由保山利根丝绸有限公司承担技术创新及产业发展专项“桑枝条综合开发利用”。试验规模5亩，试验研究表明香菇（国香1号）为保山市最适宜的种植品种。公司引进生产设备一套，桑枝条经粉碎年可加工生产菌棒10000袋，生产新鲜菌1.5万公斤，产值21万元。

2011年11月20日，施甸县用桑枝制成菌棒栽培食用菌、黑木耳获得成功。2018—2019年，云南林玉航宇生物科技有限公司生产桑枝条粉末350吨，在腾冲市和隆阳区种植大球盖菇80亩，平均每亩生产大球盖菇1000公斤，亩产值1.5万元。

二、桑白皮利用

桑白皮为桑的干燥根皮。由于含有黄酮类、香豆素类、多糖类等成分，因此桑白皮具有降压、利尿、镇静镇痛、抗炎、抗菌、抑制血小板聚集和降血糖等药理作用。通常在秋末落叶时至次春发芽前采挖根部，刮去黄棕色粗皮，用刀纵向剖开，剥取根皮，晒干。为改变手工剥皮费时、费力、劳动工效低的问

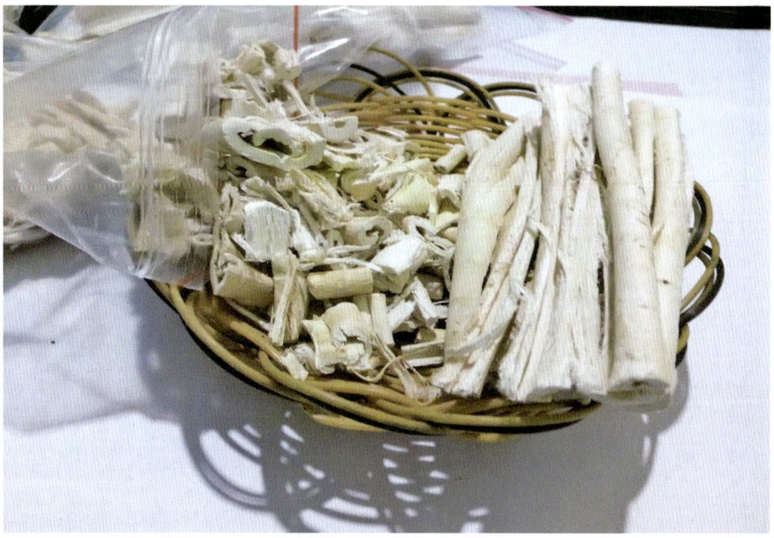

图5-7 桑白皮

题，云南林玉航宇生物科技有限公司发明了一种桑白皮脱离预处理设备并获国家发明专利，2018年、2019年共产桑白皮200公斤，产值0.80万元。桑白皮需要破坏其根部才能获得，对桑树生长有影响，因此开发利用较少（图5-7）。

三、桑叶利用

（一）桑叶青储饲料

国际饲料分类法通常将饲料分成8大类：粗饲料、青绿饲料、青贮饲料、能量饲料、蛋白质饲料、矿物质饲料、维生素饲料、饲料添加剂。按外观形式划分，桑叶是青绿饲料。按功能划分，桑叶蛋白质含量与蚕豆、玉米胚芽、向日葵仁饼等蛋白质饲料相当，可以将其划分为蛋白质饲料类。桑叶饲料中的氨基酸种类齐全，动物必需的氨基酸含量高，因此桑叶是优良的蛋白质资源，是畜禽的优良饲料，能够维持畜禽的正常生长发育。

保山市民间早就有利用剩余桑叶喂养猪、牛、羊、兔等家畜禽的习惯。近年来，也有在饲料中添加桑叶粉或青绿料，以改善脂肪代谢，提高饲养动物产品品质的试验，但总体上这方面的利用还较少。

（二）桑叶（芽）茶

桑叶中富含人体所需的18种氨基酸，另外还含有大量黄酮类、酚类化合物和钾、钙、维生素以及铜、锌、硼、锰等微量元素。传统医学认为，桑叶味甘，性平、寒；具有清肝、明目、聪耳、镇静神经的功能，经常饮用桑叶（芽）茶有抗衰老，增强机体耐力，降低血脂、血糖等作用。

保山市生产桑叶茶的企业主要有两家：一是施甸县仁和起俊果桑种植家庭农场，其生产的“碧益”桑叶茶，2017年桑芽茶年加工5吨左右，产值达40万元左右；桑叶茶年加工10吨左右，价值40万元左右。二是云南林玉航宇生物科技有限公司，其生产的“桑海蚕田”桑叶茶，2016—2019年共生产桑叶（芽）茶3100公斤，产值62万元（图5-8）。

图5-8 桑叶茶

桑叶(芽)茶加工方法如下:

(1)采摘:分摘桑芽和叶片。采芽在芽发育至燕口期,注意不要伤及副芽。5月份采副芽和潜伏芽萌生的成熟叶片。

(2)萎凋:桑叶采回后去掉叶柄,抖松摊放在通风、阴凉处萎凋4~5小时,使芽、叶充分失水。成熟叶片用切桑机切成0.5厘米×1.0厘米的条叶。

(3)杀青:杀青温度不低于120℃,使桑叶水分蒸发60%~64%,叶色由鲜嫩到暗绿,手握叶质柔软,紧握成团,折而不断。杀青有微波、蒸汽、锅炒、漂烫4种方式。微波杀青的特点是加热迅速,内外加热均匀,杀青过程中能使桑叶内部的青草气及豆腥味迅速消失,从而使杀青叶色香味俱全,且汤色清亮,桑叶茶品质优于其他杀青方法。

(4)揉捻:一般用55型揉捻机,投叶25~30公斤,揉捻时掌握轻重轻的原则,从揉捻过程中活性成分的变化看,揉捻时间以15~20分钟较为合适。

(5)干燥:在干燥过程中桑叶因高温会发生复杂的热化学变化,使桑叶茶的色香味趋于完善。烘干机温度控制在100~150℃之间,时间5分钟。试验采用烘干、炒干、先烘后炒、先炒后烘、微波干燥5种工艺干燥,感官评审指标,以先炒后烘作为桑叶绿茶的干燥方式最好。

(三)桑叶粉

桑叶粉制作是将干燥的桑叶直接粉碎过筛制成粉末。桑叶粉呈绿色,清香,色泽,口感好。施甸县2017年桑叶粉加工2吨左右,大部分用于加工面条,极少数用于化妆做面膜。云南林玉航宇生物科技有限公司2018—2019年加工桑叶粉300公斤,并利用桑叶粉成功开发出桑叶含片、桑叶面条和桑叶面饼投放市场,利用桑叶粉制作的桑叶馒头、桑叶稀豆粉、桑叶水饺、桑叶点心不仅营养丰富,而且颇具地方特色,受到了食客的追捧(图5-9、图5-10、图5-11、图5-12)。

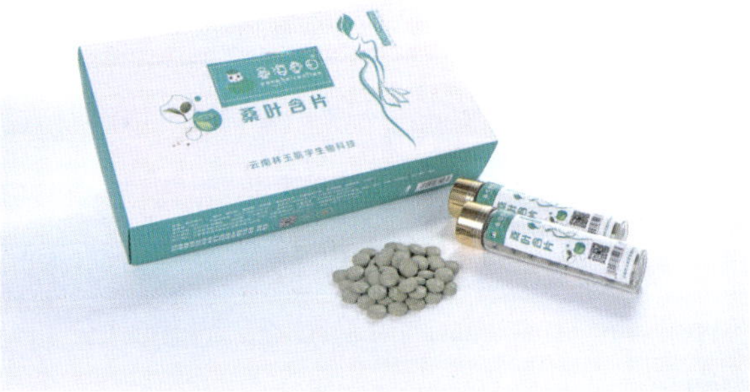

图5-9　桑叶粉含片

图5-10　桑叶粉挂面

图5-11 桑叶粉糕点

图5-12 桑叶粉糕点

桑叶粉制作方法如下：

（1）桑叶预处理：采回桑叶切成小块放在阴凉处凉干。适时翻叶，使之失水均匀。

（2）杀青：干热杀青干燥法，温度200℃，时间1~5分钟。

（3）烘干：温度100~120℃。

（4）粉碎：粉碎过80目筛即为桑叶粉。

四、桑果利用

桑果含水量在80%以上，组成固形物的主要成分是糖类、氢基酸、维生素、矿物质、类黄酮化合物、酯类化合物、多酚及少量醇类物质，是开发生产药食功能性产品的优质原材料。桑果除作为水果鲜食外，大部分用于加工。施甸县目前种植果桑200亩，鲜桑葚年产量200多吨，多数加工干桑葚及桑葚酒，据统计，年加工干桑葚5吨、加工桑葚酒100多吨，少量用于加工桑葚膏、桑葚果酱、桑葚醋，年产值近500多万元。隆阳区目前种植果桑2700亩，桑葚大部分由云南林玉航宇生物科技有限公司收购，该公司开发的主要产品有桑葚酵素、桑葚果酱、桑葚露酒、桑葚膏、桑葚果干、桑果含片。其中桑葚（桑果）干企业标准由云南林玉航宇生物科技有限公司制定于2017年2月颁布实施，桑叶（桑果）含片获第十三届中国昆明国际农业博览会优质农产品银奖。

（一）桑葚酵素

酵素是指植物进行深层发酵提取的一种含生物活性物质的低盐液体。上述生物活性成分至少包括酶、发酵分与菌。桑葚酵素是把桑葚、糖和水在专业密封容器中，借助微生物对桑葚进行厌氧发酵，提取的低盐保健液。保山市主要品牌有“云桑”牌，为云南林玉航宇生物科技有限公司产品。2016—2019年共生产桑葚酵素2000公斤，产值40万元（图5-13）。

桑葚酵素（食用）做法如下：

（1）把蜂蜜、桑葚和水按照1:3:10的比例准备好。

（2）把三者放入容器，桑葚洗净即可，三者的总体积不宜超过容器体积的80%。

（3）把容器密封好，放在阴凉处。如果看到容器有胀气现象，打开放气。最少放置3个月，时间越长越好。

（4）滤网把碎渣过滤，制成桑葚酵素。

图5-13　桑葚酵素

（二）桑果酒加工

桑葚水分充足，含糖高（12%~18%），酸甜适宜（总酸0.3%~2.5%），有典型的水果香味，色泽诱人，出汁率高（67%），适于酿酒。桑果酒也是目前桑葚加工的最主要形式，最简单的方式是直接加一定比例的白酒浸泡。这种生产成本低，设备要求不高，适合农家自产自用。商品化桑果酒则是将桑果进行发酵生产出来的桑葚红酒产品。此外，也可以利用桑葚生产利口酒、冰白兰地等产品。2016—2019年，云南林玉航宇生物科技有限公司共生产桑果酒6500公斤，产值32.5万元（图5-14）。

图5-14　桑果酒

桑果酒生产工艺流程。桑果酒的加工工艺已经日趋成熟，一般分为前处理、前发酵、后发酵、澄清、后处理几个阶段。其主要工艺流程为：桑葚原汁→添加SO_2→调整成分→果汁澄清→接种→酵母→前发酵→后发酵→低温静置→陈酿→澄清处理→粗滤→冷冻→精滤→装瓶。

桑果酒发酵工艺中影响果酒品质的主要因素为酿酒用酵母、发酵前果汁成分的

六、蚕蛹利用

历年来，蚕蛹大部分为食用或作饲料。保山市对蚕蛹利用率不高、用途少，没有进行深加工利用。2017年施甸县统计：蚕蛹产量140吨，产值170万元左右。从2016年起云南保山利根公司投资建冷库搞鲜茧缫丝，鲜蛹做食品供应东南亚和山东、东北市场。

图5-17 桑叶宴

七、蚕沙利用

保山市历年来蚕沙主要用作肥料，少量蚕沙用作药枕。蚕沙药枕可以预防治疗肩椎病、改善睡眠。20世纪90年代，隆阳区蚕桑工作站就曾用二龄以前的蚕沙做药枕。近几年来，云南林玉航宇生物科技有限公司及部分农民都在用蚕沙做药枕。

第六节 主要加工企业

一、保山丝绸厂

1956年，中国进入社会主义改造的新高潮，社会主义经济结构大调整，集体合作化程度不断提高。私营合丰针织厂在1956年3月经改制后，6月开始扩建蚕丝针织厂，7月定名为保山县蚕丝厂，是云南省最早建成的蚕丝厂。1957年保山县蚕丝厂与保山县针织厂合并，改名为保山县蚕丝针织厂，当年始产土丝40担。1958年厂址从北关双林寺迁到南关街66号，由保山县工业局管理。1961年因原料缺乏而停产，人员并入保山县红旗印刷厂，1965年只产土丝10.2担。1967年4月，随着蚕桑生产发展，从保山红旗印刷厂的一个生产车间分离出来，恢复保山县蚕丝厂，正式挂牌成为独立核算的经济实体，当时有固定资产10余万元，有1台100绪的座缫机，只能缫点土丝，加工绣花线，有职工24人，当年完成工业产值7.16万元，实现利润1100元，工厂纯属一个小作坊。1973年，该厂从楚雄丝绸厂引进2台杭州产50式丝织机，试制出绸缎新产品，得到当时县政府的重视和支持，拨款3万元，并将拖拉机站搬迁，让出厂址，扩建织绸车间，这是该厂扩大生产设备能力进行技措改造的第一次飞跃，职工增加到130多人，购置立缫机1组520绪、K61普通丝织铁布机12台，开始缫出优质出口丝，通过广州口岸出口创汇得到省外贸的赞赏，扩建织绸车间形成了10台织机配套设备的生产能力，生产出真丝、线绨被面。1974年生产真丝被面90米、线绨被面658米；1975年改名保山县丝绸厂，始产丝绸2000米；在1979年全省纺织产品质量评比中，保山丝绸厂生产的蚕丝软缎被面被评为优良产品，“梅花牌”白厂丝和“锦绣牌”绣花线受到好评。

1980年开始，保山丝绸厂由保山县经委管理。1984年在经济改革浪潮的推动下，该厂进行了扩大生产设备能力技措改造的第二次飞跃，这次总投资202万元，新增织绸机10台，缫丝机400绪，购买土地8亩，建盖2幢生产车间和1幢职工宿舍，形成粗具规模的综合丝绸厂。1984年保山丝绸厂生产生丝13.45吨，丝绸11.1万米，年产值96.18万元；蚕丝品位是2A+45，所生产的“梅花牌”桑蚕白厂丝成为丝绸出口总公司统一注册出口商标，产品不仅在国内畅销，而且还远销苏联、意大利、加拿大、日本等国。1985年，生产厂丝13.23吨，调供外贸8.16吨，占丝产量的61.7%，丝产量比1957年增长5.6倍；生产染色丝织品14.7万米，比1975年增长72倍。1985年实现工业产值102.3万元，软缎被面继承了“永昌绸”的特色，深受国内消费者青睐，但由于蚕丝及丝织产品规格价格等原因，绸缎产品尚未打开出口销路，主要是内销。

1987年，出口生丝5.1吨，实现工业产值131万元；1990年实现工业产值352.27万元，产品销售收入333.3万元，出口创汇18万美元（占全市15.6%），利税56.5万元（利润34万元，税22.5万元）；每亩桑园的工业生产创税145.60元，农特税48.07元，创汇116.49元。

1991年，保山丝绸厂有固定资产2728.3万元，拥有960绪立缫机配套设备，年可缫丝25吨，有60台织机配套设备生产能力，年可织绸30万米，有普通的炼染设备能解决绸缎染色；有厂部和辛街乡杜家村收茧站2座，每年可收烘鲜茧75吨；有一套完整的生产工艺和质量检测系统，获得云南省产品出口加工许可证，主要产品20/22D梅花牌白厂丝，远销欧美，为国家创收外汇。有民族特色的象角丝光被面、人丝缎、景傣缎等十多个品种，销往内地和边境少数民族地区。1991年实现工业总产值390.3万元，创利税30.07万元。

1992年，保山丝绸厂占地1.26万平方米，厂房面积1.5万平方米，厂部党、政工团、妇女组织健全，行政设有供销科、生产科、技术设备科、农务科，有职工289人（其中退休职工38人），有37名专业技术人员（其中工程师4人、助理工程师5人、技术员14人、技师3人、技工11人），1991—1992年该厂分别在辛街乡、板桥镇投入10余万元资金激励农户栽桑养蚕，建立自己的原料茧基地，同时制定出5年收购价不变的收购政策，经市政府批准执行。

1992年,国务院颁布《国营企业转换经营机制》,把企业完全推入市场,保山丝绸厂已经意识到市场竞争的严峻性,若是继续等待、观望,不去更新设备,开发适销对路的新产品,必将被其他企业兼并,被社会淘汰。由于保山桑园面积锐减,即使从永胜县调购原料茧,也不能满足生产所需,加之设备老化,生丝品位低,效益差,国有企业运行机制僵化,企业负担过重等诸多原因,保山丝绸厂逐渐步入困境。1996年7月,该厂与香港未央堂公司开展合作,合资开办保山百斯特医疗器械有限公司,下设丝绸厂、涂料厂和一次性注射器厂,之后丝绸厂最终关门停产。保山市丝绸厂生产经营情况见表5-8。

表5-8 保山市丝绸厂生产经营情况一览表

年度	厂丝(公斤)	丝绸(万米)	职工(人)	产值(万元)	利税(万元)	备注
1957年	2362.5					
1965年	510					
1967年			24	7.16	0.11	
1970年	4110					
1975年	5490	0.20	130			
1980年	9250	6.21				
1984年	13450	11.10		96.18		
1985年	13230	14.66	206	102.3		
1987年				131		出口厂丝5吨
1990年			245	352	56.5	出口创汇18万美元
1991年				390.3	30.07	
1992年			289			退休38人

二、保山凯喜雅茧丝绸有限公司

该公司位于隆阳区板桥镇保山市工业园区（省级个私经济实验区），其前身为云南保山利根丝绸有限公司。2001年6月1日，浙江海宁市丝绸集团有限责任公司入驻保山发展蚕丝生产，组建国有控股保山茧丝绸公司，是“东桑西移”“浙桑入滇”保山投资开发建设蚕桑基地和丝绸加工业的首家企业，注册资金200万元，法定代表人沈锦清，总经理丁月芬。公司租赁隆阳区西邑乡八鸭塘5000亩土地作为示范基地，采取以小基地带动大基地发展以及“公司+基地+农户”的模式进行开发建设，2003年公司入驻施甸县，与施甸县政府签订2万亩蚕桑基地协议。

2004年2月，由浙江海宁市马桥制丝有限公司（民营）法人徐利根，自然人杜忠于、丁月芬共同出资收购，改制为股份制民营公司，2005年保山茧丝绸公司进一步改制，更名为“云南保山利根丝绸有限公司”，徐利根任董事长兼总经理，副总经理杜忠于、丁月芬，新公司注册资本500万元，总资产2010万元。同年，公司创建保山海宏蚕种生产经营有限公司，法人徐利根。2007年，公司成立施甸丝缘丝绸有限公司，法人徐利根，总经理孙晓峰。同年，公司入驻昌宁县，成立驻昌宁办事处，开展前期工作。

2016年，公司3个股东合并，徐利根占股100%，变更为自然人独资公司。2020年4月2日，云南保山利根丝绸有限公司与浙江凯喜雅国际股份有限公司达成投资合作协议，组建成立“保山凯喜雅丝绸有限公司”，董事长兼总经理祝正献，名誉董事长徐利根，常务副总经理徐利梅，副总经理丁月芬。同年，施甸丝缘丝绸有限公司变更为凯喜雅丝绸有限公司，法人祝正献，总经理陆敏华。

公司主要产品是干茧、白厂丝、经编绸和丝绵被。2012年“利根”商标被认定为云南省著名商标。其干茧主要销往浙江、江苏、广西以及云南的缫丝企业；2013年“利根”生丝产品被认定为云南省名牌产品，主要销往浙江、江苏，以及云南省的织绸企业和真丝领带生产企业；经编绸主要销往浙江、江苏的印染、成衣企业；蚕丝被主要销往保山本地客户以及通过电商销往浙江、上海以及全国各地。2020年，公司缫丝加工取得重大突破，生产5A级以上高品质生丝9.96吨，其中6A级生丝8.74吨，实现了生丝品级跨越提升，不仅破了保山市生丝加工纪录，而且公司也成为云南省为数不多的能够生产精品6A丝的厂家之一。

2020年，公司实际收购隆阳区、施甸县鲜茧1470.6吨，全年生产白厂丝122吨，实现工业产值4636万元，上缴各项税收550万元（公司历年生产经营情况见表5-9）。

表5-9 利根丝绸有限公司生产经营一览表

年度	鲜茧收购（吨）	茧款支出（万元）	农业产值（万元）	厂丝（吨）	真丝经编（吨）	丝副产物（吨）	丝绵被（条）	工业产值（万元）	销售收入（万元）	税收（万元）	利润（万元）
2005年	762	1270	1495	372		513		7306	9021	494	919
2006年	1706	3403.4	4209	309		480		8209	7821	463	1093
2007年	2650	4947	7000	400	32	528		7372	7175	184	175
2008年	2415	4549	6275	391	87	526		7743	8261	583.8	128
2009年	1629.4	3101.1	6200	296	39	431		11392	10253	454	453
2010年	1464.4	3622.6	7500	192	59	244		10401	7920	592	1207
2011年	1813	6419	9452	194	46	248		11800	9265	775	1053
2012年	1732	6050	10155	265	74	286		11728	11728	788	652
2013年	1791	7107	10000	260	78	302		12354	12354	755	458
2014年	1721	6870	10000	240.95	75.7	305.9	3193	11950	10879	849.2	200.9
2015年	1613	6057	10000	217	67.39	271.58	3163	9602	9236	522.8	-1419.3
2016年	1415	5348	10000	166.76	60.45	208.46	1597	11526	11431	369.5	-356.3
2017年	2056	9323	12000	160.01	0	199	1382	12000	11433	627.17	589.01
2018年	2052	9569	13000	156.1	0	203	1078	12217	12217	342.6	865.5
2019年	1380.5	5668	7849	135	0	190	1000	7729	7981	94.76	-164
2020年	1470.6	4985	7500	122	0	171	4150	4636	6339	550	321

备注：统计范围隆阳、施甸和公司，不含昌宁县。

公司成立以来，在各级党委、政府及相关部门的关心、支持帮助下，实行“公司+基地+农户+市场”的农业产业化经营模式，致力于振兴永昌丝绸，通过抓基地、建工厂、创名牌，公司发展迅速。目前，公司总部下设蚕桑发展部、生产技术部、销售部（保山、海宁）、财务室、办公室五大科室；拥有9个茧站（西邑、板桥、芒宽、瓦渡、辛街、蒲缥、丙麻、瓦马、施甸），有自动缫丝机20组，白厂丝年生产能力670吨；有职工181人，其中农艺师1人、助理农艺师1人、会计师3人、技工89人、普工87人，另外公司聘用蚕桑技术辅导员91人。

保山凯喜雅丝绸有限公司在发展壮大的过程中，为保山市广大山区农民脱贫致富、为永昌丝绸振兴做出重大贡献，得到了各级、各部门的认可和表彰。公司2006年4月被云南省人民政府授予“云南省农业产业化经营优秀龙头企业”，2006年12月被保山市人民政府评为“保山市中小企业暨非公有制经济优强企业”；2007年1月被国家商务部列为“东桑西移工程国家级桑蚕基地建设单位”，6月被云南省农业产业化经营与农产品加工领导小组授予“云南省农业产业化经营省级重点龙头企业”，10月被云南省经济委员会、云南省乡镇企业局评为“农产品加工重点企业”；2008年2月被云南省商务厅评为“云南东桑西移工程先进企业”，4月被国务院扶贫开发办公室评为“国家扶贫龙头企业”，8月获农业部等8部委批准为农业产业化国家重点龙头企业，为保山市第一家国家级农业产业化重点龙头企业（图5-18、图5-19）。

2009年至2020年公司先后被认定为“云南省成长型中小企业”“国家高新技术企业”“云南省100户民营小巨人企业”“云南省推进高原特色农业产业先进企业”，被授予“云南省社会扶贫先进集体”“云南省100家优强民营企业”“云南省扶贫明星企业”等称号。

图5-18 保山凯喜雅丝绸公司

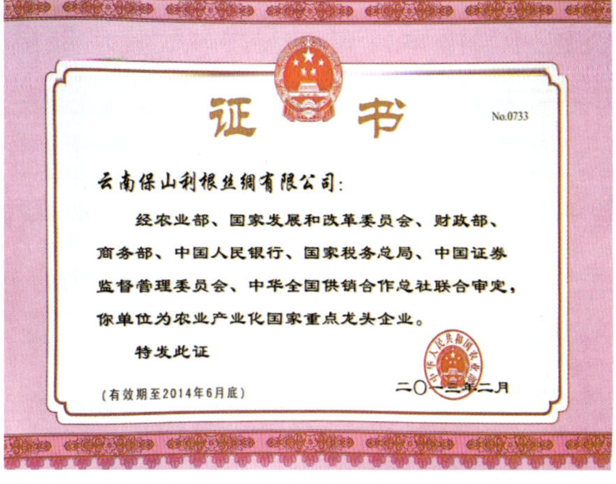

图5-19 国家级龙头公司证书

三、保山海宏蚕种生产经营有限公司

保山海宏蚕种生产经营有限公司，位于保山市隆阳区西邑乡乌马村八鸭塘蚕桑示范区，前身为保山蚕种场，2005年由云南省保山茧丝绸有限公司创建，是云南省“东桑西移、浙桑入滇”首家蚕种生产经营企业，保山蚕种场注册资本500万元，年制种能力30万张，法人代表徐利根。2006年保山蚕种场生产蚕种4.3万张，供应隆阳区3.8万张，施甸县0.5万张，被国家商务部列为“东桑西移”工程配套蚕种场、“东桑西移”蚕桑建设单位。2010年蚕种场有固定资产970万元，职工26人，生产蚕种18.3万张，产值620万元，实现利润90万元。2011年保山蚕种场更名为保山海宏蚕种生产经营有限公司，法人代表张海荣。公司成立以来积极建立蚕种繁育基地，每年为保山市提供优质蚕种近10万张，切实保障了10万亩蚕桑示范基地用种量，实现蚕种就地供应，方便了群众，对促进保山蚕桑产业发展发挥了重要作用，得到了各级、各部门的认可和表彰：2012年公司被认定为“保山市农业产业化市级龙头企业”“云南省优质种业基地”，2015年被省科技厅认定为“云南省科技型中小企业”（图5-20）。

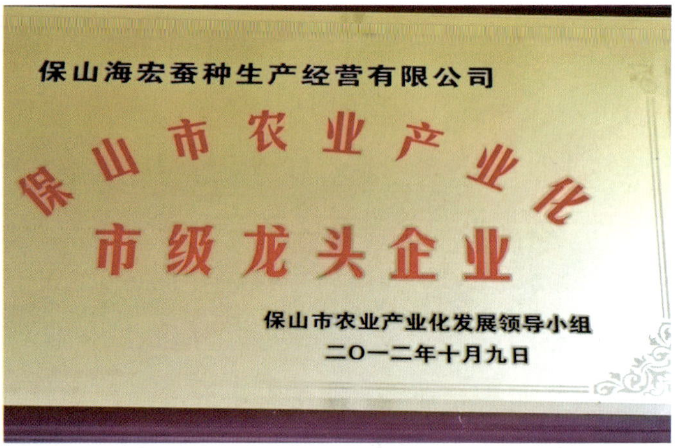

图5-20 市级龙头企业认定

公司在隆阳区和施甸县拥有原蚕繁育基地2个、桑园面积600亩；公司为原蚕饲养的农户配备桑叶消毒清洗脱水机、消毒电泵、塑料消毒缸、消毒桶、桑园治虫电动喷雾器，以确保蚕种生产质量。公司建有蚕种组合式冷库、保种室、浴种室、母蛾烘房、质检室和蚕种催青室，配备温湿度自动控制系统，蚕种浸酸控制器和各种检验仪器与设备。2018年公司法人代表变更为殷国俊，2019年有固定资产360万元，有职工18人，其中专业技术人员6名。

公司主营产品为家蚕一代杂交种，年制种能力30万张，主要蚕品种有“菁松×皓月”“秋丰×白玉”“苏豪×钟晔”“781×7532”，抗脓病品种“华康2号”“华康3号”，人工饲料育专用蚕种“中2016”和“基地16”。生产的蚕种除了供应本市以外，部分销往浙江、江苏，云南德宏、临沧凤庆，每年出口缅甸、乌兹别克斯坦3万~5万张。2018年生产“菁松×皓月”“华康2、3号”15.3万张，全部销往外地；2019年制种15.5万张，其中专用蚕种3万张，销售给浙江绍兴巴贝集团，普通杂交种3万张出口到乌兹别克斯坦，保山本地仅销售0.52万张，其余销往浙江、江苏（公司历年蚕种生产情况见表5-10）。

表5-10 海宏蚕种有限公司蚕种生产一览表

年份	品种	生产量[张(盒)]	其中销售量			产值(万元)	利润(万元)
			隆阳区[张(盒)]	施甸县[张(盒)]	昌宁县[张(盒)]		
2005年	菁松×皓月、秋丰×白玉	25600	25600			120	
2006年	菁松×皓月、秋丰×白玉	43000	38000	5000		155	10
2007年	菁松×皓月、秋丰×白玉	86000	42000	23000	5000	313	40
2008年	菁松×皓月、秋丰×白玉	136000	48450	25750	8000	420	50
2009年	菁松×皓月、秋丰×白玉	157500	54300	31900	9000	450	45
2010年	菁松×皓月、秋丰×白玉	183000	58000	35000	11000	620	90
2011年	菁松×皓月、秋丰×白玉	165000	56000	32000	15000	600	50
2012年	菁松×皓月、秋丰×白玉	162000	48000	29000	18360	595	45
2013年	菁松×皓月、秋丰×白玉	145800	42000	23000	16500	580	30
2014年	菁松×皓月、秋丰×白玉	127000	41980	20100	12980	585	20
2015年	菁松×皓月、秋丰×白玉	138000	42600	21000	10800	600	50
2016年	菁松×皓月、秋丰×白玉	154500	42000	17800	8000	700	80
2017年	菁松×皓月、华康2号	116500	32000	16000	4000	560	30
2018年	菁松×皓月，华康2号、3号	153000	0	0	0	780	30
2019年	菁松×皓月，华康2号、3号、中2016，苏豪×钟晔	155000	2000	3000	200	890	50

四、云南昌宁茂盛茧丝有限公司

该公司位于昌宁县田园镇达丙村原县老中医院内，营业面积895平方米。是“东桑西移”“浙桑入滇”在昌宁县投资开发建设蚕桑基地和丝绸加工的首家股份制企业，是昌宁县唯一一家具有鲜茧收购资格的企业。2007年6月，云南保山利根丝绸有限公司入驻昌宁，成立办事处，开发建设蚕桑基地，当年冬季在田园、漭水、勐统、湾甸等乡镇新植桑园11190亩。2008年7月22日，公司招商引资，与自然人戴跃庆合作，成立云南昌宁欣盛恒茧丝有限公司，戴跃庆任董事长兼总经理，股份为80%，利根公司为20%（几年后撤股）。公司经营范围包括蚕茧收烘、桑蚕丝、纺织原料、真丝针织品、真丝服装加工销售、蚕用物资、蚕种、桑苗等。公司始终秉承“以质量求生存，以信誉谋发展”的经营理念，所生产的优质蚕茧远销江浙市场，丝绵被深受国内消费者青睐。

2010年，公司全年收购蚕茧31.68万公斤，农民茧款收入762.09万元，实现销售收入1005万元，实现利润94万元；2012年公司注册资金1000万元，总资产2775万元，固定资产1385万元。

公司集蚕茧收烘、茧丝绸加工销售为一体，采用“公司+基地+农户+市场”的农业产业化经营模式，在促进企业增效、财政增长的同时，通过技术辅导、保护价收购鲜茧等方式带动区域广大农户种桑养蚕，增收致富，为昌宁高寒山区贫困农户脱贫致富做出巨大贡献。公司先后被认定为农业产业化市级龙头企业、云南省成长型中小企业、农业产业化省级龙头企业（图5-21）。

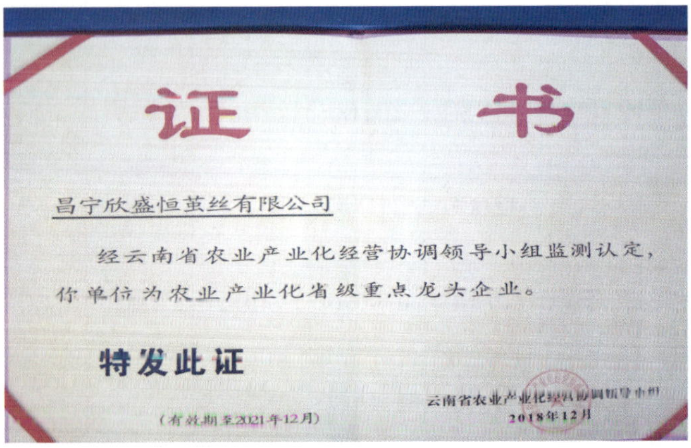

图5-21 省级龙头企业认定证书

2019年4月26日，公司正式更名为云南昌宁茂盛茧丝有限公司，董事长戴跃庆。公司现有员工80人，其中乡镇总技术员12人、村级辅导员24人；公司拥有田园、漭水两座蚕茧收烘站，自动化收烘设备两套，设计年生产能力达到1000吨。2018年，公司销售收入8517万元，实现利润681万元；2019年公司收购鲜茧758.1吨，支付农户茧款3204万元；2020年收购鲜茧628吨，占全县产量的98%（公司历年生产经营情况见表5-11）。

表5-11 欣盛恒茧丝有限公司生产经营统计表

年份	桑园面积（亩）	养蚕量（张）	收购蚕茧（万公斤）	茧款收入（万元）	综合均价（元/公斤）	销售收入（万元）	利润（万元）
2008年	11190	2503	95.5	193.91	20.31		
2009年	29506	4505	158	329.03	20.82		
2010年	35770	9006	316.8	762.09	24.06	1005	94
2011年	43711	15922	551.9	1911.85	34.64	5013	377
2012年	52080	18400	662.8	2303.08	34.75	5518	662
2013年	57582	22727	840.7	3326.17	39.56	8410	392.9
2014年	64595	24016	881.7	3535.40	40.10	8100	638
2015年	66315	30003	1104.1	4353.55	39.43	8228	652
2016年	68594	32007	1154.1	4604.42	39.90	8343	660
2017年	69195	34051	624.5	2651.32	42.40	8426	671
2018年	71999	18228	727.2	3368.83	46.10	8517	681
2019年	79473	20451	758.1	3204	42.25		
2020年	82675	21393	628	2223.6	37		

五、云南林玉航宇生物科技有限公司

云南林玉航宇生物科技有限公司位于隆阳区永昌街道海棠路御景东方A4幢1-2-3号，法人代表杨钧林，公司成立于2012年6月，以农产品精深加工销售、农业观光、生态旅游、康养教育、特色餐饮为一体，是云南省第一家从事蚕桑产业综合开发利用并贯穿农村一、二、三产业融合发展的企业。公司下设行政部、销售部、售后部、研发部、生产部、库管部、网络部和财务部，现有职工48人，其中专业人员27人、普工21人。

公司建立了一套较为完善的管理制度，并制定了相应的岗位职责，是一个机构健全、管理规范的民营企业。公司自成立以来，在各级政府和相关部门的关心支持下，投资570万元，实施完成了“桑叶茶加工推广示范”“50吨桑葚干果加工建设”“260亩桑叶茶种植基地新建”等项目工程，目前已在隆阳区西邑乡和汉庄镇建成“果桑”基地600亩，辐射带动周边农户发展桑园2000余亩；拥有蚕桑产品加工厂房1100平方米，

有桑芽茶、桑葚酒、桑葚酵素生产线各1条，桑葚干果加工设备5套，年可生产桑芽茶25吨、桑葚酒10吨、桑葚酵素5吨、桑葚干果50吨；公司已制定企业标准1项（桑果干），注册“云桑”“桑圣庄园”“桑海蚕田”“桑七康”4个商标，拥有16项实用新型专利和1项国家发明专利（图5-22）。

公司研发生产的“桑葚”系列产品（桑葚干果、桑芽茶）被认定为保山市第五批重点新产品；“桑叶（桑果）含片”荣获2017年第十三届中国昆明国际农业博览会优质农产品银奖；桑叶茶、桑果干、桑叶挂面、桑葚酵素、桑葚酒获有机产品证书；鲜桑叶、桑葚果、桑白皮有机产品生产基地认证面积350亩。公司产品远销上海、广东、北京、昆明、大理、德宏等地供不应求；推出的桑叶粉炖鸡、桑叶烤鱼、桑芽扣肉、桑芽饺子、桑叶卷、桑汁豆浆、雪花精灵等特色菜受到消费者青睐，桑叶宴成为当地旅游、饮食文化的亮丽风景线。

公司通过蚕桑产品研究和市场开发，延长了产业链，解决了蚕桑生产收入单一的问题，增加了蚕桑产品附加值，带动了农户增收，得到了各级、各部门的认可和表彰：公司先后被授予“云南省农业科技示范园”“保山市现代农业庄园”“保山市桑果产业科普示范基地”等荣誉称号；被认定为“农业产业化市级龙头企业”“云南省科技型中小企业”“云南省优质种业基地”“高新技术企业”和“省级农业产业化重点龙头企业”（图5-23）。

2018年公司总资产2240万元，带动农民500人增收150万元，公司实现销售收入1095万元，利润44万元，上缴税收3万元；2019年实现销售收入2100万元，实现利税103万元；2020年公司年销售额2000多万元，其中桑产品销售900多万元，占比45%（公司主要产品生产情况见表5-12）。

发明专利证书
发明名称：一种桑白皮脱离预处理设备
发明人：杨钧林；杨春玲；左必武；范素梅；范丽敏；李敏；刘廷莲
张晓宇；范国明；杨江花；杨尧伟；陈龙；倪发源；郭梅；周玉
专利号：ZL 2016 1 1128782.2
专利申请日：2016年12月09日
专利权人：云南林玉航宇生物科技有限公司
局长
申长雨
2020年05月12日

图5-22 发明专利证书

证书
云南林玉航宇生物科技有限公司
经云南省农业产业化经营协调领导小组认定，
你单位为农业产业化省级重点龙头企业。
特发此证
云南省农业产业化经营协调领导小组
（有效期至2020年12月）
2017年11月

图5-23 省级龙头认定证书

表5-12　公司2016—2019年主要产品生产一览表

项目	年份	2016年	2017年	2018年	2019年
鲜果	数量(公斤)	3000	6000	15000	50000
	产值(万元)	3	6	15	50
桑葚酵素	数量(公斤)	250	250	500	1000
	产值(万元)	5	5	10	20
桑叶茶	数量(公斤)	100	500	1000	1500
	产值(万元)	2	10	20	30
桑叶粉	数量(公斤)	无		100	200
	产值(万元)	无		1	2
桑果酒	数量(公斤)	1000	1000	1500	3000
	产值(万元)	5	5	7.5	15
桑葚干	数量(公斤)	200	500	2000	5000
	产值(万元)	4	10	40	100
桑枝粉末	数量(公斤)	无	无	350000	35
	产值(万元)	无	无	24.5	2.45
桑白皮	数量(公斤)	无	无	100	100
	产值(万元)	无	无	0.4	0.4
桑叶面条	数量(公斤)	无	无	2000	5000
	产值(万元)	无	无	1.2	3

续表

项目 \ 年份		2016年	2017年	2018年	2019年
桑叶宴	产值(万元)	无	50	80	120
云桑鸡	数量(只)	无	100	1000	5000
	产值(万元)	无	0.9	9	45
公司经营	销售收入(万元)		1690	1095	2100
	利税合计(万元)		101.4	47	103

六、腾冲迅一农业发展有限公司

该公司成立于2018年1月,公司位于腾冲县团田乡弄玲社区,公司法人张海荣,注册资金500万元。经营范围:种养殖技术开发、咨询、交流,桑树种植、销售,蚕茧收购、加工,蚕种销售等。目前,公司发展订单农业,业务除腾冲市团田、蒲川两个乡外,还辐射施甸、龙陵的部分乡镇。公司总资产370万元,其中固定资产204万元,公司下设生产技术部、收购经营部、财务部,有小蚕共育点2个、生产基地3个,拥有自动收烘设备1套,每日可烘烤鲜茧8吨。公司现有职工(固定)10名,其中专职辅导员6名。2019年公司养蚕748张,收购蚕茧33.60吨,收购资金支出140.16万元,销售收入157.69万元,上缴税费2.7万元。

第六章　行政管理

第一节　管理机构

保山市最早的农牧业行政管理机构,《腾冲县志》记载:“清光绪三十四年(1908年)春迤西道秦树声创办蚕桑学堂,设蚕桑局,试办蚕桑。”保山县民国元年至十七年(1912—1928年)设实业所,民国十八年至三十四年(1929—1945年)改设建设局,民国三十五年(1946年)改为建设科。民国三十七年(1948年)改为第十二区行政督察专员公署,治所移腾冲,专员公署内开始设建设科(又称第三个科),主管全区工商、农林、交通等工作,同时各县设建设科。民国时期科技人员缺乏,建设科的组织不健全,形同虚设。

一、市(地区)级管理机构

中华人民共和国成立后,1950年,保山地区在专员公署内下设建设科,科长先后为沈锡荣、李铭勋、普嘉猷。建设科主管全区农林、水利、交通、建筑、邮电等工作,各县也相应设立建设科主管辖区内蚕桑等各项工作。按照保山专员公署《为迅速健全农业生产领导机构》的精神,1954年,各县建设科和各区生产助理员基本配齐。1954年,在专署建设科内设立农技组(组长杨用中);1956年4月,保山专区合并到德宏州,州人民政府下设农林水利科,科长祁睹,有蚕桑技术人员8人。1959年7月,设州农水局,1961年,州农水局改为州农业局,1963年,恢复保山专区专员公署,内设专署农林科,科长赦道旺,保山、腾冲、龙陵、昌宁、施甸5县相应设立农林科。

1964年,保山专区编制委员会关于保山专、县农业系统企事业机构设置意见报告中确定专区一级设蚕桑站,编制1人,但机构未独立,行政附设于农林科,业务归在农科所内部。1964—1965年,保山专员公署农林科内设专区蚕桑技术指导站,编制5人;同期设县级机构2个,在保山县,施甸县设蚕桑站各1个。1965—1966年保山专区专员公署成立多种经营办公室(主任马心),负责蚕桑等经作工作。“文化大革命”开始后,多种经营办公室撤销,农林科名存实亡,1967年,由群众选举组成农林科生产领导小组,1968年,保山专区革命委员会建立后,设生产指挥组,主管农、林,牧、水、工交、财贸等工作。1969年，保山地区蚕桑技术指导站改称为保山地区蚕桑站，业务仍归口地区农科所，在板桥公社乌龙大队有蚕桑基地。1970年4月，成立保山地区农业局，局下设生产科负责管理蚕桑等农业生产。

1972—1978年，恢复多种经营办公室，隶属保山专区革命委员会多种经营领导小组，工作职责就包括蚕桑生产，主任先后由曹志远、张临、杨朝先担任。1978年12月，地区农业局撤销生产科，增设科教、粮作和经作3个科，由经作科管理蚕桑、茶叶等生产；1980年，地区农业局更名为地区行政公署农业局，1981年，更名为地区行政公署农牧业局，仍设经作科管理蚕桑、茶叶等生产。

2007年，保山市委、市政府把蚕桑产业列为农业重点产业。为贯彻执行市委、市政府有关蚕桑产业发展的路线、方针和政策，制定全市蚕桑产业发展计划，督促、检查各县区完成目标任务，帮助蚕桑龙头企业开展基地建设及做好蚕茧收购工作，协调解决产业发展中遇到的困难和问题。保山市委、市政府组建了蚕桑产业发展领导小组，由市政协主席张静任组长，下设蚕桑产业办公室挂靠在市农业局，由市农业局局长张开位兼任办公室主任，陈德胜负责日常事务，以后由历届局长兼任办公室主任，副局长兰子国、蒋春国、李正尧先后分管蚕桑办公室工作，2008年，后先后由杨朝良、董自礼负责“蚕办”日常事务。2019年3月15日，保山市农业农村局正式挂牌成立，由种植业科管理蚕桑等生产。

二、县（市、区）管理机构

（一）隆阳区（原保山县、保山市）管理机构

民国元年（1912年）保山县设实业所，下设农业试验场，民国十年（1921年）成立第二试验场于保山龙泉门。民国三十四年（1945年）云南省建设厅指令保山、昌宁、龙陵、腾冲设县农业改进所；保山县农业改进所有职工4人，主任李德洪，指导员宋候，主要从事农业技术推广工作；民国三十六年（1947年）农业改进所更名为农业技术推广所。

1950年，成立保山县建设科，包含农业工作，科长蔡光华、董锡斗；1953年后，由保山县人委农水科主管茶叶、蚕桑等农业工作，负责人先后是林绍清、丁罗钟；1959年，农水科改称农林科，科长杨发明；1961年，改称农业局，局长杨发明；1962年，改称农林科，科长先后为屠承寿、刘绍伦、瞿加祥。

20世纪60年代，保山县政府成立多种经营办公室管理蚕桑生产，20世纪70年代多种经营办公室积极发展蚕桑生产，负责人先后有徐绍云、李本道、董绍禄、万文宏。

1980年7月，保山县成立县蚕桑生产领导小组，由县委常委、副县长杜恩源任组

长，从农业局、外贸局、农业银行、供销社、水利局、丝绸厂等单位各抽出一名领导组成7人领导小组。1981年，保山县恢复多种经营办公室，负责人为万文宏，各公社成立"经营办"，有1名副职分管蚕桑产业。1991年，保政通〔1991〕56号文决定，保山市（原保山县）成立蚕桑发展领导小组，组长为副市长宗继贤，副组长为经委副主任甑天才、农业局副局长魏亲貌，下设办公室于市蚕桑站，主任为蚕桑站站长杨正清，副主任为丝绸厂农务科科长石寿才；1992年5月，保山市蚕桑领导小组组长更改为副市长谢振中。

1995年1月，保山市人民政府调整充实蚕桑生产领导小组，由徐洪祥副市长兼任组长。同年5月，保山市人民政府成立保山市蚕桑生产发展办公室（保政通〔95〕11号），主任由保山市经济委员会副主任王松山兼任，副主任孙彦、刘汉雄；之后，板桥、辛街、河图、金鸡、汉庄5个乡镇相继成立了蚕桑生产领导小组和乡镇蚕桑办。2000年，撤地建市，保山市改称隆阳区。

2001年9月，隆阳区组建蚕桑基地建设领导小组，副区长张锭任组长，下设办公室在隆阳区农业局，蚕桑办主任魏亲貌。2002年10月，隆阳区调整充实蚕桑产业领导小组，由区长杨耀程任组长，副组长分别为区委副书记石明智、副区长张锭、蚕桑办主任为孙彦，成员由区直12个相关部门和保山茧丝绸公司的负责人组成，隆阳区蚕桑产业领导小组成员单位有隆阳区委办、政府办、宣传部、农业局、工商分局、财政局、计划发展局、水利局、国土资源局、农业综合开发办、林业局、信用联社和保山茧丝绸公司。

2004年，隆阳区蚕桑基地建设领导小组改称丝麻产业领导小组；下设蚕桑办在区农业局，主任杨文国，副主任范国明；2008年，改称隆阳区蚕桑产业发展领导小组，下设蚕桑产业办公室在区农业局，各乡镇相应成立领导小组和办公室。

2004—2008年隆阳区蚕桑产业办公室主任为杨文国，2008—2009年为高岳明，2009—2016年为陈迎新，2016年以来为赵会星。

（二）施甸县管理机构

1963年以前，施甸蚕桑产业先后归原保山县人民委员会建设科、农水科、农林科负责；1963年，施甸分出建县后，设县人民委员会农林科主管茶叶、蚕桑等农业生产，科长杨发明，从农林科抽调行政干部何汝钧、何荣琴、杨源3人从事茶叶、蚕桑技术推广工作；1964年，农林科设立蚕桑组，配备科技人员5人，由何汝钧负责；为发展蚕桑生产，1965年，又从蒙自草坝蚕种场聘请技术员李加双同志来指导施甸蚕桑生产技术，同时招聘了蚕桑辅导员28人；1966年，施甸县又从四川省聘请了何明友、王春玉、韩代均、林洪文、杜玉珍（女）等人来施甸县指导蚕桑生产技术。

续表

年度	文件名称	主要内容
2006—2008年		保山市连续3年得到国家农业开发办的列项支持，云南省发改委、省农业开发办、省农业厅、省科技厅分别支持保山市完成了桑树良种工程、土地治理、优质蚕桑产业化技术、自动缫丝生产线、农产品加工等一批重大项目，夯实了丝绸工业基础，改善了桑园道路、水利条件，提高了种桑养蚕科技水平
2008年	保政发〔2008〕129号《关于2009年蚕桑生产的意见》	计划全市新植桑园8.05万亩，累计桑园达到21.5万亩，养蚕15.87万张，产茧523.7万公斤，实现农业产值10474万元、工业产值2亿元和税收1000万元；决定2009年市级财政安排蚕桑产业发展专项资金230万元，用于新植桑园补助、建设5块示范样板、打造4个专业示范村和技术培训
2009年	保政发〔2009〕128号《关于2010年蚕桑生产的意见》	计划2010年全市新植桑园1.6万亩，累计桑园面积达到13.6万亩，养蚕11.3万张，产茧347.4万公斤，缫丝48万公斤，实现农业产值6900万元、工业产值1.1亿元和税收700万元；决定2010年市级财政安排230万元蚕桑产业发展专项资金，重点用于建设30个蚕桑专业村、巩固提升老桑园、宣传和技术培训、考核奖励
2010年	保蚕发〔2010〕1号《保山市2011年蚕桑产业发展意见》	计划全市新植桑园2.5万亩，改造中低产桑园2万亩，建设10个蚕桑核心基地乡（镇）和20个重点村（组），培植3个蚕桑专业合作社和20户蚕桑专业示范户；计划养蚕16.4万张，产茧4913吨，实现农业产值1.1亿元。决定市级财政安排250万元资金扶持蚕桑产业发展，主要用于巩固和新建重点村、培植专业合作社和专业示范户、新植桑园和中低产桑园改造、新建大蚕房、种苗繁育及病虫测报、技术培训

续表

年度	文件名称	主要内容
2011年	保政发〔2011〕175号《关于2012年蚕桑生产的意见》	计划全市新植桑园3万亩，累计桑园面积达到17.3万亩，中低产桑园改造2万亩，建设5个蚕桑示范园区，巩固11个核心基地乡镇和83个重点村；养蚕9万张，交茧297万公斤，缫丝30万公斤，实现工农业产值2.9亿元和税收1000万元；决定2012年市级财政安排200万元蚕桑产业发展专项资金，重点用于蚕茧直补、病虫害防治和技术培训等工作环节；实行蚕茧收购最低保护价政策，价格为每公斤上茧20元
2012年	保政发〔2012〕155号《关于2013年蚕桑生产的意见》	计划新植桑园1.5万亩，桑园总面积达到18.6万亩，低产桑园改造2万亩，建设14个蚕桑示范园区，巩固11个核心基地乡镇和91个重点村，养蚕10万张，实现总产值3亿元；决定市级财政安排200万元资金扶持蚕桑生产发展，主要用于养蚕补助、蚕桑示范区园建设、低产桑园改造、病虫害防治、桑树种苗繁育基地及新品种引进试验示范等工作环节
2013年	保政发〔2013〕213号《关于2014年蚕桑生产的意见》	计划新植桑园1.5万亩，桑园总面积达19.94万亩，低产桑园改造1.5万亩，建设高产蚕桑示范区12块，巩固11个核心基地乡镇和89个重点村，养蚕10万张，实现总产值3.8亿元；决定市级财政安排200万元资金扶持蚕桑生产发展，主要用于养蚕补助、高产桑园示范区园建设、低产桑园改造、病虫害统防统治、宣传及技术培训等方面
2014年	保政发〔2014〕159号《关于2015年蚕桑生产的意见》	决定市级财政安排200万元资金扶持蚕桑生产发展，主要用于高产桑园示范区建设、养蚕补助、病虫害防治、技术培训、重点村建设和抗旱补助等工作环节

续表

年度	文件名称	主要内容
2015年	保政办发〔2015〕77号《关于印发2016年蚕桑生产工作意见的通知》	计划新植桑园1.5万亩，建设高产桑园示范区12块，建设低产桑园改造样板3块，改造低产桑园1.5万亩，养蚕15万张，实现总产值5亿元。确定工作重点为：发展新桑园，改造低产老桑园，建设高产桑园示范区，推广种桑养蚕技术，突破养蚕量；发展壮大龙头企业推动产业提质增效
2016年	保政办发〔2016〕167号《关于全市2017年蚕桑生产工作的意见》	确定工作重点为：以科学规划为引领，稳步发展新桑园1.5万亩；以建设13块高产桑园示范区为抓手，着力打造优质茧丝生产基地；以巩固改造提升1.5万亩低产桑园为重点，突破养蚕量15万张；以培育新型农业经营主体为切入点，提高产业化经营水平；以科技创新和科技措施的普及推广为动力，推动产业提质增效；以发展壮大龙头企业为基础，引领产业发展
2019年	保市监发〔2019〕76号《关于加强蚕茧市场监管工作的通知》	根据《无证无照经营查处办法》(国务院令第684号)、《茧丝质量监督管理办法》(国家质量监督检验检疫局第43号)规定，现就有关事项通知如下:一、各级市场监督管理局要对辖区所有从事鲜茧收购的经营者进行全面清理，严格按照相关鲜茧收购政策规定进行核准登记，从源头上严把市场主体准入关。二、要加大执法力度，加强对蚕茧收购市场主体准入、交易和退出行为的监管。严厉查处无照收购、超范围收购蚕茧的行为。三、严格执行国家价格政策和收购质量标准，对哄抬物价和蚕茧收购中使用未经有权部门检定或检定不合格的计量衡器的，依法予以查处。四、要加大宣传，加强行业自律。蚕茧收购坚持“谁投资、谁扶持，谁收购、谁受益”的原则，避免“无投入、价高抢、低价逃、有利让、无利走”恶性竞争现象的发生，广大蚕农应按照龙头企业的要求，积极履行合同规定的各项义务，共同推动收购秩序良性发展

表6–2　隆阳区扶持政策

年度	文件名称	主要内容
1959年		1959年，保山县继续把桑树列为造林树种，编制8年造林计划，下达各公社执行
1965年	保会农字〔65〕第20号《关于发展蚕桑生产的意见》	保山县提出今后两三年内发展蚕桑生产，以城关、城郊、板桥、辛街为主，西邑、丙麻、蒲缥等适合发展蚕桑的公社约50个，计划栽桑6500亩，配备蚕桑辅导员74人，负责蚕桑技术指导工作
1967年		保山县实行蚕茧奖励政策，农民每交售1担鲜桑蚕茧，奖售30尺棉布，交售干茧的奖励为鲜茧的3倍，蚕丝为6.6倍
1981年	保政发〔81〕42号《关于发展蚕桑生产实行奖售粮食的决定》	要求决不放松粮食生产，积极开展多种经营；对各公社下达蚕茧交售任务；制定奖售政策，在蚕茧交售基数内，每交售1斤蚕茧，奖售包谷或小麦1斤；超基数部分，1斤蚕茧奖售包谷或小麦2斤
1982年		全县1982年计划新植桑园435亩，安排扶持资金3603元；制定鼓励农户养蚕的系列政策，每新植或改造1亩桑树，补助10元；每交售1斤蚕茧，奖售粮食1斤，调动了群众的种桑养蚕积极性
1983年		保山县人民政府提高奖售政策，每交售1斤级内蚕茧，奖售1.5斤粮食。新植湖桑移栽成活，验收后每1株桑树补助苗钱0.03元;桑园低改，每亩补助10元。政府对蚕桑生产很重视，日常开展蚕桑工作的部门和单位有保山县农业局、保山县外贸局、保山县供销社、保山县财政局和保山丝绸厂

续表

年度	文件名称	主要内容
2001年	隆政发〔2001〕50号《关于建设5万亩优质蚕桑基地的意见》	计划根据隆阳区自然地理条件和资源状况，蚕桑基地主要布局在7个乡(镇)，全区在3~5年内桑园面积要扩大到5万亩。为此，制定桑苗种植补助、辅导员工资及工作经费、新建蚕房用地审批、绩效奖励，实行蚕茧收购最低保护价，价格为每公斤上茧12元等一系列扶持政策
2002年	隆政发〔2002〕19号《关于蚕桑生产的意见》	计划当年新植桑园面积1.5万亩，2003年产鲜茧47.6万公斤，产值571.53万元；决定招聘蚕桑专职辅导员40名，区、乡两级财政共安排扶持专项资金343.8万元，主要用于种桑补助，辅导员工资等，保山茧丝绸公司扶持93.8万元，主要用于乡镇、村工作经费、奖金和小蚕共育示范补助及八鸭塘小基地种桑垫资
2003年	隆政发〔2003〕20号《关于2003年度蚕桑亚麻生产的意见》	计划新植桑园1.5万亩，建设区级示范样板600亩、乡级规范化栽培样板1400亩，产茧47.64万公斤。决定继续实行蚕茧收购最低保护价，价格为每公斤上茧12元；新建临时蚕房用地继续按隆政复〔2002〕32号文执行；投入扶持资金240万元，其中区财政安排200万元，保山茧丝绸公司安排40万元，主要用于田桑、地膜和桑苗补助、辅导员工资、区级样板经费、贷款贴息、区级工作经费、乡村以奖代补资金等
2004年	隆政发〔2004〕79号《关于进一步加强蚕桑生产的意见》	计划2004年、2005年全区各新植桑园1.5万亩；2005年全区养蚕3万张，鲜茧收购18000担。制定对新植桑园、小蚕共育室补助，新建临时蚕房用地审批，基础设施建设，蚕茧最低保护价收购，绩效考核奖励等一系列扶持政策

续表

年度	文件名称	主要内容
2005年	隆政发〔2005〕91号《关于2005年度蚕桑生产的意见》	计划2005年全区新植桑园1.5万亩，2006年养蚕90982张，收购鲜茧5.4万担，实现农业产值4050万元。决定田桑区财政每亩给予补助200元，地桑每亩给予补助60元，并无偿提供地膜；对新植桑园连片面积在300亩以上，需解决灌水配套的，纳入全区水浇地项目计划，由区水务局统一规划建设，区级财政按规划设计总投资的70%给予补助；蚕茧收购实行上茧每公斤15元最低保护价
2006年	隆政发〔2006〕90号《关于2006年至2007年度新植桑园生产的意见》	计划全区新植桑园1.1万亩，全年饲养蚕种7.3万张，收购鲜茧2300吨，实现农业产值5000万元；决定安排扶持资金132.9万元，主要用于新植桑园补助和区蚕桑办工作经费
2006年	隆政发〔2006〕119号《关于进一步巩固提升蚕桑产业的意见》	计划2007年新植桑园1.1万亩，2008年新植桑园1.29万亩，使蚕桑种植面积达到8万亩；到2008年，建成缫丝丝绸制造一条龙加工企业，实现农业产值7500万元以上、工业产值3亿元以上、利税0.3亿元以上。制定小蚕共育室补助，辅导员工资，蚕桑科技推广、培训，评比表彰“百名养蚕女能手”，乡镇(街道办事处)量化考核等级奖，蚕茧收购完成任务奖等政策
2007年	隆政发〔2007〕123号《关于加快蚕桑产业发展的意见》	计划2008年新植桑园2万亩，累计桑园面积达到9万亩；养蚕16万张，产鲜茧560万公斤；新建烘茧站1座、小蚕共育室0.4万平方米；实现农业产值1.12亿元、工业产值4.5亿元、税收0.27亿元。决定对新发展蚕桑产业的扶持政策，继续按照隆政办发〔2005〕54号)、隆政发〔2006〕90号)、隆政发〔2006〕119号文件的有关政策执行，适当增加对杨柳、瓦房、瓦马三乡种桑养蚕补助

续表

年度	文件名称	主要内容
2009年	隆政发〔2009〕133号《关于2010年蚕桑生产的意见》	计划2010年全区新植桑园0.6万亩，累计桑园面积达到6.03万亩，养蚕6.5万张，收购鲜茧195万公斤，缫丝26万公斤，实现农业产值3900万元、工业产值6100万元和税收366万元。决定全区安排蚕桑产业发展专项资金820万元，主要用于新植桑园补助、交茧补助、重点村、小蚕共育补助、工作经费、科技培训经费和奖励经费
2011年	隆政发〔2010〕134号《关于2011年蚕桑生产的意见》	计划2011年全区新植桑园1万亩，累计桑园面积达73154亩，养蚕3.68万张，收购鲜茧124万公斤，实现农业产值2850万元、工业产值4550万元、税收270万元。决定2011年全区安排蚕桑产业发展资金1042万元，其中省、市补助资金400万元、区级财政安排642万元。其中用于新植桑园补助340万元，蚕茧交售补助224万元，大蚕房补助200万元，方格蔟补助130万元，工作经费71万元，科技培训15万元，奖励经费80万元，示范基地补助50万元
2011年	隆政发〔2011〕96号《关于2012年蚕桑生产的意见》	计划2012年全区新植桑园1万亩，累计桑园面积达到8.3万亩，改造中低产桑园1万亩；建设2个蚕桑示范园区，巩固4个核心基地乡镇，巩固28个、续建2个、新建9个重点村；养蚕4.3万张，收购鲜茧142万公斤，实现农业产值5000万元以上，税收270万元。决定2012年安排蚕桑产业发展资金1110万元(省、市补助资金400万元、区级财政资金710万元)。其中用于新植桑园补助440万元、蚕茧交售补助284万元、大蚕房补助110万元、工作经费101万元、技术服务体系建设20万元、奖励经费80万元、示范基地补助50万元、新区专业示范村补助25万元

续表

年度	文件名称	主要内容
2012年	隆政发〔2012〕164号《关于2013年蚕桑生产的意见》	计划2013年新植桑园0.65万亩，改造中低产桑园0.8万亩，养蚕4.7万张，收购鲜茧164.5万公斤，实现农业产值6000万元以上。决定安排蚕桑产业发展扶持资金1190.4万元，其中区政府筹措851万元（区财政安排501万元，争取省、市蚕桑产业发展项目资金350万元），主要用于新植桑园补助、大蚕房补助、低产桑园改造样板补助、技术服务体系建设、工作经费；保山利根丝绸有限公司安排339.4万元，主要用于小蚕房建设补助、基地基础设施建设、方格蔟补助、辅导员培训、养蚕技术服务、产业发展奖励
2013年	隆政发〔2013〕195号《关于2014年蚕桑生产的意见》	计划2014年全区新植桑园0.5万亩，桑园累计面积7.8万亩，改造中低产桑园0.6万亩，养蚕4.7万张，收购鲜茧164.5万公斤，实现农业产值8460万元以上、工业产值1.5亿元以上、税收1000万元。决定投入蚕桑产业发展资金657.7万元，其中：区政府筹措350.8万元（区财政安排100万元，争取省、市蚕桑产业发展项目资金250.8万元），主要用于新植桑园补助、小蚕房建设补助、桑园低改样板补助、养蚕补助、高产示范园建设补助、技术服务体系建设和工作经费；保山利根丝绸有限公司安排306.9万元，主要用于新植桑园补助、大蚕房补助、方格蔟补助、技术培训、养蚕技术服务、以奖代补等方面

续表

年度	文件名称	主要内容
2015年	隆政发〔2015〕172号《关于2016年蚕桑产业的意见》	计划新植桑园0.55万亩，桑园总面积达8.95万亩；建设高产桑园示范区5块，建设桑园低改样板1块，改造低产桑园0.6万亩，养蚕7万张，总产量315万公斤，实现总产值2.7亿元、税收1000万元。决定2016年全区投入蚕桑产业发展扶持资金495.2万元（区级财政安排81万元，2013年中央产业扶贫结余资金22.2万元，2015年省级蚕桑产业扶持资金325万元，市级蚕桑产业发展项目资金67万元），主要用于新植桑园补助、大小蚕房建设补助、养蚕补助、桑园蓄水池建设补助、技术服务体系建设、高产桑园示范区建设、低产桑园改造示范样板建设、工作经费
2016年	隆政发〔2016〕222号《关于2017年蚕桑生产的意见》	计划2017年新植桑园0.57万亩，桑园总面积达9.53万亩；建设高产桑园示范区5块，举办低产桑园改造样板3块，改造低产桑园0.6万亩，养蚕7万张，总产量315万公斤，其中交茧185.5万公斤；实现总产值2.7亿元，税收1000万元。决定投入蚕桑产业发展扶持资金534.4万元，主要用于新植桑园补助、大小蚕房建设补助、技术服务体系建设、高产桑园示范区建设、低产桑园改造、培训及工作经费
2017年	隆政发〔2017〕211号《关于2018年蚕桑生产的意见》	计划2018年在瓦马乡、瓦房乡、板桥镇、蒲缥镇和芒宽乡贫困区域发展桑园7660亩；全年养蚕4.43万张，产茧量221.5万公斤；实现总产值2.4亿元、税收1000万元。决定协调上海援滇农业产业扶贫项目资金、统筹整合财政涉农资金和其他扶持项目资金，主要用于桑苗补助、大小蚕房建设补助、贷款贴息、配套基础设施、蚕品种试验、技术培训、病虫害防治等方面

续表

年度	文件名称	主要内容
2019年	隆政办发〔2019〕211号《关于发展蚕桑产业助推脱贫攻坚的实施意见》	计划在瓦马、瓦房、西邑、板桥、丙麻、瓦窑、蒲缥、芒宽和辛街贫困区域发展桑园2.02万亩，养蚕5.56万张，产茧量278万公斤，实现总产值2.58亿元、税收1000万元。决定根据《隆阳区精准扶贫产业发展实施办法的通知》（隆办发〔2015〕76号）规定，给予新植面积桑苗补助，新建大蚕房14万平方米，小蚕共育中心46座1.38平方米要严格按照《隆阳区村镇建设管理办法》相关规定进行；给予入社建档立卡户小额信贷支持。所需资金从上海援滇农业产业扶贫项目资金、统筹整合财政涉农资金中安排

表6–3　施甸县扶持政策

年度	文件名称	主要内容
1984年		施甸县给种桑养蚕群众发放蚕桑扶持周转金，用于补助桑种、嫁接桑条、肥料。同时，县茶桑站开始试验、示范、推广方格蔟，提高蚕茧质量
2000年		施甸县恢复发展蚕桑，把蚕桑产业列为发展农村经济，作为调结构、转方式、助农富的骨干产业来抓
2001年	施政发〔2001〕24号《关于2001年发展蚕桑生产的通知》	计划2001年新植桑园1650亩，其中样板800亩；实现鲜茧总产量3.3万公斤；决定桑苗款由县农业开发公司垫付，农户承担贷款本息，分3年从茧款中连本带息扣回交县农业开发公司；建盖蚕房按“大农业用地”批办，使用木材报县林业局统一审批；按全县鲜茧购销总量，以10元/担标准从农特税中提取发展基金，专用于扶持和扩大全县蚕桑产业的发展；对完成种植任务和交售鲜茧任务的乡镇给予相应奖励

续表

年度	文件名称	主要内容
2002年	施政发〔2002〕7号《关于2002年发展蚕桑生产的意见》	提出“十五”期间，全县发展蚕桑3万亩，基地建成投产后，年收购鲜茧450万公斤，实现农户交茧收入5400万元、税收712.8万元的奋斗目标。2002年全县计划新植桑园0.5万亩，收购鲜茧6.6万公斤，实现产值85.8万元、税收1000万元；决定县财政一次补给县农业开发公司40万元，用于农户桑苗款补助、基地样板建设、技术培训及辅导员工资等费用；以10元/50公斤标准从农特税中提取发展基金，划归蚕桑产业办专户，专款使用；按每公斤最低保护价12元敞开收购鲜茧
2003年	施政发〔2003〕12号《关于2003年蚕桑生产的意见》	计划2003年全县新植桑园0.1万亩；决定由海宁公司收购鲜茧，上茧最低保护价为每公斤12元；海宁公司给予农户每株桑苗补助0.06元，完成新植桑园任务的乡镇，经验收合格后，公司每亩给予补助10元工作经费。新建蚕房所用土地、木材，由土地、林业部门按临时用地和自用材审批办理
2003年	施甸县人民政府《关于2004年蚕桑生产的意见》	计划2004年全县新植桑园0.6万亩；决定继续由海宁公司收购鲜茧，上茧最低保护价为每公斤12元；县政府每株补助桑苗款0.06元；完成新植桑园任务的乡镇，经验收合格后，县政府每亩给予15元工作经费补助；新建蚕房所用土地、木材，由土地、林业部门按临时用地和自用材审批办理。农户新建蚕房(以每亩桑园建蚕房10平方米计算)经验收达标后，县政府给予20元/平方米的补助

续表

年度	文件名称	主要内容
2004年	施政发〔2004〕45号《关于全县2005年蚕桑生产的意见》	计划2005年全县新植桑园0.6万亩，养蚕6200张，交售鲜茧21万公斤；决定由保山茧丝绸公司收购蚕茧，鲜上茧最低保护价为每公斤15元；农户新植桑园1亩，公司给予补助20元；完成鲜茧交售任务的乡镇，按交茧量给予奖励；完成新植桑园任务的乡镇，经验收合格后，公司每亩给予10元工作经费补助
2005年	施政发〔2005〕66号《关于2006年全县蚕桑生产的意见》	计划2006年全县新植桑园0.3万亩，养蚕1.4万张，交售鲜茧42万公斤；决定鲜上茧收购保护价15元/公斤，并随市场价上升而上浮；农户新植1亩桑园由公司和县政府补助100元；小蚕共育室规模达到50～100张的，经验收合格公司补助1000元/户
2006年	施政发〔2006〕77号《关于2007年全县蚕桑生产的意见》	计划2007年全县新植桑园0.8万亩，养蚕2万张，交售鲜茧60万公斤；决定鲜上茧收购保护价15元/公斤，并随市场价上升而上浮；农户新植1亩桑园由公司和县财政补助150元；新建小蚕共育室经验收合格，年育种50～100张，公司户均补助1000元，育种量100张以上，按户均补助2000元
2007年	施政发〔2007〕91号《关于加快蚕桑产业发展的意见》	提出用3年时间新植桑园7.7万亩，到“十　五”末，全县桑园面积达到10万亩，年养蚕8万张，年产鲜茧280万公斤，实现农业产值5040万元的奋斗目标。决定2008年农户新植1亩桑园补助100元；小蚕共育室验收合格后公司按规模补助1000～2000元/户；县财政安排资金15万元用于蚕房补助；辅导员工资由公司承担；公司实行以奖代补，对完成桑园种植任务和蚕茧交售任务的乡镇进行奖励

续表

年度	文件名称	主要内容
2008年	施政发〔2008〕31号《关于2009年蚕桑产业发展的实施意见》	计划2009年新植桑园2.7万亩，养蚕2.8万张，交售鲜茧92.4万公斤，新打造21个面积达1000亩以上的蚕桑专业村。决定县级财政安排资金400万元用于桑苗补助；改造蚕房、新建蚕房各1万平方米，验收合格后每平方米给予50～100元补助，蚕房用地按农业用地审批；小蚕共育室验收合格后公司按规模补助1000～2000元/户；县财政安排桑农培训经费20万元；建设16块面积200亩以上的样板，经验收合格，补助100元/块；县财政安排资金20万元，对完成桑园种植任务的乡镇实施考核奖励；公司实行以奖代补，对完成蚕茧交售任务的乡镇进行奖励
2009年	施政发〔2009〕31号《关于2010年巩固发展蚕桑产业的意见》	计划2010年新植桑园0.5万亩，新建蚕桑专业村10个，养蚕2.8万张，交售鲜茧92.4万公斤，实现蚕茧交售产值1800万元。决定无偿为农户提供新植桑苗；计划新建标准蚕房1万平方米，县财政补助100元/平方米，计划改造蚕房0.5万平方米，县财政补助50元/平方米；新建小蚕共育室50座，验收合格后，按规模由县财政、公司给予每平方米2000～4000元补助；县财政安排40万元，用于巩固提升老桑园；县政府整合科技培训资金25万元，加强科技培训工作；执行方格蔟推广扶持政策；公司实行考核奖励和以奖代补政策，对完成新植任务和蚕茧交售任务的乡镇给予奖励

续表

年度	文件名称	主要内容
2010年	施政发〔2010〕31号《关于2011年巩固发展蚕桑产业的意见》	计划2011年全县新植桑园0.7万亩，改造低产桑园0.6万亩，重点打造3个核心乡（镇），新建6个蚕桑专业村，培育1个专业合作社；养蚕3.57万张，交售鲜茧107.1万公斤，实现交售产值2463万元。决定，一是执行桑苗扶持政策，无偿为农户提供新植桑苗；二是执行地膜补助政策，县财政补助40元/亩；三是执行蚕房新建扶持政策，新建标准蚕房1万平方米，县财政补助50元/平方米；四是实行鲜上茧20元/公斤最低保护价收购政策；五是执行方格蔟推广扶持政策；六是执行新建小蚕共育室补助政策，新建小蚕共育室50座，由县财政和公司补助4500元/座；七是县财政安排蚕办工作经费10万元。建小蚕共育室给予每座2000元补助
2011年	施政发〔2011〕44号《关于2012年蚕桑产业发展的意见》	计划全县新植桑园0.8万亩，改造中低产桑园0.5万亩，累计桑园面积达到3.4万亩。养蚕2.7万张，交售鲜茧891吨，实现农业产值3100万元，巩固提升3个核心乡镇、24个重点村，建设2个蚕桑示范园。决定县财政无偿为农户提供新植桑苗，地膜补助60元/亩；县财政安排100万元，用于改善蚕桑基地和重点村建设，安排30万元，用于巩固提升老桑园，安排科技培训经费25万元，安排工作经费10万元，安排考核奖金38.7万元；实行交茧补助、重点村补助和土地流转补助；新建小蚕共育室达标的，由公司补助100元/平方米

续表

年度	文件名称	主要内容
2012年	施政发〔2012〕36号《关于2013年蚕桑生产的意见》	计划2013年全县新植桑园0.3万亩，改造中低产桑园0.4万亩，建设4个蚕桑示范园，养蚕2.9万张，交售鲜茧101.5万公斤，实现农业产值3480万元。决定县财政无偿为农户提供新植桑苗；实行交茧补助、方格蔟补助、重点村补助、示范园区建设补助和巩固提升老桑园补助；县财政安排40万元基础设施建设资金，10万元工作经费，30万元考核奖金。公司承担工作经费8~10万元
2013年	施政发〔2013〕27号《关于2014年蚕桑生产的意见》	计划2014年新植桑园0.5万亩，桑园总面积达4.2万亩，建设高产桑园示范园区4块，改造低产桑园0.7万亩。计划养蚕2.9万张，交售鲜茧101.5万公斤，实现农业产值4000万元。决定县财政无偿为农户提供新植桑苗；实行交茧补助、方格蔟补助、高产桑园示范园区建设补助、低产桑园改造补助；县财政安排210万元基础设施建设资金，20万元科技培训资金，30万元原桑园基地建设资金，10万元工作经费，30万元考核奖金。公司承担工作经费8~10万元
2014年	施政发〔2014〕100号《关于2015年蚕桑生产的意见》	计划2015年新植桑园0.35万亩，改造低产桑园0.3万亩，建设4个新植桑园示范园区；计划养蚕2.5万张，交售鲜茧875万吨，实现农业产值4400万元。决定使用省级蚕桑产业扶持资金193万元，主要用于桑苗扶持、小蚕房补助、技术培训和新品种、新技术示范；县级财政安排蚕桑专项资金90万元，主要用于基础设施建设、病虫害统防统治、县蚕办工作经费和考核奖励；丝缘丝绸公司实行交茧补助、方格蔟补助、辅导员及蚕农培训补助

续表

年度	文件名称	主要内容
2015年	施政发〔2015〕117号《关于2016年蚕桑生产工作的意见》	计划2016年新植桑园0.35万亩，改造低产桑园0.3万亩，建设高产桑园示范园区2块；计划养蚕2.5万张，交售鲜茧98万公斤，实现农业产值4400万元。决定使用省级蚕桑产业扶持资金，主要用于桑苗、地膜补助，小蚕房建设补助，蚕桑生产技术体系配套服务补助；县级财政安排蚕桑专项资金30万元，主要用于县蚕桑办工作经费、考核奖励；丝缘丝绸公司实行交茧补助，对县蚕桑办、乡镇蚕桑办工作经费补助；海宏蚕种场按每张蚕种6元返给县茶桑站作为工作经费
2016年	施政办发〔2016〕171号《关于全县2017年蚕桑生产工作的意见》	计划2017年新植桑园0.36万亩，改造低产桑园0.3万亩，建设高产桑园示范园区4块；计划养蚕2.8万张，交售鲜茧98万公斤，实现农业产值5000万元。决定使用省级蚕桑产业扶持资金150万元，主要用于桑苗、地膜和小蚕房建设补助，蚕桑技术体系配套服务；县级财政安排蚕桑专项资金121万元，主要用于桑苗及地膜补助，县蚕桑办工作经费，新品种、新技术推广；丝缘丝绸公司实行交茧奖励、县蚕桑办工作经费补助；海宏蚕种场每张蚕种6元返给县茶桑站工作经费

表6-4 昌宁县扶持政策

年度	文件名称	主要内容
2007年	昌政发〔2007〕90号《关于2008年蚕桑产业发展的意见》	计划2008年新植桑园1万亩，年养蚕5050张，产茧15.15万公斤，实现农业产值303万元。决定全县配备蚕桑技术辅导员60人；新植桑园补助150～300元/亩；田园镇、勐统镇各建设连片面积300亩以上县级样板一块，各补助2万元；新建示范大蚕房田园镇、勐统镇、漭水镇、湾甸乡各500平方米，验收合格补助40元/平方米。保山利根丝绸有限公司助力新区发展生产，标准化小蚕共育室经验收合格补助100元/平方米，利用住房改造的普通型小蚕室补助1000元/座；实行交茧奖励，承担蚕桑辅导员和小蚕共育户培训经费；执行蚕茧收购最低保护价为鲜上茧15元/公斤
2008年	昌政发〔2008〕85号《关于抓好2008年/2009年蚕桑产业发展的通知》	计划2009年新植桑园2.5万亩，年养蚕2.65万张，产茧92.77万公斤，实现农业产值1855.4万元。决定县财政安排蚕桑产业发展资金200万元，主要用于蚕桑技术辅导员工资、桑苗补助、建设县级样板。昌宁欣盛恒茧丝有限公司负责小蚕共育室补助、辅导员的工资与培训，实施养蚕奖励和交售鲜茧奖励，建设样板2块，总面积不低于500亩，蚕茧收购最低保护价执行每公斤鲜上茧15元
2009年	昌政发〔2009〕106号《关于抓好2010年蚕桑产业发展的通知》	计划新植桑园0.5万亩，提升改造老桑园1万亩，累计桑园面积达4万亩，建设10个蚕桑专业村、18个重点村；养蚕2万张，产茧600吨，实现农业产值1200万元。决定县政府筹措蚕桑产业发展专项资金613.5万元，主要用于新植桑园、低产老桑园改造、病虫害统防统治、小蚕共育室和大蚕房建设、示范样板、技术培训等各项补助。昌宁欣盛恒茧丝有限公司负责小蚕共育室补助，承担辅导员的工资与培训，实施养蚕奖励和交售鲜茧奖励，建设老桑园提升改造样板1000亩，蚕茧收购最低保护价执行每公斤鲜上茧20元

续表

年度	文件名称	主要内容
2010年	昌政发〔2010〕28号《关于2011年蚕桑生产意见》	计划新植桑园0.8万亩，中低产桑园改造0.4万亩，累计桑园面积达5.05万亩；养蚕2万张，产茧600吨，实现农业产值1380万元。决定投入蚕桑生产扶持资金817.2万元，其中县财政投入666万元，主要用于苗木款、肥料款和标准化大蚕房建设补助、专业村、重点村工作经费、县级样板经费等。昌宁欣盛恒茧丝有限公司投入151.2万元，主要用于承担部分苗木款、地膜补助、新植田桑补助和小蚕共育室补助
2011年	昌政发〔2011〕112号《关于2012年蚕桑生产的意见》	计划2012年新植桑园8000亩，改造中低产桑园0.8万亩；建设3个蚕桑示范园区，巩固提升4个核心乡镇和28个重点村，养蚕2万张，产茧660吨，实现农业产值2300万元。决定县财政投入蚕桑生产扶持资金824.6万元，主要用于苗木款、地膜、肥料和标准化大蚕房建设补助，鲜上茧交售奖励，科技推广及示范园区建设等方面。昌宁欣盛恒茧丝有限公司承担部分苗款，负责小蚕共育户技术培训，实行小蚕共育室补助，建设田桑样板100亩，执行鲜上茧最低收购保护价不低于30元/公斤
2012年	昌政发〔2012〕38号《关于2013年蚕桑生产意见》	计划新植桑园0.55万亩，改造中低产桑园0.8万亩，建设4个蚕桑示范园区，养蚕2.4万张，产茧840吨，实现农业产值2940万元。决定县财政安排蚕桑产业发展资金680.3万元，主要用于苗木、地膜补助，标准化大蚕房建设和蚕桑示范园区建设补助。昌宁欣盛恒茧丝有限公司承担部分苗款，投入140万元，实行小蚕共育室补助、标准化大蚕房建设补助、新植田桑补助、重点村交茧奖励，执行鲜上茧最低收购保护价不低于32元/公斤

续表

年度	文件名称	主要内容
2013年	昌政发〔2013〕23号《关于2014年蚕桑生产意见》	计划全县新植桑园0.6万亩，改造低产桑园0.6万亩，建设4个蚕桑示范园区，养蚕2.4万张，产茧840吨，实现农业产值3192万元。决定投入蚕桑生产扶持资金584.5万元，主要用于苗木、地膜、标准化大蚕房建设和示范园建设补助，科技培训，工作经费及考核奖励。企业投入资金172万元，对苗木、田桑种植和小蚕共育室进行扶持，对种桑养蚕村交茧进行奖励，制定鲜上茧最低收购保护价不低于38元/公斤，同时不低于周边地区的收购价格
2014年	昌政发〔2014〕22号《关于2015年蚕桑生产意见》	计划新植桑园0.45万亩，改造低产桑园0.6万亩，建设高产桑园示范区2个，建设标准化大蚕房1万平方米，养蚕3万张，产茧1050吨，实现农业产值3990万元。决定安排蚕桑产业发展资金478万元，专项用于苗木、地膜、标准化大蚕房建设和示范园建设补助，病虫害统防统治，科技培训，工作经费及考核奖励。欣盛恒茧丝有限公司扶持苗木款81万元，负责补助300~500户蚕农新建小蚕共育室，对种桑养蚕村交茧进行奖励，实行鲜上茧最低收购保护价不低于38元/公斤的收购政策
2016年	昌政发〔2016〕2号《2016年蚕桑生产意见》	计划全县新植桑园0.6万亩，改造低产桑园0.6万亩，巩固提升核心基地乡镇4个、重点村22个；养蚕3.2万张，交售鲜茧1120吨，实现产值4256万元。决定全县安排蚕桑产业发展资金496万元，专项用于苗木、地膜、小蚕共育室、标准化大蚕房建设、地蚕大棚建设和示范区建设补助，病虫害统防统治，工作经费及考核奖励。昌宁欣盛恒茧丝有限公司负责部分苗木款，给予小蚕联户共育户每户补助1台自动控温器，对种桑养蚕村交茧进行奖励

续表

年度	文件名称	主要内容
2017年	昌办发〔2017〕51号《关于做好昌宁县2017年蚕桑生产工作的通知》	计划新植桑园0.49万亩，建设高产桑园示范区6块，改造低产桑园0.6万亩，举办标准化低改示范样板3块，养蚕1.686万张，交售鲜茧590吨，实现产值2240万元。决定安排扶持资金461万元（整合省级蚕桑产业扶持项目资金209万元、扶贫产业发展项目资金162万元、县财政安排资金90万元），主要用于新植桑园补助、小蚕共育室建设补助、地蚕大棚建设补助、高产桑园示范区和标准化低产桑园改造示范样板建设补助，病虫害统防统治及工作经费。昌宁欣盛恒茧丝有限公司承担部分苗木款，补助地蚕大棚建设10万元，给予小蚕共育户每户补助1台自动控温器，以村为单位，实行交茧奖励
2018年	《昌宁县2018年蚕桑生产指导意见稿》	计划新植桑园0.28万亩，改造低产桑园0.6万亩，养蚕1.7万张，交售鲜茧595吨，实现产值2500万元。决定县财政安排扶持资金542.2万元，主要用于新植桑园补助、小蚕共育室建设补助、地蚕大棚建设补助，病虫害统防统治及技术培训

第三节　工作会议

为加速蚕桑产业发展，围绕发展规划、年度目标任务，各级政府领导深入调查研究，在生产关键时期召开工作会、推进会、现场会，不断总结成功经验，分析制约因素，解决难点问题，为产业又好又快发展创造条件，夯实基础。保山市、隆阳区、施甸县、昌宁县召开的蚕桑工作会议（见表6-5、表6-6、表6-7、表6-8）。

表6-5 保山市(地区)蚕桑会议一览表

年度	会议名称	主要内容(含会议地点、规模等)
1952—1953年	蚕桑工作会议	保山专署多次组织,号召农户利用现有桑树养蚕,积极缫制蚕丝,支援国家建设,增加农业收入
1973年	保山地区蚕桑生产工作会议	2月,保山地委组织在板桥公社召开。参会人员有地区、县、公社的干部,会议提出要稳住蚕桑生产,要发展蚕桑基地
1976年	保山地区蚕桑生产工作会议	2月12—16日,保山地委组织在保山县召开。参加会议的有地区、县级多种经营办公室、农业局、供销社、外贸局、县蚕丝厂、蚕桑社队干部和地直有关单位的代表共169人。会议提出要大力发展蚕桑生产,与会代表参观了保山县城郊公社和板桥公社的生产现场
1980年	保山地区三级干部工作会议	5月6日,保山地委组织在保山县召开。参加会议的有地区、县和公社的干部,保山地委书记杨善洲作报告。会议提出大力发展蚕桑生产,并成立了蚕桑生产领导小组
1980年	保山地区蚕桑工作会	5月6日,保山行署组织在施甸县召开。行署副专员苏国相作重要讲话,施甸县委书记杨嘉宾主持会议,与会代表105人,会议提出大力发展蚕桑生产
1980年	保山地区先进单位和劳动模范表彰会	1980年,保山地委、保山行政公署召开大会,表彰1979年度先进单位和劳动模范,保山县农业局蚕桑技术员杨玉芬等12人受到表彰
2002年	全国“东桑西移”优质蚕茧基地建设研讨会	8月21—22日,会议由国家茧丝办主办,云南省经贸委承办,在保山兰都饭店召开。会议提出把云南等地作为“东桑西移”的重点地区,每年投入一定额度的茧丝绸发展风险基金,扶持蚕桑产业发展。会议肯定了“隆阳 海宁”模式,要求坚持“总量控制、分步实施、配套发展”的原则。来自全国10个省区的领导和专家100多人参加了会议

续表

年度	会议名称	主要内容(含会议地点、规模等)
2006年	全国“东桑西移”工程东西部蚕桑基地建设洽谈会	5月22—24日,会议由商务部主办,中国丝绸协会协办、云南省商务厅、保山市政府具体承办,在保山兰都饭店召开。与会代表200多人,国家茧丝办副主任王北鹰到会讲话,会议内容是贯彻商务部“东桑西移”工程会议精神,加快东西部交流合作,推动保山市丝绸产业和社会主义新农村建设健康发展
2008年	蚕茧收购专题会议	5月7日,会议由云南省茧丝绸协会主办,在隆阳区召开。确定全省春茧收购参考价中准价为18元/公斤,按级类推,各蚕茧收购企业的收购价格可以上下浮动5%
2008年	保山市核桃、茶叶、蚕桑产业发展现场会议	5月28—29日,会议由市政府组织,在隆阳区召开。与会代表参观了西邑乡八鸭塘蚕桑基地,印发了金鸡乡育德蚕桑村、瓦渡乡、瓦马乡新民村养蚕户石明娇等3个蚕桑典型材料。会议明确了蚕桑产业扶持办法和资金,计划安排市级蚕桑产业扶持资金230万元
2008年	全市核桃、茶叶、蚕桑产业发展现场会	7月3—4日,会议由市政府组织。会议总结了2007年10月以来三个重点产业发展工作取得的成绩和经验,分析了产业发展中存在的主要困难和问题,研究部署了保山市今后一段时期这三个产业发展的主要任务和工作措施。市长作重要报告,三个产业领导小组组长分别讲话,五县区政府作了工作汇报,6家先进典型作了交流发言。会议期间,与会人员参观了昌宁县三甲桑园、温泉光山茶园,隆阳区八鸭塘桑园、西邑乌马核桃基地,施甸县由旺镇永福村、杨家村桑园,甸阳镇清平村桑园等现场
2008年	昌宁县蚕桑验收会议	8月11日,会议由保山市蚕桑办组织在市农业局召开。市农业局副局长兰子国、市蚕桑办专职副主任杨朝良、昌宁县农业局副局长侯希华、欣盛恒公司总经理戴跃庆出席会议。会议研究了2008年新植桑园验收工作及来年工作计划

续表

年度	会议名称	主要内容(含会议地点、规模等)
2010年	保山市蚕桑工作会议	9月19日,会议由保山市政府组织在隆阳区召开。会议回顾总结了2010年蚕桑工作,安排部署了2011年蚕桑生产任务。政协主席张静讲话,要求按照“政府推动、企业带动、市场牵动、四级联动、农民主动、整体出动”的发展思路,重点建设核心基地乡镇、重点村和蚕桑专业村,巩固提升老桑园,加快发展新桑园,依靠科技进步,提高亩桑效益,大力扶持龙头企业,实现蚕桑副产物综合利用,加速产业化进程
2011年	保山市蚕桑工作会议	8月23日,会议由保山市政府组织在隆阳区召开,由副市长刘刚主持。会议总结了“十二五”开局之年的工作,分析了当前面临的有利形势和大好机遇,安排部署了2012年的蚕桑产业工作。政协主席张静讲话,要求进一步加强领导,加大投入,强化措施,提高蚕农效益,强化监管,规范市场秩序,壮大龙头,打造品牌,努力实现工农业产值2.9亿元
2012年	保山市蚕桑生产工作会议	8月20日,会议由保山市政府组织在隆阳区召开。市政府及各县区分管领导、蚕桑产业领导小组成员、蚕桑办主任、蚕桑站站长、相关单位负责人共80多人参会。会议总结了2012年的蚕桑生产工作,隆阳区板桥镇人民政府等8家单位作交流发言,市政协主席张静作主题报告,市农业局局长段生维安排部署了2013年蚕桑生产工作。三县区领导分别与保山市政府签订了“2013年蚕桑产业发展目标责任书”
2013年	保山市蚕桑工作现场会议	1月14日,会议由保山市政府组织在施甸县召开。会议由副市长刘刚主持,会议分析总结了全市蚕桑生产,交流了各县区工作经验,安排了2013年蚕桑工作。保山市政协主席、蚕桑产业领导小组组长张静要求全市各级部门要根据新植桑园1.5万亩、养蚕10万张、实现工农业产值3亿元的目标任务,围绕“坚定一个信心、加快两个步伐、突出三个早、强化四个保障的具体措施,认真抓好2013年蚕桑生产工作”

续表

年度	会议名称	主要内容(含会议地点、规模等)
2013年	保山市蚕桑工作现场会议	1月14日,会议由市政府组织在施甸县召开。会议由副市长刘刚主持,会议分析总结了全市蚕桑生产,交流了各县区工作经验,安排了2013年蚕桑工作,最后保山市政协主席、蚕桑产业领导小组组长张静提出工作要求
2013年	全市蚕茧收购工作会议	5月10日,会议由市政府组织在隆阳区召开。农业、工商、税务、保山利根丝绸公司等部门和企业负责人共40余人参加会议。保山市政府副秘书长孙兴胜莅会讲话;保山市农业局局长段生维回顾总结了全市蚕桑生产取得的成效;保山利根茧丝绸公司副总经理丁月芬传达了全国丝绸产销形势座谈会议精神,介绍了省内外茧丝价格情况。会议确定保山3年收购价为方格簇一级茧每公斤不低于40元,决定从夏蚕开始,蚕种出厂价调整为40元/张
2014年	保山市蚕桑工作推进会议	6月24日,会议由市政府组织在施甸县召开。与会代表参观了施甸县由旺镇银川村、常村和甸阳镇大竹棚村新植桑园示范样板,听取现场介绍
2014年	保山市蚕桑生产工作会议	9月17~18日,会议由市政府组织在隆阳区召开。副市长丁昌吉主持会议,来自农业、畜牧、财政、科技、扶贫、农行、云南保山利根丝绸公司等相关部门和企业负责人共70余人参会。隆阳区蒲缥镇等4家单位作交流发言;市蚕桑领导小组组长、市政协主席张静作了“多措并举、抢抓机遇,努力推动蚕桑产业发展转型升级”的主题报告;市农业局局长段生维安排部署了2015年蚕桑生产工作;三县区领导分别与市政府签订了“2015年蚕桑产业发展目标责任书”,并作表态发言
2015年	保山市蚕桑生产工作会议	9月15日,会议由市政府组织在隆阳区召开。各县区分管领导、蚕桑产业领导小组成员,蚕桑办主任、蚕桑站站长、相关单位负责人共80多人参会,副市长丁昌吉主持会议,与会代表参观了隆阳区板桥镇左所村高产桑园,保山市政协主席张静、保山市委副书记刘刚在会上作重要讲话,会议总结分析了2015年蚕桑生产取得的成效及存在问题,安排了2016年蚕桑生产工作

续表

年度	会议名称	主要内容(含会议地点、规模等)
2016年	保山市蚕桑生产工作会议	9月29日，会议由市政府组织在市政府八楼召开。各县区主要领导、市直有关部门、保山利根丝绸有限公司、海宏蚕种生产经营有限公司负责人等70余人参会。副市长丁昌吉主持会议，保山市蚕桑产业领导小组组长，保山市人大常委会主任张静作"把握形势，压实责任，着力推动蚕桑产业转型升级持续发展"的主题报告，市农业局局长、市蚕桑办主任段生维分析总结了2016年蚕桑生产取得的成效，安排部署2017年蚕桑生产工作

表6-6　隆阳区(保山县、保山市)会议一览表

年度	会议名称	主要内容(含会议地点、规模等)
1964年	保山县多种经营干部会议	11月15—18日，由保山县政府召开。会议期间与会人员参观了辛街区的蚕桑样板，提出1965年计划在辛街、板桥等共11个公社发展蚕桑
1973年	保山县蚕桑工作座谈会议	7月26—29日，参会人员有公社干部、蚕桑专业队的队长、供销社负责人和蚕桑技术人员，共计50多人
1974年	保山县蚕桑生产现场会议	2月1—3日，由保山县政府组织在辛街公社召开。参会人员有公社干部、专业队负责人、供销社人员、蚕桑辅导员和部分养蚕农民代表共计264人
1974年	保山县蚕桑生产工作会议	2月27—3月2日，由保山县政府召开。参会人员有12个蚕桑公社的领导、各蚕桑大队的负责人、专业队干部和贫下中农代表、林业局领导和蚕桑技术人员，商业局、丝绸厂、供销社、外贸局、县多种经营办公室的领导等共计189人。会议邀请保山地区多种经营办公室和地区外贸局的领导到会指导
1975年	保山县蚕桑工作会议	2月27日至3月2日，由保山县政府组织在辛街公社召开。与会代表参观了辛街公社杜家蚕场；会议总结了上年的蚕桑生产经验，传达贯彻地委行署的蚕桑规划，安排1975年度蚕桑发展工作

续表

年度	会议名称	主要内容(含会议地点、规模等)
1980年	保山县蚕桑工作会议	12月3—6日,由保山县政府组织在板桥公社召开。参会人员有县、公社、大队的领导干部,只外贸局、供销社、农业银行、丝绸厂相关人员,以及蚕桑技术人员、蚕桑专业队负责人等共计73人。会议提出搞桑树育苗和新植桑园补助,鼓励发展蚕桑生产,新植桑园移栽成活后,经验收合格,每株补助出款0.03元;搞桑树播种育苗的补助50%桑种钱
1982年	保山县蚕桑工作会议	2月25日至3月2日,由保山县政府组织在河图公社召开。参会人员有县、公社、大队的领导干部,外贸局、供销社、农业银行、丝绸厂相关人员,以及农业局领导和蚕农代表,共计104人。会议主要内容是贯彻保山地委、行政公署多种经营会议精神,安排全县蚕桑生产
1995年	云南省蚕桑基地建设工作会议	6月5—7日,由云南省农业厅主办,在保山市(隆阳区)农业局召开。云南省农业厅副厅长杨尚彩到会作报告,会议确定了一批省级蚕桑基地县(市)
2001年	隆阳区蚕桑生产工作会议	8月24日,由区政府组织在保山兰花宾馆召开。参会人员有7个乡镇和部分村组干部、蚕桑站工作人员,共计80人。隆阳区蚕桑产业领导小组副组长、区人大主任方文凯受区长委托作工作报告,会议提出隆阳区蚕桑发展目标是5万亩
2001年	隆阳区蚕桑基地建设现场会	11月2日,由区政府组织在板桥镇召开。副区长张锭主持会议,代区长杨耀程作蚕桑发展工作报告,到会的有隆阳区蚕桑产业领导小组成员单位领导、各乡镇和蚕桑村的负责人共计120人
2001年	隆阳区蚕桑基地建设座谈会议	12月13日,由区政府组织在保山兰花宾馆召开。区人大常委会主任、区蚕桑产业领导小组组长方文凯主持会议,代区长杨耀程、副区长庄伟到会并讲话

续表

年度	会议名称	主要内容(含会议地点、规模等)
2002年	隆阳区蚕桑工作会议	10月11—12日,由区政府组织在保山兰花宾馆召开。与会代表参观了施甸县由旺镇蚕桑生产;会议要求加快全区蚕桑生产发展,提出把蚕桑发展与退耕还林结合起来进行
2003年	隆阳区农业产业结构调整工作会议	9月18—19日,由区政府组织在区委会议室召开。会议由副区长主持,区长杨耀程作动员报告,会议提出加快建设5万亩优质蚕桑基地,蚕桑产业长远发展目标是10万亩;保山市人民政府市长助理、市农业产业结构办主任刘一丹到会讲话,对隆阳区农业产业结构进行深入剖析并提出今后结构调整的指导意见
2004年	隆阳区蚕桑工作会议	7月9日,由区政府组织召开。参会人员有各蚕桑乡镇主要领导、分管领导、蚕桑办主任,部分栽桑村的干部,共计100多人。区委书记刘一丹作报告,杨耀程区长作工作安排,会议提出通过5年发展,实现蚕桑面积达到5万亩;部分乡镇和蚕桑村在会上作了经验交流;大会上兑现了蚕桑生产扶持与考核奖惩
2004年	隆阳区2004年蚕桑开槽现场会	11月14日,由区政府组织在丙麻乡召开。隆阳区四套班子的领导,11个乡(镇)主管和分管蚕桑产业的领导,区产调办、区蚕办及技术人员等,共180多人参会;区委书记刘一丹到会讲话,区政协主席、区蚕桑工作组组长陈学范安排工作,提出要扎实工作,苦干二十天,全面完成蚕桑开槽工作
2005年	隆阳区蚕茧收购管理工作会议	7月22日,由区政府组织召开。参会人员有公安、工商、计划局、各乡镇主要领导、分管领导及蚕办主任,共计71人。区政协主席、区蚕桑工作组组长陈学范安排工作;副区长作工作要求,区乡村成立蚕茧收购管理小组,要求强化管理,对参与非法收购的党员干部,查实后给予党纪、政纪处分

续表

年度	会议名称	主要内容(含会议地点、规模等)
2005年	隆阳区2005年蚕桑工作会议	9月7日,由区政府组织在区委会议室召开。会议由隆阳区区委副书记杨兆亮主持,参会的有区蚕桑工作领导小组成员单位领导,11个乡镇党委书记、乡镇长,分管蚕桑副乡镇长、蚕办主任、全体蚕桑辅导员,区农业局、区蚕办、区蚕桑站工作人员,保山茧丝绸公司负责人等,共计180多人。会议通报了全区新老桑园面积核查和验收的情况;安排部署今冬明春各项工作,制定了2006年蚕桑生产发展考核奖励办法,兑现了去冬今春以来蚕桑工作奖惩。区委书记刘一丹提出要进一步加大工作力度,扎实做好六方面工作,确保全区5万亩优质蚕桑基地建设目标圆满完成
2006年	隆阳区蚕桑生产工作会议	4月4日,由区政府组织召开。区委副书记杨兆亮主持,区委书记刘一丹到会讲话,板桥、芒宽两个万亩乡镇的领导交流工作经验,典型户上台交流养蚕经验,会议提出5.7万亩蚕桑基地建设目标已达到,今后要把工作重心转移到加强桑园管理增加养蚕提高效益上来
2008年	隆阳区蚕桑生产工作会议	3月6日,由区政府组织在区农业局二楼会议室召开。参会人员有各乡镇的乡(镇)长、分管蚕桑生产的领导、蚕办主任、区农业局领导、茧丝绸公司负责人,会议安排了2008年蚕桑生产各项工作
2008年	隆阳区2009年蚕桑工作会议	8月22日,由区政府组织召开。区委副书记杨正晓主持,区委书记刘一丹作工作安排,会上明确安排蚕桑扶持资金620.1万元。蚕桑产业领导小组成员、乡镇主要领导和分管领导、乡镇蚕办主任、区蚕办和蚕桑站工作人员参加会议
2009年	隆阳区蚕桑工作推进会	2月11日,由区政府组织召开。区委、人大、政府、政协、蚕桑乡镇、蚕桑领导小组成员单位领导及保山利根丝绸有限公司负责人参加会议

续表

年度	会议名称	主要内容(含会议地点、规模等)
2009年	云南省蚕学会第九次会员代表大会暨云南省茧丝绸协会研讨会	3月26～28日,由区农业局组织在明和酒店召开,云南省农业厅、省商务厅、省农科院、云南农业大学和云南省蚕蜂所、全省茧丝绸公司的领导,全省蚕学会、茧丝绸协会会员及理事单位共165人参会,副市长刘刚出席会议并致欢迎词。省蚕学会理事长丁善明作第八届理事会工作报告,省茧丝绸协会秘书长罗坤传达了全国丝绸协会会议精神并作2008年度工作报告,云南省茧丝绸协会会长徐利根作全国茧丝绸形势分析报告;11家蚕桑科技单位进行了学术经验交流;大会选举产生了云南省第九届理事会;分组讨论了茧丝绸行业应对金融危机的措施、2009年春茧收购参考价格等问题 这次会议是在全球金融危机的暴发对我省茧丝行业造成直接影响的情况下及时召开的一次重要会议,本次会议分析了国际国内蚕桑产业发展的形势,研讨了应对金融危机对策,统一了全省茧丝绸公司和全体会员的思想,进一步规范了行业的行为,为我省的蚕桑产业在危机中求发展找出路发挥了重要作用
2009年	隆阳区2009—2010年蚕桑生产工作会	11月1日,由区政府组织在区人大四楼会议室召开。参加会议的有区蚕桑生产领导成员单位的领导,14个蚕桑乡镇的党委书记、乡镇长、分管领导、产业办主任,保山利根丝绸公司负责人等,共计80余人。区委书记董礼书作题为“提高认识　统一思想　坚定不移地加快推进蚕桑产业发展”的讲话;副区长何树林通报了2009年的蚕桑产业发展情况,提出各乡镇、各部门要提高认识,扎实抓好蚕桑生产八个方面的工作,会上何树林代表区政府与各乡镇签订了2010年蚕桑生产目标考核责任书

续表

年度	会议名称	主要内容(含会议地点、规模等)
2010年	隆阳区2010年蚕茧收购工作会议	5月21日,由区政府组织在区农业局召开。区农业局领导通报当前蚕桑生产情况并作工作安排;保山利根丝绸有限公司负责人提出2010年蚕茧收购办法;区工商局领导就蚕茧收购管理提出工作措施;区人民政府副区长何树林提出蚕茧市场管理的工作要求
2010年	隆阳区2011年蚕桑生产工作会议	10月18日,由区政府组织在区委四楼会议室召开。参会的有区直各部门领导、保山利根丝绸有限公司负责人,种桑乡镇党政主要领导、分管领导、蚕办主任、重点村支部书记和区蚕办技术人员等,共计130多人。与会人员到施甸县由旺镇永福村参观了蚕桑生产典型;会议全面总结了2010年蚕桑工作取得的成绩和存在的不足;会议安排部署了2011年蚕桑产业发展工作任务;区委常委、分管农业的副区长与各乡镇签订蚕桑生产目标责任书
2011年	2011年新植桑园开槽移栽暨冬季桑园管理工作会议	11月24日,由区政府组织在板桥镇召开。乡镇领导、蚕桑办主任和区直22个挂钩单位、39个重点村(支书)、7个茧站(站长)共160余人参会。首先在左所村开现场会,然后到板桥镇政府开大会,各乡镇汇报蚕桑工作,然后区农业局局长通报种植进度,保山利根丝绸公司负责人发言,最后区委常委、副区长何树林安排工作、提出工作要求
2012年	隆阳区2013年蚕桑工作会议	10月9日,由区政府组织在区农业局召开。副区长李延金提出蚕桑生产重点突出“九个抓”,即:抓认识、抓规划、抓移栽、抓管理、抓典型、抓投入、抓帮扶、抓考核、抓督查,要统一思想,坚定信心,抢抓机遇,抓好各项工作落实,提质增效,强力推进蚕桑产业健康有序发展;会议研究安排全区2013年度蚕桑生产,区政府与乡镇负责人签订蚕桑产业发展目标责任书

续表

年度	会议名称	主要内容(含会议地点、规模等)
2014年	2014年蚕桑生产工作会议	1月13日,由区政府组织在区农业局召开。会上兑现了2013年蚕桑生产考核奖励,总结分析了蚕桑产业发展存在的问题,全面安排部署了2014年蚕桑发展各项工作
2015年	2016年蚕桑生产暨冬农开发工作会议	10月26日,由区政府组织召开。参会代表有各乡镇主要领导、蚕办主任,区农业局、财政局、统计局、扶贫办相关人员,及保山利根丝绸有限公司、保山海宏蚕种生产经营有限公司负责人,各茧站站长、区蚕办、区蚕桑站工作人员,共计80余人。会议通报了各乡镇蚕桑工作完成情况,对2016年蚕桑生产及冬农开发作出安排,提出加快蚕桑产业转型升级和提质增效,副区长杨建军代表区人民政府与乡镇签订了蚕桑生产责任书
2016年	隆阳区2017年蚕桑生产工作会议	11月24日,由区政府组织召开。会议由杨俊波副区长主持,区农业局局长通报2016年蚕桑生产完成情况,安排了2017年蚕桑生产工作,提出2017年新植桑园5700亩,要求切实抓好桑园规划和规范移栽,要加强桑园管理,增加养蚕量,提高蚕茧产量
2018年	隆阳区2018年蚕桑工作会议	1月14日,由区政府组织在保山利根丝绸有限公司召开。会议总结了2017年蚕桑生产,安排了2018年蚕桑工作
2018年	全区2019年新植桑园工作会议	11月19日,由区政府组织在区农业局召开。涉及新植任务的8个乡镇的蚕桑办主任汇报了2018年蚕桑生产和当前蚕桑开槽进度情况,保山利根丝绸有限公司负责人丁月芬分析了当前茧丝价格和茧丝绸产业的形势,介绍了公司2019年的生产计划和工作安排。区农业局副局长、区蚕桑办主任赵会星在会上回顾总结了全区2018年蚕桑生产的情况,提出了2019年蚕桑生产的目标任务,对冬季蚕桑生产、援滇项目蚕桑新植等工作作出了具体安排,要求各乡镇抓住今年的援滇项目支持和市场机遇认真做好蚕桑发展,当前要加快开槽进度,确保在12月15日前完成开槽,按质按量完成新植任务

续表

年度	会议名称	主要内容(含会议地点、规模等)
2019年	全区2019年蚕桑工作会议	1月18日,由区政府组织在板桥镇召开。各乡镇分管领导、蚕办主任,区农业局、区工商局、保山市公安局隆阳分局的领导,区农业局相关股室、45个蚕桑重点村的支部书记,保山利根丝绸有限公司人员、各茧站站长,区蚕办、区蚕桑站工作人员共110人参会。会议全面总结2018年蚕桑生产,分析了当前蚕桑生产面临的各种困难和问题,通报了各乡镇蚕桑产业任务完成情况,会议安排部署了我区2019年蚕桑产业各项工作,会上对完成任务好的乡镇进行了表彰,板桥镇、瓦房乡、西邑乡三个乡镇的领导在会上作了蚕桑生产经验交流和表态发言
2019年	蚕桑项目推进暨蚕桑技术培训会议	3月15日,由区政府组织在板桥镇召开。各乡镇分管领导、蚕办主任,区农业局相关股室、区扶贫办、区财政局、区蚕办、区蚕桑站工作人员,保山利根丝绸有限公司负责人、各茧站站长、全体蚕桑辅导员共100多人参会。上午,区农业局赵会星副局长就蚕桑项目和蚕桑生产各项工作做出安排,区扶贫办副主任王德凯就蚕桑项目的实施和分级验收作出安排,区财政局杜明敏就项目资金的管理提出要求,保山利根丝绸有限公司副总经理丁月芬介绍了公司2019年蚕桑生产计划和生产管理办法,下午开展蚕桑科技培训,由蚕桑站农业推广研究员范国明主讲,详细讲解了隆阳区蚕桑标准化生产技术
2019年	蚕桑沪滇协作项目会议	12月1日,由隆阳区政府组织在区农业局召开。副区长马骎到会讲话,隆阳区农业农村局赵会星副局长通报了蚕桑新植和共育中心建设完成情况,就当前的蚕桑新植、大蚕房和小蚕共育中心建设的验收等工作做出安排,区扶贫办副主任王德凯详细讲解项目管理具体工作,区财政局杜明敏提出资金的管理要求

续表

年度	会议名称	主要内容(含会议地点、规模等)
2020年	全国东西部扶贫协作培训班	8月22日至23日,在怒江、保山举办。培训期间,参训人员深入隆阳区板桥镇左所村参观栽桑养蚕现场,实地考察了保山凯喜雅丝绸有限公司缫丝车间。承担东西部扶贫协作任务的东部9个省份、14个城市,中西部14个省份、20个州市和安徽省、江西省扶贫办及9家企业的200余人参加会议;国务院扶贫办副主任洪天云、省委副书记王予波出席

表6-7　施甸县蚕桑会议一览表

年度	会议名称	主要内容(含会议地点、规模等)
2001年	施甸县2002年蚕桑工作会议	12月30日,由县委、县政府组织召开。参会人员有县委办、人大办、政协办、县蚕桑产业发展领导小组成员单位负责人和施甸坝区5个乡镇乡镇长或书记、农科站站长。县长作动员报告,回顾了2001年发展蚕桑产业取得的成效,安排部署2002年蚕桑发展任务。县委书记作重要讲话,要求进一步提高认识,加强领导,加大发展力度,确保“四个到位”,即:机构到位、资金到位、技术到位、工作措施到位
2006年	施甸县农民蚕桑协会代表大会	4月2日,在县委党校召开。参会人员有蚕桑协会组织机构茶桑站、农经站全体人员和会员代表,涉桑乡镇蚕办主任。会议介绍了协会成立的重要性和必要性,通过了章程及选举办法,选举产生理事长、副理事长、理事,安排部署下一步协会工作
2006年	施甸县早秋蚕茧收购工作会	8月16日,由县政府组织在由旺镇召开。县长作重要讲话,要求认清形势、统一思想、坚定信心、明确目标,将蚕桑产业做强做大,为全县蚕桑产业的发展增强了后劲

续表

年度	会议名称	主要内容(含会议地点、规模等)
2007年	施甸县蚕桑种植推进会	1月6日,由县政府组织在由旺镇召开。会上分管蚕桑工作的副县长作重要讲话,涉桑乡镇长作交流发言,县蚕桑办主任对蚕桑工作提出具体要求,县茶桑站站长从桑树种植管理等技术方面作了全面讲解培训,为全县蚕桑工作推进奠定了基础
2010年	施甸县早秋蚕茧收购工作会	8月25日,由县政府组织在一楼会议室召开。参会人员有县直相关部门领导、保山利根丝绸公司人员、施甸丝缘丝绸公司种桑养蚕乡镇党委书记或乡镇长、蚕办主任、重点村支书或主任、县茶桑站技术人员,共计80多人。会议由分管农业的副县长杨玉荣主持并作工作报告,县委书记李元标作重要讲话
2012年	施甸县2012年春茧收购工作会	5月23日,由县政府组织在县委党校礼堂召开,参会人员有县直相关部门领导、保山利根丝绸公司人员、施甸丝缘丝绸公司种桑养蚕乡镇分管副乡镇长、蚕办主任、重点村支书或主任、蚕桑辅导员及县茶桑站技术人员共计100多人。会议由县农业局局长蒋映明主持,县人大分管蚕桑的副主任蒋启龙作报告,会议全面总结分析2011年蚕桑生产工作,安排部署2012年蚕桑产业发展工作任务
2012年	施甸县2013年蚕桑生产工作会议	11月24日,由县政府组织在县财政局会议室召开。分管农业的副县长李福强总结回顾了2012年蚕桑生产工作,安排部署2013年蚕桑生产目标任务,并对工作提出了要求
2012年	施甸县2013年蚕桑开槽移栽现场会	12月24日,由县政府组织在仁和镇苏家村召开。参会人员有县直相关部门负责人、保山利根丝绸公司人员、施甸丝缘丝绸公司种桑养蚕乡镇分管副乡镇长、蚕办主任、重点村支书或主任、蚕桑辅导员及县茶桑站技术人员,共计100多人。会议由县农业局局长蒋映明主持,县人大分管蚕桑的副主任蒋启龙作报告,会议全面总结分析2011年蚕桑生产工作,安排部署2012年蚕桑产业发展工作任务

续表

年度	会议名称	主要内容(含会议地点、规模等)
2012年	施甸县2013年蚕桑生产工作会议	11月24日,由县政府组织在县财政局南楼会议室召开。分管农业的副县长李富强总结回顾了2012年蚕桑生产工作,安排部署2013年蚕桑生产目标任务并对工作提出了要求

表6-8 昌宁县蚕桑会议一览表

年度	会议名称	主要内容
2007年	蚕桑工作进展汇报会议	11月27日,由县政府组织在农业局二楼会议室召开。研究了成立昌宁蚕桑产业办,下一步如何发展蚕桑产业,2008年底计划完成新植桑园1万亩。保山市农业局局长张开位、分管农业副县长张仲林、农业局副局长林沛等领导出席会议并讲话
2007年	蚕桑产业发展工作会议	12月13日,由县政府组织在农业局四楼会议室召开。研究了蚕桑相关补助政策、示范样板的建设及补助标准、村级辅导员的工资待遇等事项,明确2008年的目标任务为新植桑园1万亩、养蚕0.5万张、产鲜茧15万公斤,实现农业产值300万元以上。副县长张仲林、县农业局局长马子兴、利根公司副总经理丁月芬等领导出席会议
2008年	蚕桑生产工作会议	4月2日,由县政府组织在农业局二楼会议室召开。会议明确了下一步工作重点向桑园管理及大小蚕房建设转移。副县长张仲林、县农业局局长马子兴、市蚕桑办陈德胜、市经作站站长李宏峨等领导出席会议
2008年	蚕桑生产调研会议	5月19日,由县政府组织在农业局二楼会议室召开。研究调研中发现的问题及对策。副县长、县农业局局长、市农业局副局长等领导出席会议

续表

年度	会议名称	主要内容
2008年	蚕桑验收会议	8月11日，由县政府组织在农业局四楼会议室召开。会议研究了2008年的新植桑园验收工作及来年工作计划等。市农业局副局长兰子国、市蚕桑办副主任杨朝良、县农业局副局长侯希华、欣盛恒公司总经理戴跃庆等领导出席会议
2009年	2009年蚕桑产业推进会议	6月13日，由县政府组织在农业局[illegible]楼会议室召开。会议确定2009年的任务：新植桑园25000亩，养蚕18706张，鲜茧650吨，实现农业产值1300万元以上。副县长张仲林、县农业局局长马子兴、欣盛恒公司总经理戴跃庆等领导出席会议
2009年	2009年蚕桑产业新植桑园市级验收座谈会议	7月18日，由县政府组织在农业局二楼会议室召开。会议对2009年的新植及专业村的各项相关蚕桑工作验收情况进行反馈。副县长张仲林、县农业局长马子兴、利根公司副总经理丁月芬等领导出席会议
2009年	2009/2010年蚕桑生产会议	11月20日，由县政府组织在农业局二楼会议室召开。会议明确了2010年的目标任务：新植0.5万亩，提升改造1万亩，养蚕2万张，生产鲜茧600吨，实现农业产值1200万元以上；建设10个专业村，18个重点村。副县长张仲林、县农业局局长马子兴、欣盛恒公司总经理戴跃庆等领导出席会议
2010年	2010年蚕茧收购工作会	7月12日，由县委组织在农业局四楼会议室召开。会议明确了欣盛恒公司为昌宁县蚕茧的合法收购公司，并要求做好各项相关收购工作。县委副书记李安、县农业局局长马子兴、欣盛恒公司总经理戴跃庆等领导出席会议
2010年	2011年蚕桑生产工作会议	11月19日，由县政府组织在昌宁县人民政府小礼堂召开。会议总结了2010年蚕桑工作中取得的成绩，分析了存在的问题，安排了来年的工作计划。县委副书记李安、分管农业副县长赵国良、宣传部部长马子兴、农业局副局长侯希华等领导出席会议

续表

年度	会议名称	主要内容
2011年	2011年蚕茧收购工作会议	5月18日，由县政府组织在农业局二楼会议室召开。商定2011年蚕茧收购价格，通报当前工作，明确下步工作的主旨是“种好桑，养好蚕”。县委副书记李安、副县长赵国良、政府办副主任吴贵荣等领导出席会议
2011年	2012年蚕桑生产工作会议	11月13日，由县政府组织在昌宁县人民政府小礼堂召开。总结2011年蚕桑生产工作取得的成绩和存在的问题，明确下步的工作目标，各种桑养蚕乡镇交流发言。县委副书记李安、副县长赵国良、县政协主席杨永清等领导出席会议
2012年	欣盛恒公司总结表彰会	1月由欣盛恒公司组织召开。公司对4名蚕桑生产先进工作者、4名先进技术员进行表彰，为他们颁发了获奖证书和奖金。县蚕桑办负责人到会指导
2012年	2012年蚕茧收购工作会议	5月17日，由县政府组织在农业局二楼会议室召开。研究如何做好春茧收购工作，抓好当前养蚕和桑园管理工作。分管农业的副县长李如群、农业局副局长李炳华、昌宁县欣盛恒公司总经理戴跃庆等领导出席会议
2012年	2013年蚕桑生产工作会议	10月31日，由县政府组织在昌宁县茗苑宾馆会议室召开。肯定2012年蚕桑产业取得的成效；明确目标，着重打造核心乡镇和重点村，努力完成2013年的任务。县委副书记李安、副县长李如群、县协政副主席杨翠莲等领导出席会议
2013年	2013年蚕桑生产推进会议	1月26日，由县政府组织在农业局二楼会议室召开。通报昌宁县蚕桑生产在全省的排名、当前生产进度、蚕桑产业存在的问题，要求按标准完成桑园新植和做好管理工作。县政府办副主任李永周、县农业局副书记李炳华、欣盛恒公司总经理戴跃庆等领导出席会议

续表

年度	会议名称	主要内容
2013年	2013年蚕桑生产推进工作会议	3月26日，由县委组织在农业局二楼会议室召开。通报当前生产进度，做好下步的中耕管理及养蚕准备工作。县委副书记、政协副主席杨翠莲等领导出席会议
2013年	蚕桑调研会议	5月2日，由县政协组织在农业局四楼会议室召开。汇报当前全县桑园面积达到5.7万亩，春蚕计划发种3000张，大小蚕房建设任务等工作情况。县委副书记、县政协副主席杨翠莲，县农业局副书记李炳华等领导出席会议
2013年	2013年蚕桑生产推进会议	6月24日，由县政府组织在农业局二楼会议室召开。通报当前蚕桑生产情况，对蚕桑生产技术作指导，安排部署下步工作。县委副书记、挂职副县长易伟辉，政协副主席杨翠莲，欣盛恒公司总经理戴跃庆等领导出席会议
2013年	2014年蚕桑生产工作会议	11月8日，由县委组织在农业局二楼会议室召开。兑现2013年的相关奖励，各乡镇作交流发言，总结、分析2013年蚕桑生产工作。县委副书记、政协副主席杨翠莲，欣盛恒公司总经理戴跃庆等领导出席会议
2014年	2014年蚕桑生产推进会议	3月26日，由县政协组织在农业局二楼会议室召开。会议通报了蚕桑工作进展情况，汇总各验收组的验收结果。县政协副主席杨翠莲、县财政局副局长李光莲、县农业局副书记李炳华等领导出席会议
2014年	2014年蚕桑生产推进会议	7月15日，由县委组织在县委全委会议室召开。传达全市蚕桑生产工作推进会议精神，通报当前蚕桑生产进展情况，安排部署下一步蚕桑工作。县委副书记、副县长沈冰，县政协副主席杨翠莲，县农业局副书记李炳华等领导出席会议
2014年	2015年蚕桑生产工作会议	12月19日，由县政府组织在县政府小礼堂召开。总结2014年的蚕桑生产工作，安排2015年的蚕桑生产工作，各乡镇作表态发言。县委副书记、副县长杨朝强，县政协副主席杨翠莲等领导出席会议

第七章　科技教育

清光绪甲辰年(1904年),永昌府开办蚕桑学堂,附设织染科。据民国《保山县志稿》记载:“永昌府彭继志莅任后,除创办中小学堂外,更推广蚕桑学堂,校址就旧日考棚地址改建,并由浙江、杭州,延聘技术专家多人,莅保教织染丝绸,学生二百余十人。”又据《腾冲县志稿》记载:“清光绪三十四年(1908年)迤西道秦树声同知江蕴琛开办蚕桑学堂。保山、腾冲(附设于县立高等小学校)、龙陵三县曾设蚕业学校培训蚕桑人员。”1911年10月30日,云南昆明爆发了响应辛亥革命的“重九起义”,成立了以蔡锷为云南军都督的“大中华国云南军都督府”。在清末提倡蚕桑的基础之上,军都督府大力提倡种桑养蚕,民国元年(1912年)3月,在军政府实业司内设立模范蚕桑传习所,后在昆明增加了5个蚕桑传习所,从澄江、丽江、永昌、楚雄、昭通各地招收学员,学习期半年,毕业后回到原籍去倡办蚕桑实业。民国八年(1919年),在李根源的鼎力支持下,保山督办李竹斋利用救济款扩建了保山实业团,成立“腾永实业公司”,为开发丝绸、针织品的生产,请来日本技师传授织绸技艺。同时,腾冲则由地方出资选派青年才俊到日本学习蚕桑缫丝手工工业。民国二十四、二十五年(1935年、1936年)间保山县立中学增设蚕桑班培养蚕桑人才。

第一节　技术服务机构

一、技术部门

(一)保山地区茶叶蚕桑工作站

1964年,保山专区编委就核准地区茶叶技术指导站、地区蚕桑技术指导站的编制数各5人,实有职工7人,其中搞茶叶技术的5人,从事蚕桑技术的2人,但未正式建立,茶桑业务工作初期归地区农科所,地区多种经营办公室成立后即划归多种经营办公室,地区多种经营办公室撤销后又归地区农牧业局领导。1981年,经保山行署批准成立保山地区茶叶蚕桑工作站,首任站长为朱志恒,朱志恒调离后,寸可昌继任站长,许本荣任副站长。茶桑站主要职责:负责指导全市茶叶蚕桑生产技能培训,新技术、新品种引进与示范推广工作；编制茶叶蚕桑产业发展规划和技术规程，组织开展重点项目的调研、论证、评审及实施工作。1985年，全站实有职工9人，其中茶叶技术干部3人、蚕桑技术干部4人、工人2人，技术干部中农艺师2人、助理农艺师2人、技术员3人。2000年12月30日，保山撤地建市，更名为保山市茶叶蚕桑工作站。

（二）保山市经济作物技术推广工作站

2002年11月，根据市编委办公室机编办〔2002〕17号文件批复，由保山市茶叶蚕桑工作站和保山市果树蔬菜工作站合并组建保山市经济作物技术推广工作站，编制16人，后增加编制到19人。市经作站的职能职责：负责经济作物的生产（蚕桑、茶叶、蔬菜、水果、咖啡、药材、花卉等）；编制并组织实施经济作物重点项目、发展规划和技术规程；新品种引进试验筛选和新技术的研究与推广；经济作物实用技术培训；指导各县（区）推广机构、技术协会的相关业务工作。首任站长李宏峨，副站长张家忠、杨旭，李宏峨退休后，由杨和团继任站长。2019年有职工17人，其中研究员2人、高级农艺师8人、农艺师2人、助理农艺师1人、专业技工4人。办公地址在保山市隆阳区太保北路50号。

（三）保山市农业技术推广中心

2019年6月，机构改革，保山市经济作物技术推广工作站、保山市农业技术综合服务中心、保山市甘蔗技术推广站3个单位，合并成立保山市农业技术推广中心，中心主任刘猛道、副主任杨和团，推广中心设茶叶蚕桑研究室，人员5人，首任室主任杨旭（市级科研机构负责人见表7-1）。

表7-1　市级（地区）科研机构负责人一览表

姓名	单位	职务	职称	任职时间
朱志恒	地区茶叶蚕桑工作站	站长		1981—1983年
寸可昌		站长	农艺师	1984—1989年
许本荣		副站长	高级农艺师	1986—1992年1月
段学良		副站长	推广研究员	1992—1998年（主持工作）
段学良		站长	推广研究员	1998—2002年11月
杨旭		副站长	推广研究员	1998—2002年11月

续表

姓名	单位	职务	职称	任职时间
李宏峨	市经济作物技术推广站	站长	高级农艺师	2002—2017年3月
李宏峨		支部书记	高级农艺师	2002—2012年6月
杨春玲		支部书记	高级农艺师	2012—2017年6月
张家忠		副站长	高级农艺师	2002—2017年
杨旭		副站长	推广研究员	2002—2019年6月
杨和团		站长	高级农艺师	2017—2019年6月
李林		副站长 支部书记	农艺师	2017—2019年6月
刘猛道	市农业技术推广中心	主任	推广研究员	2019年6月—
李国生		支部书记	高级农艺师	2019年6月—
杨和团		副主任	高级农艺师	2019年6月—

(四)隆阳区(原保山县、保山市)蚕桑技术推广站

1953年,建立保山县农业技术指导站,实有人员6人;1953—1956年,在县人委农水科下设蚕桑组;1959年,改称农业林业科,下设蚕桑组,组长林忠兰;1963年,保山县人委农林科设保山县蚕桑站,蚕桑技术人员4人,即杨玉芬、刘树英、郭俊、李丽萍,办公地点在保山城北的白纸坊;1964年,从保山县农科所抽8人组建保山县农林科蚕桑技术指导站,负责人郭俊,人员5人,办公室搬到辛街区胡家公社;1972年,成立农业局革命委员会;1979年,成立保山县农业局,下属单位保山县农科所内设蚕桑组,负责人刘芙珍。

1981年10月,保山县蚕桑技术推广站成立,是保山县农牧渔业局的二级单位,成立时人员和职能从保山县农科所分出,卢经铭任站长(县委组织部保组发〔1981〕干字27号文件);1983年,撤县建市,改称保山市蚕桑技术推广工作站;1985年,机构改革,市蚕桑站划归保山市丝绸纺织品联营公司管理,1986年重新划回保山市农牧渔业

局。2000年撤地建市，改称隆阳区蚕桑技术推广站，工作职责：桑园规划与栽培管理、蚕房建设与科学养蚕的技术指导和培训；桑树和家蚕良种引进试验与推广；蚕桑副产物开发利用；蚕桑专用生产资料咨询等有关服务。2019年，有职工13人，其中研究员1人、高级农艺师7人、农艺师2人、助理农艺师2人、技工1人。

（四）隆阳区经济作物技术推广站

2020年1月，隆阳区蚕桑技术推广站、区茶叶技术推广站、区果树蔬菜技术推广站、区热带作物技术推广站4个单位撤销合并组建隆阳区经济作物技术推广站，站长郃杰，副站长蒋碧婷、郭会丽、张华昌，办公地址在保山市隆阳区永昌镇太保北路35号（隆阳区科研机构负责人见表7-2，获奖证书如图7-1）。

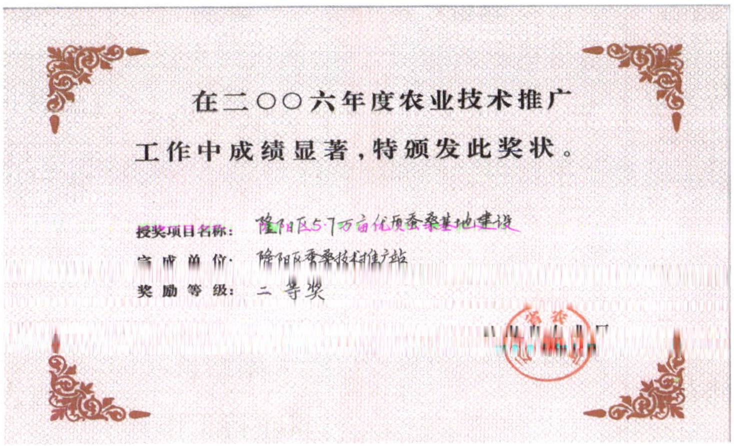

图7-1　隆阳区蚕桑站获奖证书

表7-2　隆阳区科研机构负责人一览表

姓名	单位	职务	职称	任职时间
卢经铭	县蚕桑技术推广站	站长		1981.10—1984.11
张国平	市蚕桑技术推广站	站长	农艺师	1984.11—1985.01
杨正清	市蚕桑技术推广站	站长	农艺师	1985.01—1992.11
王水和	市蚕桑技术推广站	站长	高级农艺师	1992.11—1993.09
孙彦	市蚕桑技术推广站	站长	农艺师	1993.09—1996.10
杨朝斌	市蚕桑技术推广站	站长	高级农艺师	1996.10—1998.01
孙彦	市蚕桑技术推广站	站长	农艺师	1998.01—2001.03

续表

洪杰	县经济作物技术推广站	站长	推广研究员	2016.10—
饶泽峰		支部书记	高级农艺师	2016.08—
杨研学		副站长	高级农艺师	2016.10—

（十）腾冲市（县）茶叶蚕桑技术推广工作站

1983年5月，由原农科所茶叶组和农业局蚕桑组合并成立腾冲县茶叶蚕桑技术推广工作站（腾改发〔1983〕53号），职工人数14人；1991—1993年，在职职工16人，为历史最高职工人数，历任站长邓永流、陈相增、周新孝。由于腾冲降雨多、湿度大、蚕病重、效益低，蚕桑产业逐渐消亡，仅在中和乡、曲石乡和团田乡存有零星桑园，茶桑站多年来一直以茶叶工作为主。2018年，浙江商人张海荣到腾冲市团田乡、蒲川乡发展种桑养蚕，腾冲市茶桑站恢复蚕桑技术指导职能，单位地址在腾冲市腾越镇范家坡小区231号。

（十一）腾冲市农业技术推广中心

2020年8月24日，下发的腾机编办〔2020〕55号《关于印发〈腾冲市农业农村局所属事业单位机构编制方案〉的通知》，将腾冲市农业技术推广所、腾冲市土壤肥料工作站、腾冲市茶桑技术推广工作站、腾冲市农业广播电视学校合并为腾冲市农业技术推广中心。中心主任杨兆春，支部书记谢芹芳，副主任杨冬灵、徐海林、张彦昌。腾冲市（县）科研机构负责人见表7-5。

表7-5　腾冲市（县）茶桑站负责人一览表

姓名	单位	职务	职称	任职时间
邓永流	县茶叶蚕桑技术推广站	组长	农艺师	1975—1983.05
陈相增		站长	农艺师	1983.05—1995.05
张建华		副站长	农艺师	1988.05—1993.04
周新孝		副站长	助理农艺师	1993.05—1995.05
周新孝		站长	高级农艺师	1995.05—2020.08

续表

姓名	单位	职务	职称	任职时间
黄生艳	县茶叶蚕桑技术推广站	副站长	农艺师	1995—1997.02
董宝朝		副站长	助理农艺师	2003—2009.06
康耀昌		副站长	助理农艺师	2009—2015.01
李加敏		副站长	农艺师	2009.06—2020.08
杨兆春	市农业技术推广中心	主任	研究员	2020.08—
谢芹芳		支部书记	研究员	2020.08—
杨冬灵		副主任	农艺师	2020.08—
徐海林		副主任	农艺师	2020.08—
张彦昌		副主任	高级农艺师	2020.08—

二、学会及合作社

(一)保山地区茶叶蚕桑学会

1982年12月,该学会于第二届地区农学会会员代表大会期间,经地科协和地农学会批准成立,属于保山地区农学会(成立于1981年3月)的分科学会,第一届理事会由10人组成,理事长朱志恒,副理事长寸可昌、查学文,秘书长杨沛,挂靠单位为保山地区茶叶蚕桑工作站,各县亦分别成立了茶叶蚕桑学会(组)。地区茶桑学会分别于1981年、1982年和1985年召开了三次代表大会,会员发展至52人。

地区茶桑学会成立以来,团结全区茶桑科技工作者,为全区经济建设服务,积极向地委和行署提出加速茶桑生产发展的建议和意见共6篇;茶桑学会会员在上一级学术刊物和报刊上发表论文、经验交流和总结103篇;从1979年起创办《茶桑科技参考资料》至1985年共编印发行28期4000册,发表蚕桑文章70多篇;配合云南省蚕科所来保山考察桑树品种资源;1984年派出6同志到苏、浙、川三省学习蚕桑先进技术;举办茶桑科技训练班,培训茶农3000人次,蚕农1500人次。为茶叶蚕桑技术普及推广做出了贡献,获得党委重视,行政支持,行署领导、农业局领导亲自深入学会研究工作，并为开展活动从人力、物力、经费上给予支持，地区茶桑站拨款4050元，地区外贸公司拨款1000元支持学会开展活动。

1985年12月，保山地区茶桑学会召开第二届三次理事会，增选许本荣为副理事长，调整后的理事会由11人组成，聘请保山地区外贸局局长张七贤为名誉理事长。2000年，保山地区茶桑学会变更为茶业协会，会长为许本荣，秘书长为谢金胜。

（二）专业合作社

农民专业合作社是在农村家庭承包经营基础上，同类农产品的生产经营者、提供者、利用者，自愿联合、民主管理的互助性经济组织。蚕桑专业合作社的主要职责是上连市场、下连农户，与龙头企业合作，建立“公司+合作社+基地+农户”的互惠模式，为蚕农提供蚕种、蚕药、蚕桑用具等生产资料，指导农户种桑养蚕，为蚕农共育小蚕，组织农户交售蚕茧等。1988年，施甸县蚕农在自愿互利的原则下，率先在全省组建了4个农民蚕桑专业技术研究会，发展了14户蚕桑科技示范户作为会员。2013年起，各县区相继成立蚕桑专业合作社，截至2019年不完全统计，全市有蚕桑专业合作社60个，其中隆阳区有蚕桑专业合作社51个，入社社员6160户；施甸县有蚕桑专业合作社4个；昌宁县有专业合作社4个，腾冲县（现为腾冲市）有专业合作社1个。保山市蚕桑专业合作社情况见表7–6。

表7–6　保山市部分蚕桑专业合作社情况表

市县区	名称	成立时间	地点	负责人	会员人数
隆阳区	桑丰种植专业合作社	2013.2	丙麻乡小寨村	瞿振华	109
	桥十蚕桑专业合作社	2013.9	瓦房乡徐掌村大桥河组	杨国洲	56
	钧宇航农产品种植专业合作社	2014.3	龙泉路拐角楼68号	杨兆伟	105
	乌马村八鸭塘种植专业合作社	2014.5	西邑乡乌马村	霍金高	76
	誉丰农产品种植专业合作社	2016.9	板桥镇唐家村		
	安乐蚕桑养殖专业合作社	2016.9	板桥镇长岭岗村	赵贯玉	342
	金蛹蚕桑养殖专业合作社	2016.11	板桥镇西河村	刘志远	270
	花果山种养合作社	2017.3	板桥镇左所村	赵永华	205
	西河茶桑种养专业技术协会	2019	板桥镇西河村	余桃元	

续表

市县区	名称	成立时间	地点	负责人	会员人数
昌宁县	漭水林宏蚕桑专业合作社		漭水镇漭水村	王双林	
	勐统酒药蚕桑专业合作社		勐统镇酒药村	宗相云	
	勐统白岩蚕桑专业合作社		勐统镇白岩村	李学有	
	勐统甲山蚕桑专业合作社		勐统镇甲山村	郭忠华	
施甸县	农民蚕桑专业技术研究会	1988	由旺镇		14
	施甸县农民蚕桑协会	2006.04	县委党校		
	源珠蚕桑专业合作社	2010.08	由旺镇源珠村		
	苏家方圆蚕桑专业合作社	2011.11	苏家村龙华一组		
	织女蚕桑专业合作社	2018.09	仁和镇查邑村		
	恒旺蚕桑种植专业合作社	2018.11	由旺镇永福村		
腾冲市	迪林农民种养殖专业合作社	2020年	滇滩镇云峰村	王国林	15

第二节　技术队伍

保山市建设完善蚕桑技术服务体系所需的技术人员由以下渠道解决：一是20世纪六七十年代从地、县农业局或林业局抽调技术干部改行专门从事蚕桑技术工作，如张述尧、寸可昌、杨沛、杨锡珍等；二是20世纪60年代从蒙自县草坝蚕种场调进技术工人从事蚕桑技术指导工作，调入本区的技术工人先后有徐秀珍、杨宝兰、杨玉芬、林忠兰、李加双、朱云香等；三是云南农业大学茶叶蚕桑系毕业的工农兵大学生，有张国平、丁正林、何学文、何汝杰；四是20世纪80年代后，从楚雄州农业学校蚕桑专业毕业的中专生源源不断地分配到保山，成长为蚕桑发展的中坚力量，如隆阳区蚕桑站的王永和、孙彦、杨正清、范国明、杨春玲等，施甸县的杨贵文、杨国先等，腾冲县茶叶蚕桑工作站的刘丽英等；五是西南农业大学、山东农业大学、云南农业大学蚕桑专业本科毕业生参加工作的有张国华、姚富珍、陈雪峰、马文芳、董梅、史泽海、杨丽莎、番成砖、李金河等;六是因工作能力突出由乡镇农业中心调入蚕(茶)桑站从事蚕桑技术工作的有杨国育、蒋碧婷、赵志诚、饶泽峰等;七是蚕桑主产乡镇抽调农业中心(农科站)技术骨干设立蚕桑办公室,既行使指挥、协调等工作职责,又承担技术指导工作;八是企业有专家团队主管原料茧第一车间,负责种桑养蚕技术指导工作;九是从经验丰富、技术熟练的蚕农中选拔聘请的蚕桑技术辅导员,这是最基层的技术人员,与蚕农联系最为紧密,对提高农户生产水平发挥着至关重要的作用。20世纪50年代,保山地、县农业部门设蚕桑辅导机构,农业、外贸部门协作连年招用部分蚕桑辅导员,帮助宜蚕地区发展蚕桑生产,早期曾从四川省聘请合同工类蚕桑技术辅导员两批约10人,1966年保山县配置蚕桑辅导员39人,20世纪60年代保山县蚕桑技术辅导员使用高峰期达到72人;1965年施甸县招聘了蚕桑辅导员28人,1966年施甸县又从四川聘请了何明友、王春玉、韩代均、林洪文、杜玉珍(女)等人来施甸县指导蚕桑生产技术。

1983年后,辅导员使用大幅度减少,但施甸县1984年末仍有辅导员13人,其中从四川绵阳聘请辅导员4人。2002年,隆阳区公开招聘蚕桑专职辅导员,录用人数41人,培训合格后派往各乡镇负责蚕桑技术指导;2005年,隆阳区加强科技队伍建设,切实加强对蚕农的技术指导和服务,按照500亩桑园配备1名区级辅导员的标准,配足辅导员,对年养蚕量200张以上的村,增配1名村干部作为村级辅导员;2006年,隆阳区进一步健全完善区、乡、村三级蚕桑技术服务网络,每个乡镇(街道办事处)设1名总辅导员,在乡镇(街道办事处)蚕办主任的领导下指导管理本乡镇(街道办事处)的辅导员,其他辅导员分工到村,实行挂地块(插牌)、挂户指导,并与产茧量和交茧量挂钩进行考核奖惩,优胜劣汰。保山茧丝绸公司负责辅导员队伍的招聘、辞退、考核、奖惩兑现等工作,此后施甸县、昌宁县也先后招聘了一定数量的专职蚕桑辅导员,而且辅导员的使用和管理也逐渐由政府主导转向企业主导。

第三节　科技成效

保山市的科技人员多年来深入桑园、蚕房积极开展新品种、新技术引进、试验及示范推广工作,先后承担省、市科技项目20余项,在新法养蚕技术、桑树栽培管理、优质蚕桑基地建设、蚕桑良种示范等方面都有所成效,取得了一系列科技推广成果,获地厅级科技推广成果奖9项,县局级科技推广成果9项;获发明专利1项,新型实用专利15项,注册商标7个,发布企业标准2个,出版论著1部,参编著作5部。有12人次获得地区劳动模范、有突出贡献的专业技术人才、全国农业科技创新先进个人等表彰；建有桑树种质资源圃，拥有种质资源6份，有6个桑产品获有机产品证书。科技成果在生产推广应用率达90%以上，科技服务和科技成果覆盖全市4个蚕桑基地县市。

一、科技成果

保山市历年来取得的科技成果见表7–7。

表7–7　科技成果一览表

部门	成果名称	获奖单位	主持人	奖励时间	颁奖单位及等级
市直	家蚕种小谷积恒温[illegible]	地区茶桑站	寸可昌		省农业厅科技推广二等奖
	推广小蚕片叶立体育效益显著	地区茶桑站	陈雪峰	1994年	省农业厅科技推广三等奖
	秋伐控制桑褐斑病技术集成与应用	市经作站	陈雪峰	2019年	市农业局科技推广二等奖
隆阳区	保山地区蚕桑丰产项目	区蚕桑站	杨正清	1990年	地农牧业局三等奖
	推广小蚕片叶立体育效益显著	区蚕桑站		1994年	省农业厅科技推广三等奖
	沙2×伦109杂交桑扦插育苗技术	区蚕桑站	王永和	1995年	地农牧业局三等奖
	小蚕一日两回育新技术示范推广	区蚕桑站	马文芳	2005年	市人民政府科技进步三等奖
	隆阳区5.7万亩优质蚕桑基地建设	区蚕桑站	杨春玲	2007年	市农业局科技推广特等奖
	隆阳区5.7万亩优质蚕桑基地建设	区蚕桑站	杨春玲	2007年	省农业厅科技推广二等奖
	雄蚕品种饲养试验初报	区蚕桑站	杨春玲	2009年	保山市政府自然科学学术论文奖三等奖
	隆阳区桑树伐条试验示范与推广	区蚕桑站	范国明	2017年	市农业局科技推广三等奖

续表

部门	成果名称	获奖单位	主持人	奖励时间	颁奖单位及等级
隆阳区	秋伐控制桑褐斑病技术集成与应用	区蚕桑站		2019年	市农业局科技推广二等奖
施甸县	施甸县蚕桑生产条件和问题分析研究报告	县茶桑站		1989年	行署农牧业局三等奖
	推广小蚕片叶立体育效益显著	县茶桑站		1994年	省农业厅科技推广三等奖
	桑树良种"农桑8号"试验示范	县茶桑站	李银周	2003年	市政府科技进步三等奖
	施甸县万亩桑产业化发展	县茶桑站	杨余芝	2005年	市政府科技进步三等奖
	施甸县万亩优质蚕桑基地建设	县茶桑站	杨国育	2008年	市农业局科技推广二等奖
	沼肥在桑树上的应用及技术初探	县茶桑站	段绍玲	2016年	市人民政府第四届自然科学优秀学术论文三等奖
	秋伐控制桑褐斑病技术集成与应用	县茶桑站		2019年	市农业局科技推广二等奖
昌宁县	纸板方格蔟具上蔟技术的应用	县蚕桑站	赵志诚	2008年	市农业局科技推广一等奖
	纸板方格蔟具上蔟技术的应用	县蚕桑站	赵志诚	2011年	市政府科技进步三等奖
	地蚕养殖大棚推广应用	县蚕桑站	赵志诚	2016年	市农业局科技推广三等奖
企业	隆阳区5.7万亩优质蚕桑基地建设	保山茧丝绸公司	丁月芬	2006年	区政府科技进步一等奖

二、表彰

保山市历年来获得表彰的人员见表7-8。

表7-8　表彰登记表

部门	姓名	单位	表彰名称	表彰等级	表彰时间	颁奖单位
市直	[illegible]	地区蚕桑站	连续从事蚕桑工作二十年		1991年	云南省蚕学会
	杨春玲	市经作站	第七批中青年学术和技术带头人		2018年	保山市政府
	杨旭	市农技推广中心	保山市有突出贡献的专业技术人才	三等奖	2020年	保山市政府
施甸县	段华昌	县茶桑站	农技宣传推广先进个人		2001年	云南省农业厅
	杨华	县茶桑站	农科人员帮扶致富奔小康先进个人		2005年	保山市政府
	杨国育	县茶桑站	第六次有突出贡献的专业技术人才	二等奖	2008年	保山市政府
	张自明	永福村	劳动模范		2008年	保山市政府
	杨国育	县茶桑站	全国农业科技创新先进个人	二等奖	2010年	中国农业发展研究中心
	杨余芝	县茶桑站	省第四批新农村建设优秀指导员		2011年	云南省政府
隆阳区	杨玉芬	县蚕桑站	劳动模范		1980年	地区行署
	杨玉芬	县蚕桑站	从事农牧业科技推广工作25年		1984年	农牧渔业部
	范国明	区蚕桑站	有突出贡献的优秀专业技术人才	一等奖	2007年	隆阳区政府

续表

部门	姓名	单位	表彰名称	表彰等级	表彰时间	颁奖单位
企业	徐利根	云南保山利根丝绸有限公司	扶贫开发先进个人		2006年	保山市委、市政府
			优秀企业家		2006年	
			保山市劳动模范		2008年	保山市政府
			非公企业创业之星		2009年	云南省政府
			优秀民营企业家		2012年	云南省政府
	丁月芬	云南保山利根丝绸有限公司	云南省“巾帼建功标兵”		2007年	云南省妇联
			全国妇女创先争优先进个人		2012年	全国妇联
			优秀共产党员		2012年	保山市委

三、注册商标

(一)“梅花牌”

保山丝绸厂申请并注册的商标。

(二)“利根”(注册号7751820)

2010年云南保山利根丝绸有限公司向隆阳区工商行政管理局申请注册利根商标。同年12月28日国家工商总局商标局批准同意注册。商标注册号7751820,核定使用商品第23类,绢丝、落丝、弹力丝(纺织用)、聚乙烯单丝(纺织用)、长丝、厂丝、人造丝纺织线和纱等。2012年12月“利根”商标被认定为云南省著名商标。

(三)“利根”(注册号7751841)

2010年云南保山利根丝绸有限公司向隆阳区工商行政管理局申请注册利根商标。2011年1月21日国家工商总局商标局批准同意注册。商标注册号7751841,核定使用商品第44类,庭院风景布置、花环制作、园艺、农场设备出租、植物养护、空中和地面化肥及其他产品的喷洒、树木修剪、花卉摆放、草坪修整、灭害虫(为农业、园艺和林业目的)等。

(四)“桑七康”

2016年云南林玉航宇生物科技有限公司向隆阳区工商行政管理局申请注册桑七康商标,同年4月21日国家工商总局商标局批准同意注册。商标注册号16423832,核定使用商品为第30类,茶、冰茶、茶饮料、咖啡;第33类,果酒、苦味酒、开胃酒、烈酒、酒精饮料、含水果精饮料,白酒、青稞酒、葡萄酒、烧酒;第35类,广告宣传、商业信息代理、外购服务、进出口代理、拍卖、替他人推销、替他人采购、职业介绍所、复印服务、自动售货机出租。

(五)“云桑”

云南林玉航宇生物科技有限公司注册的商标,核定使用商品为第3类,化妆品、香料、清洁剂;第33类,含酒精饮料;第39类,运输、商品包装和贮藏;第41类,教育、提供培训、娱乐、文体活动;第43类,提供食物和饮料服务、临时住宿;第44类,医疗服务、农业、园艺和林业服务。

(六)“桑海蚕田”

云南林玉航宇生物科技有限公司注册的商标。核定使用商品为第29类,水果罐头、水果片、果冻、果酱、以水果为主的零食小吃、葡萄干、糖渍水果、水果蜜饯、干桂圆、干枣;第30类茶,用作茶叶代用品的花或叶、冰茶、茶饮料、咖啡;第32类,柠檬水、果汁冰水(饮料)、以蜂蜜为主的无酒精饮料、茶味非酒精饮料、果汁、啤酒、烈性酒配料、饮料制作配料、水(饮料)、大豆为主的饮料(非牛奶替代品);第33类,含水果酒精饮料、白酒、青稞酒、葡萄酒、烧酒、果酒(含酒精)、苦味酒、开胃酒、烈酒(饮料)、酒精饮料(啤酒除外)。

(七)“桑圣庄园”

云南林玉航宇生物科技有限公司注册的商标。核定使用商品为:垫褥(亚麻制品除外)、野营用睡垫、垫枕、软垫、婴儿游戏围栏用垫。

四、专利

保山市历年来取得的专利见表7-9。

表7-9 专利情况一览表

专利名称	专利号	类别	专利权人	专利权单位
包装盒(家蚕真丝丝棉被)	ZL20113 0067494.2	外观设计	丁月芬	云南保山利根丝绸有限公司
一种桑叶茶炒青前整形装置	ZL2015 2 20880393.x	实用新型	杨春玲等	云南林玉航宇生物科技有限公司
一种桑葚果烘干架	ZL20152 0880398.2	实用新型	杨春玲等	云南林玉航宇生物科技有限公司

续表

专利名称	专利号	类别	专利权人	专利权单位
一种桑葚果烘干房	ZL2015 2 0880394.4	实用新型	杨春玲等	云南林玉航宇生物科技有限公司
一种桑葚采摘机	ZL2016 2 1347509.4	实用新型	杨春玲等	云南林玉航宇生物科技有限公司
一种桑葚种植大棚	ZL2016 2 1347820.9	实用新型	杨春玲等	云南林玉航宇生物科技有限公司
一种多功能桑葚种植灌溉系统	ZL2016 2 1332507.8	实用新型	杨春玲等	云南林玉航宇生物科技有限公司
一种桑葚施肥机	ZL2016 2 1314689.6	实用新型	杨春玲等	云南林玉航宇生物科技有限公司
一种桑葚收集装置	ZL 2016 2 1290735.3	实用新型	杨春玲等	云南林玉航宇生物科技有限公司
一种桑树大棚的散热加湿设备	ZL 2016 2 1290231.1	实用新型	杨春玲等	云南林玉航宇生物科技有限公司
一种桑树离心式广角农药喷洒装置	ZL2016 2 1290225.6	实用新型	杨春玲等	云南林玉航宇生物科技有限公司
一种桑树苗床培育	ZL2016 2 1290715.6	实用新型	杨春玲等	云南林玉航宇生物科技有限公司
一种桑树苗种植大棚	ZL2016 2 1314686.2	实用新型	杨春玲等	云南林玉航宇生物科技有限公司
一种桑树竖直喷灌管	ZL2016 2 1290713.7	实用新型	杨春玲等	云南林玉航宇生物科技有限公司
一种桑树育苗专用连栋温室	ZL2016 2 1290711	实用新型	杨春玲等	云南林玉航宇生物科技有限公司
一种桑白皮脱离预处理设备	ZL2016 1 1128782.2	发明专利	杨春玲等	云南林玉航宇生物科技有限公司

五、专著

保山市历年来主编、参编的专著见表7-10。

表7-10 专著情况一览表

书名	出版社	主编	副主编	保山参编人员	出版时间
《保山市主要经济作物栽培实用技术》	云南人民出版社	李宏峨	黄佳聪	陈雪峰 范国明	2015年
《2012年云南蚕桑产业报告》	云南科技出版社	谢金荣	李永平	李宏峨 杨春玲 陈雪峰 范国明 杨国育 罗会军	2013年
《云南优质蚕茧生产技术研究》	中国农业科学技术出版社	罗坤	储一宁 李宏峨	陈雪峰	2014年
《云南蚕桑产业政策研究》	中国农业科学技术出版社	罗坤	徐利根 陈雪峰	李宏峨 杨春玲 觉春东 赵炳雪	2014年
《云南蚕业实用技术》	云南科技出版社	罗坤		范国明 张云波	2009年
《云南桑树病虫害防治》	云南科技出版社	张泽	徐升胜	杨春玲	2017年
《云南蚕业志》	云南科技出版社	罗坤	傅荣 范国明	杨春玲 饶泽峰 杨国育 陈雪峰 蒋璧婷	2019年
《栽桑养蚕实用技术问答》	内部资料	保山茧丝绸公司	隆阳区蚕桑站	丁月芬 陈伟国	2005年
《家蚕方格蔟上蔟技术手册》	内部资料	隆阳区蚕桑站	云南利根公司	丁月芬 陈伟国	2009年
《隆阳区桑园间套种生产技术手册》	内部资料	隆阳区农业局			2009年
《隆阳区蚕桑标准化生产技术手册》	内部资料	范国明	蒋碧婷	丁月芬	2017年

续表

书名	出版社	主编	副主编	保山参编人员	出版时间
《冬季桑园管理及方格蔟上蔟技术》	内部资料	杨国育		丁月芬	2010年
《施甸种桑养蚕实用技术》	内部资料	杨国育	蒋新能 苏炳启	李永秀 杨华 李银周 杨余芝	2010年
《施甸蚕桑(茶叶)发展历程》	内部资料	杨国育		蒋新能 苏炳启 蒋秉正 李永秀	2019年
《昌宁县种桑养蚕实用技术》	内部资料	昌宁县蚕桑站			2015年

六、论文

保山市广大科技工作者投身于蚕桑事业，积极开展试验、建设样板，青春奉献给产业，汗水洒满大地，论文写在桑园里、蚕房内。据不完全统计，截至2019年，技术人员在国家级、地厅级等各级期刊发表论文128篇。保山市历年来发表的论文见表7-11。

表7-11 论文统计表

市县(区)	论文名称	刊物名称	期号	第一作者	单位
市直	《初谈夏秋蚕生产》	云南蚕桑通讯	1980年第2期	杨沛	地茶桑站
	《四川抱娘接改造老实生桑》	云南蚕桑通讯	1980年第3期	寸可昌	地茶桑站
	《农村丝茧育蚕房的设计布局》	云南蚕桑通讯	1981年第1期	寸可昌	地茶桑站
	《银川公社大力发展蚕桑生产》	云南蚕桑通讯	1981年第3期	杨沛	地茶桑站
	《施甸县几种嫁接培苗方法及今后的意见》	云南蚕桑通讯	1981年第4期	杨沛	地茶桑站
	《若要富栽桑养蚕是条路》	云南蚕桑通讯	1982年第1期	杨沛	地茶桑站
	《落实生产责任制，促进蚕桑快发展》	云南蚕桑通讯	1982年第1期	杨沛	地茶桑站
	《施甸县蚕桑基地苗圃秋季芽接成功》	云南蚕桑通讯	1982年第1期	杨沛	地茶桑站

续表

市县(区)	论文名称	刊物名称	期号	第一作者	单位
市直	《保山地区蚕病危害及控制意见》	云南蚕桑通讯	1982年第3期	寸可昌	地茶桑站
	《保山地区蚕桑生产巡回检查小结》	云南蚕桑通讯	1982年第3期	寸可昌	地茶桑站
	《保山蚕业的历史和发展》	保山科技	1982年第2期	寸可昌	地茶桑站
	《有了一批典型户，蚕茧增产一大步》	云南蚕桑通讯	1983年第1期	杨沛	地茶桑站
	《当年种了一亩桑收入1500元》	云南蚕桑通讯	1983年第3期	杨沛	地茶桑站
	《与其到处奔波桑叶不如下功夫培桑》	蚕桑生产科普资料	1983年第1期	杨沛	地茶桑站
	《罗永存家今年蚕桑收入1700元》	蚕桑生产科普资料	1983年第3期	杨沛	地茶桑站
	《科学管桑叶高产，勤劳养蚕茧丰收》	蚕桑生产科普资料	1983年第4期	杨沛	地茶桑站
	《杨玉才家靠劳动致富蚕桑收入过千元》	蚕桑生产科普资料	1983年第5期	杨沛	地茶桑站
	《发挥优势振兴保山蚕业》	保山科技	1983年第3期	寸可昌	地茶桑站
	《新型增丝增卵剂蚕研二号简介》	保山科技	1984年第2期	杨沛	地茶桑站
	《蚕桑生产应该为工农业总产值翻二番作出较大的贡献》	云南蚕桑通讯	1985年第1期	寸可昌	地茶桑站
	《首次方格蔟试验小结》	云南蚕桑通讯	1985年第2期	杨沛	地茶桑站
	《赴川、浙、苏三省参观学习蚕桑生产汇报》	云南蚕桑通讯	1985年第2期	杨沛	地茶桑站
	《新农药故杀死(溴氰菊酯)对蚕桑生产的危害及防范》	云南蚕桑通讯	1985年第4期	濮永安	地茶桑站
	《烟草对蚕的危害及其预防》	云南蚕桑科普资料	1985年第6期	寸可昌	地茶桑站
	《保山地区茶桑学会召开第二届第三次会议》	云南蚕桑通讯	1986年第1期	茶桑学会	地茶桑学会
	《家蚕种小容积催青》	云南蚕桑通讯	1986年第4期	寸可昌	地茶桑站
	《保山蚕桑生产史略》	云南蚕桑通讯	1987年第4期	杨沛	地茶桑站

续表

市县(区)	论文名称	刊物名称	期号	第一作者	单位
市直	《24%万灵防治桑虫试验》	云南蚕桑通讯	1991年第2期	陈雪峰	地茶桑站
	《亚热带地区桑园杂草调查及防治措施》	云南蚕桑通讯	1992年第1期	陈雪峰	地茶桑站
	《保山地区蚕桑生产情况反映》	云南蚕桑通讯	1992年第3~4期	陈雪峰	地茶桑站
	《发展蚕桑生产,重振古道蚕桑》	云南蚕桑通讯	1992年第3~4期	陈雪峰	地茶桑站
	《喷施宝在桑树是的应用效果分析》	云南蚕桑通讯	1993年第3~4期	陈雪峰	地茶桑站
	《引进"沙2×伦109"促进我市蚕桑生产》	云南蚕桑通讯	1993年第3~4期	陈雪峰	地茶桑站
	《杂交桑营养方格育苗技术》	云南农业	1993年第3期	陈雪峰	地茶桑站
	《推广小蚕片叶立体育效益显》	云南蚕桑通讯	1994年第1~2期	陈雪峰	地茶桑站
	《保山地区桑螟为害及防治初报》	云南蚕桑通讯	1994年第3~4期	陈雪峰	地茶桑站
	《桑螟的为害及防治》	云南农业	1994年第6期	陈雪峰	地茶桑站
	《立足社会主义市场经济,积极发展我区"三高"蚕业》	云南蚕桑通讯	1995年第1~2期	陈雪峰	地茶桑站
	《开展综合利用,提高蚕桑经营效益》	云南蚕桑通讯	1998年第1~2期	陈雪峰	地茶桑站
	《桑园间套种新模式》	云南农业	1998年第11期	陈雪峰	地茶桑站
	《杂交桑硬枝扦插技术》	农村实用技术	2002年第4期	陈雪峰	地茶桑站
	《家蚕饲养消毒防病技术》	农村实用技术	2002年第7期	陈雪峰	地茶桑站
	《桑树高产稳产栽培管理技术》	农村实用技术	2003年第1期	陈雪峰	市茶桑站
	《保山市蚕桑发展报告》	云南蚕桑通讯	2003年第4期	陈雪峰	市茶桑站
	《大棚养蚕试验总结》	云南蚕桑通讯	2003年第4期	陈雪峰	市茶桑站
	《大棚养蚕技术》	云南农业	2003年第11期	陈雪峰	市茶桑站
	《保山市蚕桑产业现状与发展》	云南农业科技	2008年增刊	陈雪峰	市茶桑站

续表

市县(区)	论文名称	刊物名称	期号	第一作者	单位
市直	《小蚕叠式蚕框育技术》	云南农业	2008年第7期	陈雪峰	市茶桑站
	《桑园套种小米辣种植技术》	云南农业科技	2009年增刊	陈雪峰	市茶桑站
	《保山桑树病虫害的发生和防治》	云南农业科技	2010年增刊	陈雪峰	市茶桑站
	《提高桑树春叶产量的6条措施》	云南农业科技	2011年增刊	陈雪峰	市茶桑站
	《保山桑树病虫害综合防治措施》	云南农业科技	2012年增刊	李宏峨	市经作站
	《保山褐斑病爆发原因及防治对策》	云南农业科技	2012年增刊	陈雪峰	市经作站
	《康浪坝蚕桑产业发展模式探讨》	中国蚕业	2014年第1期	杨光学	市经作站
	《加快保山市蚕桑产业转型升级的思考》	中国蚕业	2016年第2期	杨春玲	市经作站
	《隆阳区板桥镇左所村蚕桑发展调查与分析》	云南农业科技	2015年第6期	杨春玲	市经作站
	《不同模式桑树剪伐对比试验初报》	农家科技	2016年第3期	杨春玲	市经作站
	《果桑种植技术》	农家科技	2016年第4期	杨春玲	市经作站
	《桑枝粉末培育大球盖菇种植技术》	农村实用技术	2019年第3期	杨春铃	市经作站
	《果桑种植技术》	农村实用技术	2019年第3期	陈雪峰	市经作站
	《秋伐防控桑树褐斑病技术的应用》	中国蚕业	2019年第2期	陈雪峰	市经作站
隆阳区	《保山卧佛村推广养蚕措施蚕茧丰收》	云南蚕桑通讯	1986年第2期	何学文	市蚕桑站
	《大家都来抓抓优质茧的生产》	云南蚕桑通讯	1987年第1期	刑邵美	市丝绸厂
	《板桥区1986年4户社员养蚕情况报道》	云南蚕桑通讯	1987年第2期	何学文	市蚕桑站
	《蚕桑生产成本调查》	云南蚕桑通讯	1989年第3期	王永和	市蚕桑站
	《湖桑全光喷雾嫩枝扦插育苗试验初报》	云南蚕桑通讯	1993年第3~4期	孙彦	市蚕桑站

续表

市县(区)	论文名称	刊物名称	期号	第一作者	单位
隆阳区	《保山市1992年工作总结暨1993年工作安排意见》	云南蚕桑通讯	1993年第1~2期	市蚕桑站	市蚕桑站
	《“沙2×伦109”杂交桑育苗技术》	云南蚕桑通讯	1995年第1~2期	王永和	市蚕桑站
	《桑粉虱防治方法探讨》	云南蚕桑通讯	1995年第4期	范国明	市蚕桑站
	《试论桑园间套种问题》	云南蚕桑通讯	1998年第1~2期	范国明	市蚕桑站
	《漂浮育苗技术在桑树上的应用》	中国蚕业	2004年第2期	范国明	区蚕桑站
	《雄蚕品种秋华×平30和秋丰×平28饲养初报》	中国蚕业	2007年第2期	范国明	区蚕桑站
	《对隆阳区桑园建设问题的几点思考》	云南农业科技	2008年增刊	范国明	区蚕桑站
	《隆阳区蚕桑产业发展现状及对策》	云南农业科技	2008年增刊	杨春玲	区蚕桑站
	《家蚕农药中毒的预防及应急处理》	现代农业科技	2009年第12期	范国明	区蚕桑站
	《隆阳区家蚕血液型脓病发生情况与防治对策》	云南农业科技	2009年增刊	范国明	区蚕桑站
	《桑树栽培的干旱问题及对策》	云南农业科技	2010年增刊	范国明	区蚕桑站
	《隆阳区桑瘿蚊发生规律及防治》	云南农业科技	2011年增刊	范国明	区蚕桑站
	《隆阳区桑树褐斑病发生规律与防治》	云南农业科技	2011年增刊	范国明	区蚕桑站
	《氟化物污染对隆阳区养蚕业的危害与防治对策》	云南农业科技	2012年增刊	范国明	区蚕桑站
	《自动控温叠式木盒小蚕共育技术》	云南农业科技	2012年增刊	蒋碧婷	区蚕桑站
	《蒲缥镇桑树秋季伐条技术探讨》	云南农业科技	2013年增刊	范国明	区蚕桑站

续表

市县(区)	论文名称	刊物名称	期号	第一作者	单位
隆阳区	《隆阳区八鸭塘基地秋季蚕病发生与防治对策》	云南农业科技	2013年增刊	范国明	区蚕桑站
	《保山市蚕桑产业对水源地生态环境改善的探索》	云南农业科技	2016年第2期	范国明	区蚕桑站
	《家蚕新品种华康2号在隆阳区的试养初报》	中国农业科技	2017年第5期	杨丽莎	区蚕桑站
	《隆阳区家蚕脓病的发生与防治方法探讨》	中国农业科技	2017年第5期	杨丽莎	区蚕桑站
	《隆阳区家蚕新品种筛选试验初报》	中国农业科技	2015年第5期	董竹	区蚕桑站
	《秋蚕饲养中存在的问题和对策》	中国农业科技	2015年第5期	董竹	区蚕桑站
	《华康2号在保山市隆阳区的饲养试验及示范推广》	中国蚕业	2018年第3期	范国明	区蚕桑站
	《隆阳区桑褐斑病发病规律》	中国农业科技	2018年第5期	李金河	区蚕桑站
	《隆阳区桑树病虫害发生与防治方法探讨》	中国农业科技	2018年第5期	李金河	区蚕桑站
	《隆阳区蚕种市场管理及对策》	中国农业科技	2018年第5期	番成砖	区蚕桑站
	《隆阳区家蚕小蚕期(1-2龄)人工饲料育实验研究》	中国农业科技	2018年第5期	番成砖	区蚕桑站
施甸县	《县蚕桑生产汇报》	云南蚕桑通讯	1981年第2期	县茶桑站	县茶桑站
	《自留地栽桑效果好》	云南蚕桑通讯	1981年第3期	何彦伟	县茶桑站
	《小蚕共育是方向科学养蚕有保障》	云南蚕桑通讯	1984年第1期	县茶桑站	县茶桑站
	《总结经验发展蚕桑》	云南蚕桑通讯	1984年第3期	县茶桑站	县茶桑站
	《桑蚕僵病危害调查分析》	蚕桑科普资料	1984年第7期	杨国仙	县茶桑站
	《秋季栽桑势在必行》	云南蚕桑通讯	1985年第2期	县茶桑站	县茶桑站
	《良桑无根扦插地膜覆盖试验》	蚕桑科普资料	1985年第4期	杨国仙	县茶桑站

培训班”。海头村属于热区，海拔700米，2018年春季该村新种桑157亩，桑树生长旺盛，长势较好、产叶量高，秋季时已饲养大蚕3个批次，最高亩产值达到3500元，农户对发展蚕桑充满了热情和信心。针对新区桑园管理不规范、养蚕技术欠缺的实际，高级农艺师杨春玲、陈雪峰从桑树新植技术要点、桑园管理措施、病虫害防治、养蚕前的准备、大蚕饲养技术要点等方面进行了详细的讲解。包括蚕桑技术骨干、驻村辅导员和农户等共计50余人参加了技术培训，为今后蚕桑产业在该地发展打下了坚实的基础。

2018年9月28日，保山市经作站在隆阳区汉庄镇“桑葚庄院”举办“三区科技培训”，高级农艺师陈雪峰、杨春玲分别为52名桑农开授了“果桑栽培管理技术”“果桑新产品开发现状及应用前景”等讲座。

2019年8月13日，针对保山市蚕区以村为单位实施规模化小蚕共育标准化水平低，现行小蚕共育中心空调仅控制蚕房温度、难以控制蚕房湿度、费工费时费耗材的实际问题，保山农业技术推广中心在隆阳区西邑乡开展小蚕智能化系统安装操作技术培训工作。保山市农业技术推广中心主任刘猛道、隆阳区农业局副局长赵会星、云南保山利根丝绸有限公司副总经理丁月芬、隆阳区蚕桑技术推广站技术人员、主产乡镇蚕办主任、收茧站站长共60多人参加了会议。隆阳区计划在沪滇合作项目的支持下，积极引进四川省科技创新成果，通过示范带动，在蚕桑主产乡镇，特别是贫困乡镇建设智能化小蚕共育中心100个，推进保山市蚕桑生产智能化、集约化、标准化水平再上新台阶。

2019年10月26日，保山农业技术推广中心在隆阳区瓦房乡巴嘎村开展秋冬季节种桑养蚕技术培训工作。巴戛村位于怒江东岸，是隆阳区深度贫困村，该村年平均气温16℃，年降水量1200毫米，耕地面积3148.2亩，林地面积5300.7亩，森林覆盖率47.7%。主要产业有蚕桑、红花、甘蔗、玉米，其中蚕桑种植2026亩，为该村优势主导产业，种植规模、交售鲜茧量均居全乡第二，2018年交售蚕茧1077张，实现产值199.5万元。针对该村新植蚕桑管理水平不高、养蚕技术不到位等问题，保山农业技术推广中心在该村开展“冬季桑园管理技术”“晚秋蚕饲养技术要点”的培训工作，受训人员达160多人次。

2019年11月14日，保山市农业推广中心在隆阳区瓦马乡岩脚村开展“冬季桑园管理和养蚕技术”培训工作。2017年以来岩脚村把蚕桑列为脱贫主导产业重点打造，2019年已种植桑园3700亩、养蚕1300张，实现产值230余万元，种植规模、交售鲜茧量均居全乡第一。保山经作站技术团队针对该村桑园管理水平不高、养蚕技术不到位、蚕病严重等问题，开展了“冬季桑园管理技术”“家蚕饲养技术要点”的培训工作，受训人员达76人次。

二、隆阳区培训

1994年，原保山市蚕桑站与保山市科协联合举办了云南省农村致富函授大学保山首期教学，蚕桑站4名技术人员分别讲授了养蚕技术、栽桑技术、桑蚕病的诊断防治技术和杂交桑扦插育苗技术。参加培训的技术辅导员以及示范户、重点户有100多人。

2003年4月6—16日，隆阳区在西邑乡八鸭塘蚕桑基地举办蚕桑技术培训班。培训采取理论学习和实践结合的方式进行，请海宁市蚕桑站杨龙泉讲授养蚕技术，隆阳区蚕桑站刘翠丽主讲桑树栽培技术。58名蚕桑技术辅导员在课堂学习11天，考试合格后，分组进入养蚕大户进行25天养蚕实习。

2004年4月1—25日，隆阳区在西邑乡八鸭塘蚕桑基地举办蚕桑技术培训班，培训对象是蚕桑辅导员、农科站技术人员和小蚕共育户，课堂学习后考试，再到养蚕大户进行养蚕实习。

2005年4月2—6日和8月9—11日，隆阳区组织辅导员及乡镇农科人员20人集中进行2次系统培训。6月22日，云南省农村致富函授大学在老营乡率先举办蚕桑科技培训，由隆阳区蚕桑站科技人员前往授课，培训人数50人；7月份，隆阳区残联举办“隆阳区残疾人种桑养蚕技术培训班”，隆阳区蚕桑站杨朝斌、范国明负责授课，培训103人。2005年隆阳区在乡镇和重点村召开各种蚕桑科技培训会230场次，培训农户87066人次，发出技术资料9000多份。

2006年，隆阳区蚕桑站开展蚕桑科技培训439场、3万余人次，发放科技资料4.12万份。

2007年3月7—10日，隆阳区在区委党校开展了为期4天的蚕桑科技培训。参加培训的有11个乡镇的蚕办主任、新老辅导员共136人，设课程3门，桑保课由刘翠丽主讲，养蚕课由张云波主讲，蚕病防治课由范国明主讲；发放了《栽桑养蚕技术问答》《节本高效种桑养蚕技术》《大小蚕饲养技术参考表》《小蚕共育点建设技术规范》等5种技术材料。2007年，隆阳区分乡镇和村组共组织培训250场、1.5万余人次，发放技术资料2.5万份，培训主要内容是养蚕前消毒、桑叶的选采、树形养成、蚕儿饲养、蔟中管理和蚕病防治。

2008年3月10—16日，隆阳区蚕桑站在区委党校开展了为期7天的蚕桑科技培训，共培训新老辅导员176人，发放技术资料486份。

2008年4月17日至5月10日，隆阳区开展辅导员养蚕实习。将西山瓦马、瓦房、杨柳三乡60名蚕桑技术辅导员编为5个组，分配到西邑乡八鸭塘蚕桑基地5个大户家进行养蚕技术操作培训。2008年，隆阳区分乡镇对农户进行培训439场、3万余人次，发放技术资料4.12万份。

2009年3月15—18日，隆阳区在区委党校开展为期4天的蚕桑科技培训，共培训新老辅导员130人，发放技术资料486份；3月22日隆阳区蚕桑站在水寨乡举办蚕桑实用技术培训；12月26—27日，由隆阳区农业局及利根丝绸有限公司组织，在隆阳区委党校召开蚕桑技术培训会，来自全区各乡镇蚕办主任、种桑养蚕骨干、蚕桑技术员等共计90余人参会。隆阳区蚕桑站高级农艺师范国明、蚕桑站副站长韩有魁及利根丝绸有限公司副总经理丁月芬分别讲授“桑园建立管理”“桑树病虫害防治”“合理间套种技术”“小蚕共育”“大蚕饲养”“蚕病防治”“方格蔟上蔟和蔟中管理技术”等课程；隆阳区农业局副局长陈迎新在培训结束时讲话，他分析了蚕桑产业形势，鼓励全体学员要放下架子、不耻下问，专心学习蚕桑新技术，通过理论学习和实践操作提高技术水平。2009年，隆阳区分乡镇培训蚕农共310场、2.5万余人次，发放技术资料2.5万份。

2010年3月10—16日，隆阳区在区委党校组织开展了为期7天的蚕桑科技培训，共培训新老辅导员125人，发放技术资料375份；2010年，隆阳区分乡镇举办各种技术培训350场、3万余人，发放技术资料3.1万份。

2011年3月10日，隆阳区蚕桑工作站在河图镇举办“送科技下乡活动”；3月20~22日，隆阳区在保山市委党校举办蚕桑科技正规化培训，采用PT辅助教学，共培训新老辅导员82人。桑树栽培及病虫防治课由范国明主讲，养蚕课由刘翠丽主讲，方格蔟使用由蒋碧婷主讲。4月3日，隆阳区在板桥镇举办“现代蚕桑示范园新植桑园管理现场会”；2011年隆阳区分乡镇举办各种蚕桑技术培训329场、3万余人，发放技术资料3.5万份，主要内容有新植桑园栽培管理、小蚕一日两回育、大蚕饲养一日三回育、方格蔟自动上蔟和蚕病综合防治等。

2012年3月18—20日，保山利根丝绸有限公司在石瓢培训基地举办隆阳区蚕桑辅导员培训，培训人数50人；技术课由范国明主讲，通过总结分析2011年的蚕桑生产，提出2012年蚕桑生产技术措施。2012年，隆阳区分乡镇举办农户蚕桑技术培训705场次、7.2万人次，发放技术资料7.5万余册，其中重点村每批蚕培训1次以上，依托基层农技推广体系改革与建设示范县蚕桑项目开展培训142场、3.11万人次。

2013年3月13—15日，隆阳区在区委党校举办蚕桑技术员培训班，培训人数70多人；主要内容有收蚁袋使用技术、小蚕木盒育、大蚕活动蚕台育和方格自动化上蔟等。2013年，分15个乡镇开展蚕桑技术培训350场、2.2万人次，发放技术资料2.2万余份，其中在45个蚕桑重点村培训215场，培训农户1.4万人次。

2014年12月1日，隆阳区在板桥镇左所村举办“蚕桑产业新型农民科技培训”，市经作站高级农艺师李宏峨、陈雪峰，区蚕桑站高级农艺师范国明分别讲授桑树病虫害防治技术、桑园栽培管理技术、养蚕技术；2014年隆阳区开展种桑养蚕技术培训330场、1.8万人次，发放技术资料1.8万余册，其中重点村每批蚕培训1次以上。

2015年3月16—17日，隆阳区在区委党校举办2015年蚕桑技术培训班。云南省蚕桑蜜蜂研究所蚕病专家白兴荣讲授蚕病防治技术，蚕桑站站长蒋碧婷讲授桑树栽培及养蚕技术，保山春润农业技术有限公司张琪介绍了蚕桑控释肥使用技术，参训人员102人。2015年隆阳区分乡镇举办“省级农村劳动力转移培训会”，培训农户345场、2.25万人次，发放技术资料2.1万份，其中重点村每批蚕培训1次以上，有效地提高了蚕农的种桑养蚕水平。

2015年5月28日，隆阳区在西邑乡补麻村举办“贫困地区劳动力转移培训班”。保山市经作站高级农艺师陈雪峰针对桑园管理和养蚕生产实际，为142名蚕农讲解了小蚕饲养、大蚕饲养、消毒防病、血液型脓病防治和夏季桑树病虫害防治技术要点。

2016年5月，隆阳区蚕桑站依托新型农民培训项目在西邑乡乌马村培训50人，先集中进行课堂学习，再到左所村蚕桑样板现场参观；9月份依托新型职业农民培训项目培训3个班、共130人，邀请保山市经作站蚕桑专家李宏峨和陈雪峰等到会讲课，其间组织到大理州祥云县参观学习。

2018年6月10日，由隆阳区人力资源和社会保障局主办，在金鸡乡黄毛村举办“建档立卡贫困劳动力转移就业培训”。参会蚕农56人，保山市经作站陈雪峰讲授“桑树树型养成技术”和“果桑栽培管理技术”。

2020年3月13日，隆阳区农业局和保山利根丝绸有限公司在板桥镇召开了“全区2020年蚕桑生产工作暨蚕桑培训会议”，会议回顾总结2019年养蚕生产经验，分析国际国内茧丝绸产业形势，安排蚕桑生产具体工作。技术培训课由推广研究员范国明主讲，板桥镇、金鸡乡、永盛街道、辛街乡、西邑乡、丙麻乡、瓦渡乡、瓦马乡、瓦房乡、蒲缥镇、芒宽乡、瓦窑镇、汉庄镇、水寨乡等14个蚕桑基地乡的蚕办主任，区农业局经作站蚕桑组全体人员、保山利根丝绸有限公司生产部和各茧站站长，共80多人参加了会议。

2020年，蚕桑科技人员深入到各乡镇和重点村、新蚕桑村进行蚕桑生产技术培训，采取多种形式开展蚕农培训，共培训基层蚕桑科技人员、村组干部、蚕农185场次，受训人员达1.95万人次，给蚕农发放技术指导光盘和《隆阳区蚕桑标准化生产技术手册》，发出技术资料2.6万份；利用互联网、微信公众号平台等多种方式指导蚕农饲养技术，做到蚕前、蚕种、蚕后全程技术指导，保证每户有1个技术明白人，有效地提高了蚕农的种桑养蚕技术水平。

三、施甸县培训

1973年，施甸县林业局举办蚕训班，培训家蚕饲养技术。

2006年3月，施甸县在县委党校举行蚕桑技术培训会，参会人员有种桑养蚕乡镇长、分管蚕桑的副乡镇长、乡镇蚕办主任、种桑养蚕的村支书或主任、县茶桑站和乡镇蚕办技术人员、蚕桑辅导员共计120多人；县人大分管蚕桑副主任主持会议，县委副书记、县蚕桑领导小组组长作动员讲话，县农业局局长、县蚕桑产业领导小组办公室主任做培训要求，县茶桑站专业技术人员对种桑、养蚕、管理等方面进行培训，为施甸蚕桑产业发展提供了技术支撑。

2007年3月28日，施甸县蚕桑科技培训会在县委党校召开。参加培训人员有涉桑乡镇分管领导、村支书或主任、乡镇蚕办技术员、蚕桑辅导员、小蚕共育户，共计150多人。

2007年7月8日，施甸县夏茧收购及养蚕培训会在由旺镇召开。参加培训人员有涉桑乡镇分管领导、村支书或主任、乡镇蚕办技术员、蚕桑辅导员，共计100多人。

2008年4月13日，施甸县在县职业高级中学召开蚕桑技术培训会，参加培训人员有涉桑乡镇分管领导、村支书或主任、乡镇蚕办技术员、蚕桑辅导员、小蚕共育户，共计120多人。

2008年5月14日，施甸县蚕桑科技培训会在县委党校召开，参加培训人员有涉桑乡镇分管领导、村支书或主任、乡镇蚕办技术员、蚕桑辅导员、小蚕共育户，共计160多人。

2008年10月15日，施甸县农村劳动力转移培训项目蚕桑技术培训会在县职中举行，参加培训人员有涉桑乡镇分管领导、村支书或主任、乡镇蚕办技术员、蚕桑辅导员，共计120多人，会上县产业办、扶贫办、公司领导作了重要讲话，县茶桑站技术人员进行了业务培训。

2009年2月26日，施甸县冬季桑园管理及方格蔟推广技术培训会在县职中召开，参加培训人员有涉桑乡镇村支书或主任、乡镇蚕办技术员、蚕桑辅导员，共100多人，会上保山利根公司、县茶桑站、施甸公司领导分别进行了业务讲解。2011年11月26日，施甸县在县职业中学召开2012年蚕桑技术培训会。

2012年12月24日，为规范开槽移栽、强化冬季桑园管理措施，培育丰产桑园，确保2013年新植桑园0.3万亩、养蚕2.9万张、产鲜茧100万公斤任务的顺利完成，施甸县在仁和镇苏家村及时召开桑园开槽移栽暨冬季桑园管理现场会。施甸县茶桑站研究员杨国育、市经作站高级农艺师陈雪峰分别就园区规划、选地开槽、施肥种植、浇水盖膜及桑园冬耕、施肥、剪梢、伐条、病虫害防治做了示范讲解和培训指导。市农业局副局长蒋春国，蚕桑产业办副主任杨朝良，市经作站站长李宏峨，施甸县人大副主任将启龙，水长、由旺、仁和、和元四乡镇分管蚕桑的领导及种桑户共计110人参加了会议。

2015年4月26日至5月3日，施甸县在由旺镇永福村召开“新型农民技术劳动力转移（蚕桑）培训会”。保山市经作站高级农艺师陈雪峰、施甸县茶桑站高级农艺师蒋秉正分别讲授桑园管理技术、养蚕消毒防病技术、春蚕饲养技术，培训农户420人次，发放《栽桑养蚕实用技术》《大小蚕标准饲育法》共计600余册。

2016年11月4—16日，施甸县在酒房乡沙子村举办新型职业农民培训蚕桑班。本期蚕桑班由县农业广播电视学校主办、县茶叶蚕桑工作站协办，参加培训学员共60人，开设“土壤肥料基础”“蚕桑发展形势分析”“桑树种植与管理技术”“家蚕饲养技术”“市场营销”等课程，特聘县茶叶蚕桑工作站研究员杨国育、高级农艺师蒋新能、蒋秉正、董绍德主讲，理论教学15天，外出参观学习5天，收到较好效果，为施甸蚕桑产业发展提供了技术保障。

2017年3月24日，施甸县在由旺镇召开蚕桑技术培训会。参加会议的有全县种桑养蚕乡镇分管领导、蚕办主任、蚕桑技术辅导员以及县农业局分管蚕桑领导、施甸丝缘丝绸公司负责人、县茶桑站技术人员，共80多人。培训会总结了2016年种桑养蚕成功经验存在的问题，对下一步工作提出了要求；针对种桑养蚕技术问题，县茶桑站进行了培训。

2017年9月29日，县科协在由旺镇银川村举办农函大种桑养蚕知识前沿讲座。参加人员有银川村种桑养蚕农户100多人。聘请县茶叶蚕桑工作站站长、研究员杨国育主讲，讲座内容包括蚕桑发展历史、形势，并结合当地实际分析蚕桑发展优势提出发展对策，收到较好效果。

2017年11月26日，施甸县水长乡举办“职业农民培育蚕桑培训班”，保山市经作站高级农艺师杨春玲、陈雪峰分别讲授了“家蚕饲养技术”“桑园栽培管理技术”；水长乡农业中心为学员发放《栽桑养蚕实用技术》《果桑栽培技术》200余册。

2020年，施甸以酒房乡为重点，扎实开展科技培训。全县共举办种桑养蚕科技培训10期，培训农民500人次，发放技术资料500份。召开桑园规范化种植、桑园管理现场会10场次，培训蚕农500多人次。

四、昌宁县培训

2007年11月28日，昌宁县在农业局电教室开展第一次蚕桑技术培训会。培训对象为昌宁县蚕桑办的全体人员、各个乡镇的驻村技术员。保山利根公司副总经理丁月芬介绍了蚕桑在我国发展的历史及保山市蚕桑产业基本情况；隆阳区蚕桑站站长杨春玲讲解了桑树种植管理技术和小蚕共育技术。

2008年4月15日至5月16日，昌宁县举办第一期蚕桑辅导员培训班。参加培训的人员有县蚕桑办、乡镇蚕桑办工作人员，各乡镇的村级蚕桑辅导员共计50人。培训采用理论培训和实操结合的模式进行，2天理论培训在县委党校进行，30天的实践课在隆阳区八鸭塘蚕桑养殖基地进行。

2008年6月9日至7月10日，昌宁县举办第二期蚕桑辅导员培训班。参加培训的人员有县蚕桑办、乡镇蚕办的工作人员，各乡镇的村级蚕桑辅导员共计49人。培训仍然采用理论培训和实操结合的模式进行，2天理论培训在县委党校进行，30天的养蚕实践课安排在隆阳区八鸭塘基地。

2011年3月27日起，昌宁县蚕桑工作站先后在田园镇龙泉村、卡斯镇新谷村、漭水镇沿江村、鸡飞乡邑等村举办"蚕桑实用技术培训会"，县蚕桑站专家赵志诚、罗会军详细讲解了桑褐斑病、桑毛虫等病虫害的发生规律和统防统治方法，并为桑农现场免费发放"残杀威"3000袋、"丙环唑"1200袋、"敌敌畏"乳油100瓶。通过示范带动，进一步增强了广大蚕农发展蚕桑产业的信心和决心，2011年全县病虫防治26541亩，为确保蚕茧生产任务完成打下了坚实的基础。

2014年，昌宁县在漭水镇举办"蚕桑实用技术培训会"，培训内容为桑园田间管理、家蚕饲养技术等，培训人员80人；2014年11月17日至11月30日，昌宁县蚕桑站在双扶宾馆实施"新型职业农民培育工程"。理论培训5天，实操培训9天，培训人数40人。培训内容：桑树生物学特性、新植桑园技术、新植桑园管理、桑树树型养成、桑园中耕管理、冬季桑园管理、蚕的基础理论、小蚕共育技术、活动蚕台育、省力化大蚕养殖技术、纸板方格蔟具上蔟技术、蚕房消毒、蚕病防治知识等。

2015年9月14日至16日，昌宁县在茗苑宾馆举办"省级农村劳动力转移培训"。参训人员有田园、勐统、漭水三个乡镇蚕桑技术员、辅导员和小蚕共育户、种桑养蚕信息员等，共计50人。保山市经作站、昌宁县蚕桑站高级农艺师杨春玲、陈雪峰、张晓露、饶泽峰分别讲授了"蚕桑发展简史""大蚕养殖技术和蚕桑前沿科技""桑园管理技术及树型养成技术"和"小蚕共育技术"。

第八章　人　物

一、市级

（一）寸可昌

男，汉族，1940年10月25日生，专科学历，云南腾冲市人，副主任科员（正科级）、高级农艺师。1956年4月参加工作，至1992年退休，分别在云南省土地利用局勘测设计总队、云南省农业厅土地利用处、云南省农展馆、腾冲县农业局农林科、保山地区农科所、保山地区茶桑站、保山行署农业局科教科等单位工作。1984—1989年曾任保山地区茶桑工作站站长。

寸可昌先后参与、组织完成了“土地遥感”“良种引进推广”“蚕种催青”“秋蚕防病技术培训”“小蚕炕房育技术研究与示范”“桑树丰产栽培技术”“施甸县蚕桑生产问题分析研究”“保山地区蚕桑区划”“保山地区桑树害虫分科调查报告”等项目和课题，在《云南蚕桑通讯》和《保山科技》发表论文11篇，为保山农业发展，特别是为蚕桑产业发展做出了极大贡献：20世纪60年代其引进的桑树良种“湖桑32号”，直至21世纪初才被“农桑”取代，20世纪70年代、80年代引进的家蚕多丝量品种“华合×东肥”“滇13×滇14”，沿用十余年；1974年从浙江省引进推广的“湖桑矮干、密植、速生丰产栽培技术”改变了桑树栽培管理模式，大幅提高了桑叶产量；1978年参加腾冲区域“农业土壤遥感项目”中的“土地遥感子项目”获国家级科技进步二等奖；80年代初主持完成“家蚕种小容积恒温自控催青箱”课题获云南省农业厅科技推广三等奖，“施甸县蚕桑生产条件和问题分析研究”获1988年行署农牧业局科技推广二等奖，“保山地区蚕病危害及控制意见”获云南省蚕学会优秀论文奖；1991年获云南省蚕学会颁发的连续从事蚕桑工作三十年荣誉证书。

（二）杨沛

男，汉族，1944年6月生，云南大理市人，中共党员，农艺师。1962年12月大理农校毕业，分配在保山地区农科所工作；1975—1981年，在保山地区农牧局工作；1981—1990年5月，在保山地区茶桑站工作；1990年6月—1995年1月，调入中共保山地委农村部工作，历任调研科副科长、科长；1995年2月—2004年6月，在中共保山地委政研室工作，历任农村科科长、综合科科长、助理调研员；2004年6月从中共保山市委政研室退休。

1962年12月—1964年4月，杨沛在保山地区农科所工作，期间参加保山地委中心"小四清"工作队下乡蹲点、调研。1965年5月调入保山地区农科所做蚕桑工作，先后参加地委举办的板桥农业中心样板工作组，负责蚕桑样板建设工作，重点抓了"快速育苗""四边桑""高产桑园建设""小蚕共育大蚕分养""消毒防病""防干纸育"的普及推广；定期召开现场会和技术讲座，宣讲蚕桑生产技术。经过齐心努力，板桥公社蚕桑生产起到了示范带头作用。

1968年，杨沛与张述尧、姚赛珍一起承担家蚕制种任务，成功制种686张，次年分发到保山县、施甸县、昌宁县、陇川县等地，为当地解决了蚕种不足的问题。1968年至1970年，在施甸县银川、保场等地搞高产桑园示范，举办嫁接培训、养蚕培训，普及蚕桑知识。20世纪70年代，在保山县河图公社三家村推广丰产桑园栽培技术，开展养蚕高产示范。80年代，在河图公社柳上村杜家庄姬从芹家开展首次方格蔟上蔟试验示范，通过蔟具改良提高了蚕茧质量。1981年，在农村家庭联产承包责任制落实过程中，杨沛及时报道当地农户利用自留地发展栽桑养蚕的高产典型，总结推广施甸县银川公社蚕桑承包责任制的成功经验，充分激发了农户发展蚕桑生产的积极性、主动性，通过努力，施甸县的蚕茧产量从1979年的1万公斤增加到1984年的4.2万公斤，5年增长了4.2倍。

杨沛在多年的蚕桑工作中，立足深入调查研究，先后撰写调查材料几十篇，并在《云南蚕桑通讯》《保山经济》《保山科技》等杂志上发表20多篇，其中《初探我区夏秋蚕生产》被评为云南省蚕学会优秀论文；他参与《保山地区志·农牧志》《保山地区农牧业志》的编纂，在中国党史出版社《中国新时期农村的变革》丛书之云南卷上发表两篇文章，并参与了1992年、1993年、1994等年的《保山地区年鉴》的编纂工作。

杨沛先后参加中国蚕学会云南省分会、云南省丝绸协会、中国农学会、保山地区农学会、保山地区茶桑学会等专业社团组织，努力为蚕桑生产的发展出谋划策，为蚕桑生产技术进步贡献力量。

二、县(区)级

(一)杨玉芬

女、汉族，生于1924年1月26日，小学文化，原籍云南省红河州石屏县，1950年3月参加工作。杨玉芬同志多年来深入村寨，驻点指导蚕桑专业队和养蚕农户，亲自参加蚕种催青、蚕种收蚁和小蚕饲养，在农户家里手把手地教农民桑树嫁接、桑叶采摘、桑叶贮存、切叶喂蚕和蚕座消毒等技术，特别是在板桥郭里驻点期间，将一个蚕病窝子改造成一个高产典型。郭里蚕桑专业队1978年蚕病严重，杨玉芬进驻以后，深入田间地头和养蚕现场，反复调研，给专业队提出了一整套蚕桑技术措施，并亲自参加消毒和各环节的技术操作，1979年该专业队打了翻身仗，春蚕张产茧43公斤、张产值164元，1979年郭里蚕桑专业队成员的每工日分红3.24元，比之前提高1.35倍，杨玉芬同志受到郭里大队干部群众的称赞。由于贡献突出，1979年杨玉芬获保山县妇联表彰；1980年被评为保山地区劳动模范，获得保山地委、保山行政公署表彰；1984年获得农牧渔业部颁发的在基层从事农牧业科技推广工作25年以上技术人员荣誉证书，退休前为助理农艺师，1986年6月退休，2009年11月在隆阳区去世。

（二）范国明

男，汉族，1965年8月生，函授本科学历，籍贯保山市隆阳区，1984年7月楚雄农校蚕桑专业毕业，同年8月参加工作，一直在蚕桑站工作，先后在板桥、河图蹲点，先后主持和参与完成桑树育苗、栽培管理、病虫害防治、蚕桑新品种引进、养蚕试验、蚕具改进等科技项目，获科技奖励32项，曾被评为隆阳区首届有突出贡献优秀专业技术人才；先后发表专业论文38篇（其中国家级10篇），参编并正式出版蚕桑专著4本；多年来积极开展桑树栽培和家蚕养殖以及病虫害防治的科技试验、示范和调查研究，和单位同行一起及时解决了蚕桑生产出现的各种技术问题，蚕桑工作上坚持谦虚谨慎、团结协作，技术上精益求精，于2017年11月被评为农业推广研究员，2020年10月被评为保山市学科带头人。

（三）杨国育

男，汉族，1964年5月生，大学学历，中共党员，农业推广研究员，保山市施甸人，现在施甸县农业技术推广中心工作。1985年7月毕业于保山农校农学专业，先后在施甸县酒房乡农科站、水长乡农科站及县茶叶蚕桑工作站工作；曾任水长乡农科站站长、县茶叶蚕桑工作站站长、县农业专家组副组长兼秘书长，为云南省蚕学会会员、理事，中共保山市委第二届、第三届党代表。

杨国育继任县茶叶蚕桑工作站站长以来，热衷于蚕桑事业，多次与省、市蚕桑专家深入乡镇考察施甸县桑树种质资源，总结种桑养蚕经验，收集整理了大量的蚕桑资料，发表蚕桑方面论文10篇，主编《施甸种桑养蚕实用技术》《施甸茶叶蚕桑发展历程》和《冬季桑园管理及方格蔟上蔟技术》，参编《云南蚕桑产业发展报告》《云南蚕业志》。

十多年来，杨国育带领团队引进优质桑树品种“农桑”系列，家蚕新品种“青松×皓月、云7×云8、新松×新月、华康二号、781×7532”等进行示范推广，探索低产桑园及高标准桑园建设中耕、施肥、修剪等技术措施，为施甸低产桑园改造和高标准桑园建设奠定了基础。同时，推广“小蚕打孔保鲜膜一日两回育”“大蚕一日三回育”“省力化活动蚕台饲养”“大棚养蚕”“塑料折蔟”“方格蔟应用”等技术，使施甸蚕茧产量、质量跨上了新台阶。

30多年来，杨国育荣获省政府科技进步奖3项、省级丰收奖1项、地厅级科技进步奖19项；1997年荣获云南省农村“青年星火带头人”称号，1999年、2004年两次荣获“云南省农技推广先进工作者”称号，1999年荣获省政府“科技兴乡贡献奖”，2002年荣获“保山市第二届十大杰出青年”称号，2007年荣获“保山市优秀共产党员”称号，2008年荣获“保山市第六届有突出贡献的优秀专业技术人才”称号，2010年荣获“全国农业科技创新先进个人”称号，2015年被评为“农业部万名农技推广骨干人才”。

（四）张自明

男，汉族，1957年7月生，高中学历，中共党员，保山市施甸县人。1976年2月至1982年2月在昆明公安消防大队秘书股服兵役，1991年10月至今在永福村委会工作，任永福村党总支书记，从事村委会工作29年。

种桑养蚕是永福村的一项传统产业，土地承包到户前以生产队为单位发展种桑养蚕，桑园面积曾达300余亩。1982年土地承包到户，大多数农户挖桑种其他农作物，当时没有龙头企业，仅靠供销社、外贸公司收购蚕茧，有时甚至无人收购，挫伤了村民种桑养蚕的积极性，致使桑园面积大幅减少，2000年末，全村桑园仅剩22.9亩。

2000年，面对生猪价格持续下滑、粮价低、人均耕地少、群众增收难度进一步加大的严峻局面，作为村支书的张自明忧心忡忡。2001年施甸县政府决定恢复发展蚕桑产业，张自明决心抓住这个难得的发展机遇，积极与县政府争取种植项目，得到了上级支持，将永福村列为全县蚕桑产业发展样榜村，但由于过去的坎坷经历，群众心存顾虑。针对这种情况，他反复研究，并召开各种会议，与大家算账对比，入户耐心细致地做工作达百余次，常常工作到深夜。在3个多月的种桑期间，他身先士卒，天天奋战在种植一线，为群众抽水、开沟、栽桑，经过努力，当年种植桑树250亩，养蚕236张，产值达9.4万元。在他和村两委成员的带动下，经过艰苦扎实的工作，至2017年发展桑园面积1600亩，种桑户600户，年养蚕量平均在3500张，实现产值600万元，永福村已成为施甸县养蚕第一大村，养蚕量占全县的15%，占由旺镇的30%，人均养蚕收入由2001年的31元增至2017年的2100元。

蚕桑产业成为永福村农民增收的骨干产业，助推了永福新农村建设的步伐，2001年以来，争取到各级扶持资金1400余万元，先后实施了水浇地工程、排灌沟支砌、道路支砌硬化、路灯设置、民房加固、村级和自然村活动场所建设、卫生室建设等项目。永福村农民持续增收，经济社会又好又快发展，成长为保山市新农村建设示范村、样榜村，得到了省市县各级的肯定，2005年荣获省委组织部“云岭先锋”三级联创五好村党组织称号；2007年荣获“省妇联先进妇女之家”称号；2011年、2012年连续两年荣获“保山市委先进基层党组织”称号，2012年荣获保山市委、市政府2006—2011年度“社会主义新农村建设先进单位”称号。张自明被云南省司法厅评为“优秀人民调解员”，2006年被保山市委评为“2003—2005年度优秀党务工作者”，2005年被中国计划生育协会评为“全国计划生育协会先进志愿者”，2008年被保山市人民政府授予“保山市劳动模范称号”，2016年被云南省委、省政府评为“2011—2015年全省法治宣传教育先进个人”。

三、企业

（一）徐利根

男，汉族，1967年7月生，浙江省海宁市人，1986年参加工作，云南省茧丝绸协会理事长、保山市浙江商会名誉会长。1986—1990年任木香村绸厂厂长；1995年1月在浙江省临安县创办绢纺厂任总经理；1998年3月任海宁市马桥制丝有限公司、海宁富强经编董事长兼总经理；2004年2月至2019年12月任云南保山利根丝绸有限公司董事长兼总经理。从事茧丝绸行业工作多年，有丰富的工作经验，懂经营、会管理，有较强的经济实力和开拓创新精神。

2004年，徐利根从浙江海宁来到云南保山投资发展丝绸产业。在他的努力下，公司发展迅速，成为一家集蚕种繁育、蚕桑生产、蚕茧收购、茧丝绸加工为一体的现代化民营企业，拥有20组自动缫丝生产线及年产100万米丝绸织造生产线。云南保山利根丝绸有限公司先后被认定为“农业产业化国家级重点龙头企业”“国家重点扶贫龙头企业”“国家级蚕桑基地建设单位”；作为龙头企业的领头人，徐利根深深地懂得“吃水不忘挖井人、发展同时不忘回馈社会”的道理，积极参与“千村推进万户脱贫”工程，先后出资1675.5万元用于新农村建设及社会公益事业，其中：对种桑养蚕的农户进行资金扶持1500万元，资助新农村建设示范村35.5万元，资助建造两所“希望小学”50万元，资助特困大学生92名，资助金90万元。随着蚕桑丝绸业的发展，2006年、2007年，隆阳区和施甸县分别被国家商务部列为“国家级蚕桑基地”，极大地提高了农民栽桑养蚕积极性，2007年，蚕农户均收入超3000元，蚕桑已成为当地农民脱贫致富的主要产业。2006年徐利根被保山市委、市人民政府评为“扶贫开发先进个人”，2006年12月被保山市人民政府授予“保山市中小企业暨非公有制经济优秀企业家”荣誉称号，2008年4月被保山市人民政府授予“保山市劳动模范”荣誉称号，2008年至今，历任三届云南茧丝绸协会会长，2009年被云南省人民政府评为“非公企业创业之星”，2012年8月被云南省人民政府表彰为云南省“百名优秀民营企业家”。历任隆阳区第三届政协委员、常委、保山市工商联合会副会长，2011年11月当选为保山市人大代表。

（二）丁月芬

女，汉族，1956年3月12日生，浙江省海宁市人，中共党员，1979年参加工作，浙江电大行政管理专业，大专学历。

1979年12月—1998年9月，在海宁市丁桥镇政府工作，先后任妇联主席、工会主席、党委委员、党委副书记、纪委书记等职；1998年10月-1999年10月，在海宁市政协提案委工作；1999年11月—2001年3月，在海宁丝绸集团公司工作，先后任党委委员、蚕桑站副站长。被评为海宁市"百杰"、丁桥镇优秀党员、嘉兴市先进妇女干部、浙江省"三八红旗手"。2001年4月—2004年2月，任保山茧丝绸有限公司总经理；2004年3月—2020年4月，任云南保山利根丝绸有限公司副总经理，其中，2017年6月—2018年12月，任云南保山利根丝绸有限公司党支部书记。从2001年至今20载春秋，丁月芬始终心系蚕桑，情系蚕农，把保山作为第二故乡，深入基层调研，在各级政府举办的工作会、推进会上，论形势、讲政策、做动员，与各族群众共谋蚕桑产业发展大计；在现场会、培训会上与广大农民论效益、谈对比，手把手传授浙江种桑养蚕先进技术和经验。几度风雨她把足迹踏遍保山蚕区的山山水水，几度寒暑她把汗水洒满了蚕房桑园，"关山初度尘未洗，策马扬鞭再奋蹄"，丁月芬和她的团队，不忘初心，牢记使命，用心血和智慧书写着对事业的忠诚和责任，始终保持奋发有为的精神状态，不断砥砺奋进、勇往直前。丁月芬为"永昌古道丝绸之路"重放光芒呕心沥血，先后被评为保山市隆阳区板桥镇优秀共产党员、优秀党务工作者、"十佳书记"，云南省"巾帼建功标兵""全国妇女创先争优先进个人""保山市优秀共产党员"，2013—2018年当选保山市第三届政协常委，2019年当选保山市第四届政协委员。

（三）戴跃庆

男，汉族，1962年7月生，浙江省桐乡市人，昌宁欣盛恒茧丝有限公司董事长兼总经理。1986年创办桐乡市桑虹实业有限责任公司，担任法人代表、总经理职务。

2008年7月戴跃庆带领他的团队，在昌宁县成立昌宁欣盛恒茧丝有限公司，是昌宁第一家专业从事蚕桑产业开发的公司，拥有田园、漭水两座蚕茧收烘站，自动化收烘设备两套，每批蚕茧加工能力240吨。公司集蚕茧收烘、茧丝绸加工销售为一体，采用"公司+基地+农户+市场"的农业产业化经营模式，在促进企业增效、财政增长的同时，通过技术辅导、保护价收购鲜茧等方式带动区域广大农户种桑养蚕，增收致富，为昌宁县高寒山区贫困农户脱贫致富做出巨大贡献。公司先后被认定为农业产业化市级龙头企业、农业产业化省级龙头企业、云南省成长型中小企业。

附 录

一、产业发展意见

保山市人民政府
关于加快蚕桑产业发展的意见

保政发〔2007〕147号

各县、区人民政府,市政府各工作部门、各直属机构:

为进一步优化我市农业产业结构,着力拓展新兴产业,不断提高蚕桑产业化经营水平,现就加快发展蚕桑产业,提出如下意见。

一、加快发展蚕桑产业的基础和条件

(一)种桑养蚕,自然条件适宜。我市雨量充沛、光照充足、土地肥沃,是蚕桑生产适宜区。新中国成立后,我市曾多次掀起种桑养蚕高潮,群众基础好,近年来随着市场需求和龙头企业的带动,蚕桑效益不断提高,农民种桑养蚕积极性高,产业发展潜力较大。

(二)蚕桑是一项长效经济作物。桑园一经种植投产,可受益30年以上。蚕桑业是劳动密集型产业,我市人多地少,发展蚕桑产业,可为农村提供较多就业机会,比较效益突出。

(三)蚕桑产业是一项多级循环利用的产业。蚕桑产业符合国家产业发展导向。蚕桑资源可在桑、蚕、丝三个生产层次中对各种产物有所侧重地分级利用或进行所有层次的开发与综合利用,生产多个终端产品,具有较好的生态效益和经济效益,有利于现代农业建设和实现可持续发展。

(四)基地建设初具规模。经过近几年努力,目前全市桑园面积已达9.45万亩,以隆阳区、施甸县为主的产业带已基本形成,有3个桑园超万亩的基地乡(镇),有15个专业村桑园面积上千亩,丰产桑园实现亩效益3000元以上,示范带动作用较好。蚕桑产业已成为农民增收、财政增长的又一支柱产业。我市现已被列为国家和省级蚕桑基地。

（五）具有农业产业化经营的基础。云南保山利根丝绸有限公司是“东桑西移”“浙离入滇”在我市投资开发建设蚕桑基地和丝绸加工业的首家企业，公司集原料茧基地、蚕种繁育、蚕茧收烘、茧丝绸加工销售为一体，2006年被认定为云南省农业产业化经营重点龙头企业。

二、发展思路和目标

（一）发展思路：以科学发展观为指导，以市场为导向，效益为中心，通过政府引导、政策扶持、企业带动、科技创新，采取“公司+基地+农户”的经营模式，实现布局区域化、种植规模化、品种良种化、生产标准化，努力把我市建成云南省重要的蚕桑种植基地和丝绸纺织加工基地。

（二）发展目标：“十一五”末，全市桑园面积30万亩，分县区发展目标是：隆阳区15万亩，施甸县10万亩，昌宁县5万亩。全市年养蚕43万张，产鲜茧1.5万吨，工农业总产值15亿元（其中农业产值3亿，工业产值12亿）。

三、工作措施

（一）加强领导，健全机构。为加快全市蚕桑产业发展，市政府成立蚕桑产业领导小组，在市农业局设立蚕桑生产办公室。蚕桑种植县区要成立相应机构，行使蚕业生产的组织、指导、检查、监督、项目规划实施、信息提供和经营管理等工作职责。市政府将与各蚕桑种植县区签订责任书，建立激励机制。

（二）科学规划，合理布局。对隆阳区、施甸县老蚕区，重点抓好扩种和巩固提高。积极拓展新区，实现蚕桑生产向昌宁的延伸，形成区域优势产业带，确保30万亩桑园种植目标实现。

（三）加大投入，完善政策。一是积极争取利用国家西部大开发、“东桑西移”的专项扶持资金。二是市级财政每年安排200万元，主要用于蚕桑产业的标准化生产和基地建设。三是各级国土资源部门在蚕房建设用地上要统一规划并给予积极支持，四是多渠道争取项目资金对蚕桑产业的投入，农业综合开发、水利、扶贫、林业、以工代赈、农业科技推广等部门要积极争取项目，以项目为支撑，为产业发展提供资金保障。五是龙头企业要不断加大对基地建设的投入力度。

（四）进一步培植壮大龙头企业，充分发挥龙头企业带动产业发展的作用。在蚕桑种植县区，根据基地建设规模，鼓励和支持龙头企业就近配套新建自动缫丝厂，形成龙头带基地、基地促龙头和企农互动的良好格局。

（五）进一步健全和完善市、县区、乡、村四级蚕桑技术服务网络。采用企业运作，财政适当补助的方式，切实加强蚕桑辅导员队伍建设，加大培训力度，不断提高广大农民种桑养蚕水平，确保产业健康发展。

隆阳区人民政府

关于建设5万亩优质蚕桑基地的意见

隆政发〔2001〕50号

各有关乡(镇)人民政府、区直有关单位：

为充分发挥我区自然优势，进一步加快产业结构调整步伐，区政府与浙江海宁茧丝绸集团有限责任公司签订了建设5万亩高产蚕桑基地协议书，采取以小基地带动大基地发展的模式开发种植蚕桑，重振我区蚕桑传统产业，实现农民和财政双增收。为确保该项工作的顺利开展，经区政府研究，现就加快我区高产蚕桑基地建设有关问题提出如下意见，望认真遵照执行。

一、基地建设的指导方针和目标

我区蚕桑基地建设应贯彻“高起点、高速度、布局区域化、生产规模化、生产与加工相结合”的发展方针，坚持“以市场为导向、加工为龙头、效益为中心、技术为依托”的原则，充分发挥我区自然、地理、社会条件等方面的优势，依靠科技进步和现代化管理，在巩固现有桑园的基础上，大力发展高产优质新桑园，力争在3至5年内全区桑园面积发展到5万亩，5年内亩均产值1000元，5年以后，亩均产值1500元。

二、区域布局和计划安排

根据我区各地的自然地理条件和资源状况，蚕桑基地主要布局在7个乡(镇)，全区在3~5年内桑园面积要扩大到5万亩，即：西邑乡12000亩，板桥镇10000亩，辛街乡8000亩，汉庄镇6000亩，金鸡乡4000亩，河图镇4000亩，丙麻乡4000亩，其他乡(镇)2000亩。分年度的计划是：2001年种植5000亩(西邑2500亩，板桥1500亩，金鸡1000亩)，2002年种植10000亩，2003—2005年种植35000亩。

三、主要措施

(一)提高认识，加强领导。蚕桑是我区的一项传统优势产业，我区种桑养蚕历史悠久，“永昌丝”曾一度驰名中外，畅销东南亚各国。但由于现阶段我区桑园大部分立地条件差、单产低、效益不高，且形不成规模，严重制约了该产业的发展。近年来，蚕茧价格的不断攀升、种桑养蚕业区域的转移和国家对蚕桑生产的重视，给我区发展蚕桑带来了良好的机遇。蚕桑生产是带动密集型产业，具有单位土地面积投入少、产出高、见效快的优点。各级各部门要抓住这一有利时机，大力发展蚕桑。为加强蚕桑生产基地建设组织领导和协调服务工作，区政府成立“隆阳区蚕桑基地建设领导小组”。区政府张锭副区长任组长，区人大主任方文凯任副组长，保山茧丝绸公司、区农苗款，桑苗款由县农业开发公司借贷垫付，农户以3.6%的年息承担贷款本息，从2001年农户交售蚕茧起，由乡（镇）蚕桑办分三年按20%、40%、40%的比例，分期从农户茧款中连本带息扣回交县农业开发公司。

（二）蚕种由县农业开发公司统一提供，蚕种款由项目乡（镇）蚕桑办负责向农户收取交县农业开发公司，乡（镇）蚕桑办在每期蚕种供种前1个月根据乡（镇）用种计划向县农业开发公司统一订种，并预交三分之一蚕种款，三分之二蚕种款待农户交售蚕茧时一次扣清。

（三）建盖蚕房按“大农业用地”批办，使用木材由有关乡（镇）统计后上报县林业局统一审批。

（四）蚕茧由县农业开发公司根据国务院蚕茧收购指导价，按云南省蚕茧等级质量标准进行全额收购。

（五）县上每年按全县鲜茧购销总量，以10元/担标准从农特税中提取发展基金，发展基金专用于扶持和扩大全县蚕桑产业的发展。

三、具体措施

（一）各乡（镇）和农科部门，要充分发挥职能作用，强化服务意识，认真搞好技术配套服务工作，切实抓好对桑农的技术指导和培训工作，努力提高农户种桑养蚕水平，保证服务到位。

（二）县农业开发公司要认真抓好蚕茧收购工作，在蚕茧收购前，要组织好收购资金，保证全部收购和不打白条，如县农业开发公司不能按质论价收购和全部收购农户鲜茧，农户将不予偿还公司为农户垫支的桑苗款及蚕种款。

（三）年终，县上对蚕桑种植乡（镇）进行统一考核，对按计划完成种桑面积的乡（镇），每亩奖励6元；对按计划完成交售鲜茧任务的乡（镇），每担奖励12元；对未完成计划种植面积的乡（镇），按未完成亩数，每亩扣发每位乡（镇）领导和工作人员工资12元；对未完成计划交售任务的乡（镇），按未完成数每担扣发每位乡（镇）领导及工作人员工资20元，所扣发工资由县财政直接从核拨乡（镇）人员工资中年底一次性扣除，用于全县蚕桑发展基金。

二○○一年一月九日

昌宁县人民政府关于2008年蚕桑产业发展的意见

昌政发〔2007〕90号

各乡、镇人民政府，县直各办、局：

为调整优化农业产业结构，拓展增加农民收入渠道，抓住机遇，因地制宜，培植发展我县蚕桑产业。经县委、县人民政府研究，现就2008年蚕桑产业发展提出以下意见：

一、指导思想

以邓小平理论、“三个代表”重要思想和党的十七大精神为指导，贯彻落实科学发展观，紧紧抓住国家实施“东桑西移”的政策机遇，依托资源优势，通过政府扶持、企业带动、科技创新，实现布局区域化、种植规模化、生产标准化，因地制宜培植发展蚕桑产业，有效促进农民增收，为加快社会主义新农村建设提供产业支撑，为全县经济社会又好又快发展做出新的贡献。

二、发展优势

（一）种桑养蚕，自然条件适宜。我县雨量充沛、光照充足、土地肥沃，具备较好的土地及自然气候资源优势，是蚕桑适宜生长区。部分群众有过种桑养蚕尝试，且获得成功，有一定群众基础。本市的隆阳、施甸有较丰富的种桑养蚕经验，便于学习借鉴。随着近年来市场需求和龙头企业的带动，蚕桑效益不断提高，农民种桑养蚕积极性高，产业发展市场潜力大、前景广阔。

（二）蚕桑是一项长效经济作物。桑树一年种多年生，桑园种植投产，受益期达20年以上。蚕桑产业属劳动密集型产业，我县人多地少，发展蚕桑产业可为农村劳动力提供较多的就业机会，实现多层次增加收入。

（三）蚕桑产业是一项多极循环利用的产业。蚕桑产业符合国家产业发展导向，蚕桑资源可在桑、蚕、丝三个生产层次中对各种产物有所侧重的分级利用或进行多层次的开发利用，生产多个终端产品，具有较好的生态效益和经济效益，有利于现代农业建设和实现可持续发展。

（四）有产业龙头企业作支撑。云南保山利根丝绸有限公司是“东桑西移”“浙商入滇”在保山市投资开发建设蚕桑基地和丝绸加工业的首家企业，公司集原料基地、蚕种繁育、蚕茧收烘、茧丝加工销售为一体，2006年被认定为云南省农业产业化龙头企业，对群众生产的丝茧敞开收购，具有较强的带动支撑能力。

三、目标任务

2008年，全县完成新植桑园10100亩，年养蚕5050张，产茧15.15万公斤，实现农业产值303万元。其中：田园镇新植桑园3000亩，养蚕1500张，交售鲜茧4.5万公斤，实现农业产值90万元；勐统镇新植桑园2500亩，养蚕1250张，交售鲜茧3.75万公斤，实现农业产值75万元；湾甸乡新植桑园2000亩，养蚕1000张，交售鲜茧3万公斤，实现农业产值60万元；漭水镇新植桑园2000亩，养蚕1000张，交售鲜茧3万公斤，实现农业产值60万元；柯街、卡斯、鸡飞、翁堵、更戛、大田坝六乡镇分别完成示范种植面积100亩，养蚕50张，交售鲜茧0.15万公斤，实现农业产值3万元的蚕桑生产任务。

四、主要措施

(一)工作措施

1.提高思想认识。蚕桑产业是我县着力培植的一项重要新兴产业，随着国家“东桑西移”工程的实施，为我县发展蚕桑产业带来了难得的机遇。各有关乡镇要抢抓机遇，乘势而上，把蚕桑产业作为农民增收、财政增长的一项长效、生态产业来抓，进一步统一思想认识，坚定发展信心，克服困难，扎实工作，确保按时按质按量完成桑园种植任务。

2.加强组织领导。一是县委、县政府对应市委、市政府成立蚕桑产业领导小组。二是设立蚕桑产业办公室在县农业局，由农业局局长兼任办公室主任，工作人员从农业、林业、粮食、移民、科技等部门抽调，抽调人员工作与原单位脱钩，专门负责抓好全县蚕桑产业发展。三是适时成立财政全额拨款的蚕桑科技推广站，按工作需要核定人员编制，负责抓好全县蚕桑产业发展科技推广工作。四是各有关乡镇和县直有关部门要切实加强对蚕桑产业发展的领导，乡镇相应成立蚕桑产业领导小组，组建蚕桑办，做到主要领导亲自抓，分管领导具体抓，工作人员专职抓。县直单位及上述驻昌单位按挂钩乡镇、村的要求，积极主动做好相关服务工作，抽派专人挂乡驻村抓好蚕桑产业发展。

3.整合项目资金。积极向上级争取产业政策扶持，整合农业切块资金、农业综合开发、扶贫开发、新农村建设、科技发展等项目资金投入，多方筹集产业发展资金加大投入。

4.建设示范样板。县蚕桑办要做好新植桑园样板的规划，协助各乡镇做好100亩的乡级样板和50亩的村级样板(村级样板每年每个乡实施一个村)规划，样板面积要做到良种良法一体化，能有效辐射带动种桑养蚕技术推广。

5.营造良好氛围。各乡镇和县直有关部门要结合1万亩蚕桑基地建设目标，广泛开展好对农户的宣传发动工作，要将发展蚕桑产业在增加农民收入、发展农村经济中的重要作用和各项政策宣传到位，激发起广大农户种桑养蚕的积极性，营造蚕桑基地建设良好氛围。

6.严格奖惩考核。4个重点种桑养蚕乡镇蚕桑产业组组长、副组长（1人）、乡镇农业综合服务中心主任各交押金3000元，经验收完成桑园种植和交茧任务，给予押金2倍数额的奖励，其中50%作为面积考核，50%作为鲜茧交售量考核；完不成任务押金转为产业发展基金。全县完成桑园种植和交茧任务，给予县产业组5万元的奖励。

（二）技术措施

1.制定技术规范。制定《种桑养蚕实用技术问答手册》和《种桑养蚕主要技术规范流程表》，发放到种桑养蚕乡镇、村组、产业工作人员、辅导员和种桑养蚕农户，统一标准，规范操作，严格落实种桑养蚕各项科技措施。

2.科学规划布局。为确保蚕桑产业如期发挥效益，在新植桑园的规划上，要真正做到因地制宜、合理布局、相对集中连片，最大限度地体现规模效益。要选择立地条件相对较好的地块种桑，户均规模达2至5亩，保证蚕桑生产的适度规模经营和效益。

3.推广优良品种。桑园种植上重点推广农桑系列良种，蚕品种以适宜本地推广的高产蚕品种为主，重点推广小蚕一日两回育、大蚕一日三回育、自动上蔟等省力化养蚕技术，并严格按照桑树栽培技术操作规程进行开槽、施肥、定植、浇水、盖膜、定干、防治病虫害。

4.加强技术指导。县、乡、村层层举办种桑养蚕科技培训班，召开科技培训会，组织干部群众到隆阳区、施甸县考察学习，邀请两区县科技人员到我县讲授种桑养蚕实用技术，确保技术培训到位。统一配备60名技术辅导员，经培训合格持证上岗后，负责进村入户指导好种桑养蚕技术，确保种桑养蚕各环节技术落实到位、指导到位。

5.做好种苗供应。县蚕桑办要根据蚕桑产业发展的需要，做好年度桑苗、蚕种等定购、供应到户工作，在桑苗定购上，采取招投标的方式确定苗价和供苗商，确保桑苗、蚕种质量。

五、扶持政策

（一）保山利根丝绸有限公司扶持政策。

1.凡按“小蚕共育技术规程”新建的标准化小蚕共育室，经过验收合格每平方米补助100元，凡利用住房改造加温设施的普通型小蚕室，每座一次性补助1000元。

2.以奖代补，每饲养一张蚕种奖励县蚕桑办2元、乡镇蚕办3元，用于蚕桑工作经费；按每期蚕种饲养量，平均每张种交售鲜茧量在30~35公斤，每担鲜上茧奖励20元，35公斤以上的每担鲜上茧奖励25元，奖金按4∶3∶3的比例分别兑现给乡镇、村、组。

3.承担蚕桑辅导员和小蚕共育户的培训经费。

4.按照"随行就市、优质优价、劣质低价、不打白条"的收购政策，蚕茧收购最低保护价为每公斤鲜上茧15元。

(二)县级扶持政策。

1.蚕桑技术辅导员根据实际需要配备，今年全县控制在60人以内，由县蚕桑办负责管理，月工资500元，保山利根丝绸有限公司承担400元，县蚕桑办承担100元，每个月实发300元，200元作为年终考核，公司负责部分按月拨到县蚕桑办，由县蚕桑办发放。

2.每栽植1亩嫁接桑，给予种桑农户每亩300元的补助款；每栽植1亩杂交桑，给予种桑农户每亩150元的补助款(包含2.5公斤地膜补助)。

3.海拔在1500米以上的地区需建地火笼增温养蚕的养蚕室，经验收合格，每平方米补助10元。

4.田园镇、勐统镇各举办县级样板一块，要求连片面积不低于300亩，各补助2万元。

5.新建示范大蚕房田园镇、勐统镇、漭水镇、湾甸乡各500平方米，验收合格后按每平方米补助40元。

6.第一次蚕种由县蚕桑办跟保山利根丝绸有限公司统一订购后赊供给农户，每张蚕种价格为35元，交茧后从农户交茧款中扣回蚕种款。

二〇〇七年十二月二十八日

二、蚕桑基地协议书

关于建设云南省保山市5万亩高产蚕桑基地协议书

甲方：云南省保山市人民政府

乙方：浙江海宁丝绸集团有限责任公司

为抓住国家西部大开发机遇，加强东西部合作，促进保山市农村经济的稳步快速发展，甲乙双方本着优势互补、互惠互利、共同发展的原则，就建设保山市5万高产蚕桑基地有关问题进行友好协商，达成如下协议：

一、为进一步加快保山市产业结构调整步伐，确保农民增收，按照农业产业化发展的要求，由乙方在保山注册"保山丝绸公司"(以下简称公司)作为龙头公司，甲乙双方在保山市共同开发建设5万亩高产蚕桑基地，采取以小基地带动大基地发展的模式进行开发建设,由公司租赁保山市西邑乡八鸭塘5000土地作为基地,力争在3~5年内带动全市桑园面积发展到5万亩,5年内每亩年均产值1000元。

二、关于建设保山市西邑乡八鸭塘5000基地的有关问题。

(一)甲方同意保山茧丝公司独资投入1000万元建设保山市八鸭塘5000亩高产蚕桑基地,并为基地建设提供最优惠的政策和快捷高效的服务。

(二)由甲方成立保山市万亩蚕桑建设协调领导小组,由一名政府领导任组长,抽调有关人员组成办公室,配合公司做好八鸭塘基地的有关协调服务工作和面上的推广工作。

(三)由公司租赁保山市西邑乡八鸭塘土地5000亩进行开发,三年内土地价格甲方给予适当优惠,按每亩70元由公司向村、社集体承租,每亩高于70元以上的部分由甲方负责,三年后,按不高于100元/亩的价格由公司向村、社集体承租。三年内,灌溉用水以实际栽种面积每年每亩按5元由乙方支付,电费由甲方进行协调,按每千瓦小时不高于0.50元价格给予优惠。

(四)公司在开发建设蚕桑基地过程中,可以享受国家对西部发中税收优惠政策和保山市委、政府《关于加快农业产业结构调整的意见》(保发〔2000〕44号文)等优惠政策,具体优惠措施另行协商确定。

(五)由甲方负责向国家和云南省政府申报项目给予支持,包括财政拨款、银行贷款等,并保证以上资金全部纳入公司项目开发中。

(六)地租赁期限为15年,若需延长期限,双方重新签订协议,在同等条件下,公司有优先租用权。

(七)协议签订后,乙方应立即着手保山茧丝绸公司的筹建工作,包括合同、章程的制订,资金筹措、开展规划、计划和实施方案等;甲方协助乙方办理工商注册登记和税务登记等有关手续。

三、在公司独资建设蚕桑基地的基础上,双方着力合作推进保山5万亩蚕桑基地建设,由公司提供技术指导和信息服务,保证全额收购蚕茧,实行最低保护价收购,最低保护价每公斤上茧12元,政府出台政策保护投资者的利益,本着谁扶持谁收购的原则规范市场行为,目标5年内每亩平均产值1000元左右,5年以后,每亩平均产值1500元左右,保农民收入。甲方负责全市总体规划,宣传发动,组织实施、引导农民种桑养蚕。

四、本协议未尽事宜,双方协商解决。

五、本协议壹式陆份,甲乙双方各持叁份。

六、本协议自签字盖章之日起生效。

施甸县蚕桑基地协议书

协议单位：

甲方：施甸县人民政府，地址：云南省保山市施甸县县城甸阳中路。

法定代表人：谷正兴（县长）

乙方：浙江海宁丝绸集团公司，地址：浙江省海宁市海昌路75号丝绸大楼。

法定代表人：沈锦清（董事长、总经理、党委书记）

双方经过充分协商、讨论，本着互惠互利，兼顾政府、公司、农户三者利益的原则，决定携手合作共同发展施甸蚕桑产业，特达成如下协议：

一、自本协议签订之日起，甲方负责宣传发动群众种桑养蚕，因地制宜连片规划地块，总目标是用3年时间建成2万亩优质桑园。

二、甲方将原有基地基础设施无偿提供乙方使用，并负责今后桑园基地基础设施投入。

三、甲方协助乙方搞好蚕茧收购烘烤站的租赁、筹建工作，并保证乙方在收购、烘烤期间水、电、路能正常使用。

四、甲方有义务维护蚕茧收购秩序，维护乙方正当的合法利益，禁止桑农外销或县外企业、商贩抢购蚕茧。在本协议有效期间，甲方不得与任何一家企业签订蚕桑种植、蚕茧收购协议。

五、甲方负责建立县、乡、村三级技术网络，调动各级干部和技术员抓好种桑养蚕技术培训和指导工作。

六、甲方负责协调桑农种桑养蚕的经营贷款，2003年种桑面积达一亩以上的，甲方给予每亩400元的贷款全额贴息，贴息期限为一年，贴息执行时间从桑农获得贷款之日起计算。

七、在2005年2月底前进行种植的，甲方将出台相关政策，对桑农进行扶持。

八、乙方在施甸县依法注册登记一个独立经营核算的蚕桑公司，并按照国家颁行的《茧丝流通管理办法》有关规定，获得相应收购资格后，在施甸辖区内依法统一收购桑农的蚕茧。

九、乙方实行蚕茧最低保护价收购，鲜上茧最低保护价为每公斤12.00元，在保护价的基础上，收购价格实行随行就市保证现收现付，不打白条。

十、乙方提供种桑、养蚕的技术资料，并配合甲方抓好技术培训工作。

十一、乙方出资在甲方所辖的由旺镇和仁和乡各建一个蚕茧收购烘烤站，并于

2003年5月起开始收购蚕茧。

十二、原施甸县蚕桑公司3600亩桑园基地划归乙方作为原料基地，乙方一次性给每亩田桑40元、地桑30元的补助。

十三、农民缴纳的农业特产税从2006年开始计征，由乙方代扣代缴，在征收过程中由甲方负责协助乙方开展工作。

十四、从2003年起，新植桑园经甲、乙双方验收合格后，由乙方每亩给予乡镇补助工作经费10元。

十五、桑苗由乙方协调联系，其价格按市场行情由甲、乙双方协商确定。

十六、本协议有效期15年（从2003年3月至2018年3月止）。

十七、违约责任：若一方违背本协议条款，则由违约方承担相关法律责任。

十八、本协议未尽事宜，由甲、乙双方协商解决。本协议一式四份，甲、乙双方各持二份，经甲、乙双方代表签字，并加盖甲、乙双方公章后生效。

三、产业发展规划

保山地区蚕桑开发规划（1992—2000年）

蚕桑产业自古以来就是我区的一独特产业，具有自然条件适宜、种桑养蚕的历史悠久、产品的社会知名度高的优势。蚕桑产业是劳动密集型产业，具有占地少，单位土地面积产出高、投入少、见效快的优点，是坝区人民奔小康的一条致富门路，也是缓解坝区人多地少这一矛盾的好途径，蚕桑业的发展在振兴保山经济和从温饱型向小康型经济转化中必将发挥一定的作用。要使我区蚕桑业稳步健康发展，必须要有一个切实可行的、完善的蚕桑业开发规划，才能达到《保山地区国民经济和社会发展十年规划和第八个五年计划》提出的：“合理布局、稳步发展，争取列为省级蚕茧生产基地，不断提高蚕茧产量，使每亩的产茧量由现在的47公斤，增加到1995年的67公斤，2000年75公斤的目标”，基于此宗旨，蚕桑业规划是在以资源为基础、市场为导向、效益为中心、项目为支撑的原则上进行的，为各级领导和部门提供科学依据和决策方案，争取对我区蚕桑生产开发给予重视和支持。

（一）蚕桑开发现状

1.蚕桑生产的分布

我区自然条件十分适宜栽桑养蚕，素有“栽桑养蚕天堂”之称，但1990年全区有蚕桑生产的县（市）仅有保山市和施甸县。

2.栽桑养蚕技术

本区桑树养成形式,60年代以前多为乔木养成,大多栽于四边隙地,每亩400~600株不等,70年代后,学习苏、浙太湖地区经验,推广桑园“三增”(增株、增拳、增条)、“四改”(改高杆为低杆、改劣种为优种、改稀植为密植、改靠天桑为旱涝保收桑)。低杆密植为中心的桑园栽培技术的发展不仅大幅度提高了桑叶产量,而且缩短了桑园投产时间,提高了桑叶的产量质量,控制了桑树的主要病虫害,逐步建立起一批稳产高产桑园。

养蚕技术方面,进行了布局的调整,主要是增养夏秋蚕,提高桑叶利用率,中华人民共和国成立前只有春秋两批,现改为春、夏、中秋、晚秋四批,夏蚕比重由50年代占总产量的60%增至90年的75%。夏秋蚕的推广是亩桑产量提高的主要因素,也是养蚕技术进步的综合体现。饲养技术方面,改变了过去的老法养蚕和50年代采用的小蚕期高温干燥多回育,逐步推广由防干纸育到炕房育、小蚕立体育等适合生长发育的保温保湿省力养蚕法,大大节约了活劳动和物化劳动、同时通过贯彻“预防为主,综合防治”方针,坚持常年不懈地消毒防病,基本上控制了各种蚕病,尤其是蚕品种的不断更新换代,对提高茧质,增加产丝量具有决定性的意义,现在饲养的“青松×皓月”“渐雷×春晓”“781×802”“云1×云2”等当家多丝量品种与解放初期的老品种相比,茧丝产质量有明显提高。

3.丝绸加工

1956年的保山市丝绸厂,现拥有960绪立机配套设备,年加工鲜茧200吨,年生产丝25吨,织机60台,年织绸40万米,与80年相比织绸能力增长7.5倍,生丝生产能力增长92.3%,而全区蚕茧产量1990年仅50吨(其中收购44.6吨),与80年相比,不仅没有增长,反而减少了16%,全区蚕茧收购数就加工能力而言,自给率仅22.3%,按满负荷生产计算,一年少生产白厂丝19.4吨,少收利税70万元。原料不足严重制约了我区丝绸工业的发展,影响蚕桑业经济效益的发挥。

4.技术推广机构

蚕业技术推广机构初具规模,培养造就了一批技术队伍,形成初级服务网络。但也存在明显不足,一是技术力量薄弱,现全区从事蚕桑专业的技术干部仅有13人,无农艺师,更无高级农艺师。二是由于体制分割,主要为社会效益服务的农业部门不能从丝绸行业的创汇中得到扶持,造成行业间的苦乐不均,蚕桑技术推广部门资金、物资严重不足,生产、试验设施陈旧落后,缺乏最基本的工作手段,蚕桑技术骨干大量流失,严重阻碍了蚕桑水平的提高。

5.蚕桑在国民经济中的地位

蚕桑生产虽然在我区历史悠久,享有盛名,但近年来一直未受重视,生产不景气。1990年全区蚕茧产值仅55万元，完成工业产值352万元，实现利税56.5万元。由此看出蚕桑其产值和利税在国民经济中所占的比例甚微，未能发挥出这一传统产业在振兴保山经济中应起的作用。

（二）开发指导思想

我区发展蚕桑生产的指导思想是：以市场为导向，效益为中心，加工为龙头，技术为依托，进一步优化调整产业结构，充分利用本地资源，抓住试点示范，完善服务，加快蚕茧基地建设的同时致力于深度开发和综合利用，逐步建立起具有较高科技手段和一定规模的、成龙配套的、高质量高效益的区域性优势产业体系，使之成为我区又一后续支柱产业，为重振西南古道丝绸，为建设出口创汇"持续农业"，为发展保山经济做出贡献。

（三）规划期时间与开发目标

建立蚕茧基地、除必要的资金、土地等生产要素投入外，还需要较长的时间投入。蚕茧产量的各期规划目标和实施方案都必须切合实际，量力而行，符合目标与市场，速度与效益统一的原则。

根据我区丝绸工业生产现状，开发利用条件，发展蚕桑基地拟采用10年为期分三个阶段进行。

第一阶段为积极平衡阶段，即以现有加工设备能力进行平衡，发展桑园至3000亩，年产茧200吨，亩产茧67公斤，时间为1992—1993年。

农民所得：按现行价10元/公斤计，总产值200万元，扣除27.5%的物化、成本，实际纯收入145万元。

工业所得：缫丝工业按8吨鲜茧1吨丝计，可产出23dtex（20/22D）3A级生丝25吨，以目前市场中性价格吨丝16万元计，产值400万元，利润按4.8%计算为19.2万元。绸缎万米售价6万元，40万米产值240万元，利润按3.1%计算为7.44万元，丝绸工业利润合计26.64万元。

外贸所得：目前国际上吨丝价约为3.6万美元，按现行汇率5.75折人民币20.70万元，生丝按50%出口计算，12.5吨丝创汇45万美元，加上外汇牌价与调剂价的差额，外贸利润至少在50万元。

地方财政收入：按5%的农林特产税、15%的生丝产品税、15%的织绸产品税率计，财政收入10万元。

第二阶段为均衡发展阶段，市丝绸厂实现"八五"计划，使总量上缫丝达2500绪，织机达100台，实现这一目标需同步发展桑园至8000亩，年产茧560吨，亩产茧70千克，时间1994—1995年。农工贸利润614.64万元，其中农业利润406万元，工业利润

68.64万元，外贸利润140万元，财政收入268万元。

第三阶段为积极发展阶段，桑园发展至1.5万亩，年产茧1125吨，亩产茧75公斤，丝厂加工能力在“八五”基础上翻一番，时间1996—2000年，农工贸利润实现1235万元，其中农业利润816万元，工业利润138万元，外贸利润281万元，财政收入544万元。

（四）基地建设途径

农产品的总量增加与否，取决于种植面积、亩产水平这两个变量，因此建设基地实现规划目标的方案也应从这两大变量选择。

1.扩大桑园面积走外延式发展道路

扩大桑园面积有两条途径可供选择，一是在现有耕地上做文章，即通过土地种植结构调整，扩大区域性生产规模，二是开发山地后备资源向荒山荒地要面积，这两条途径，前者投资省、见效快、利在眼前，后者投资大，周期长，利在长远。

2.挖掘增产潜力，提高单产，走内涵式发展道路

提高单产，也就是提高科技、管理和劳动力素质等各种投入要素及自然、社会条件和规模效应等非投入要素的综合产出指标。单位面积土地上的产出效率与蚕桑的发展相辅相成，只有提高单产，提高经济效益才能巩固基地，而只有发展和巩固基地才能为推广先进技术，推进系列化服务，提高经济效益创造条件，两者互为因果，互相促进，单产能否提高这是今后我区蚕桑生产能否巩固的核心问题。

提高单产的措施要点：

（1）提倡农户适度经营规模：农户的经营规模合理与否，是集约化经营的内在条件之一。经营规模过大，会超过农户资金、技术、劳力等经营能力，而转为粗放经营，使亩产水平下降。反之规模偏小，则可能由于蚕桑生产占农户的收入比重过小，经济地位偏低，而导致农户桑园培育和桑蚕饲养过程中重视不足，不能尽心尽力，同样也会成为粗放经营。据调查，以现有土地条件及生产技术和管理水平，家庭经营以3~5亩为宜，这样容易获取最佳经济效益。

（2）研究、推广高产技术，提高亩桑产茧量：桑蚕品种继续推广四大桑品种的同时，有针对性地引进抗病抗虫高产桑品种，继续深化一代杂交桑的利用，探索种子自繁自育措施及途径，要求新品种产量提高5%，叶质及抗性优良；做好蚕种品比试验工作，筛选出适合我区特点的当家品种，应用新型催青技术和设备，保证蚕种安全，提高单张茧量。养蚕配套技术确立和推广小蚕标准化共育、炕房育、立体育、少回育、大蚕简易化饲育，标准化饲育技术规范等高产、优质、省工、增收的养蚕技术。桑园管理和经营技术要求建立密植速成桑园，推广桑园管理栽培技术体系，总结应用不同地区亩产茧150~200公斤的高产栽培技术及其规律，低产桑园的改造措施；提高桑园光能利

用率和土地利用率的复合经营模式；应用桑园多元微肥及与有机肥结合的施肥技术，提高桑园地力和肥料报酬率。桑蚕病虫害防控要求加快我区桑蚕病虫害监测系统的建设，研究我区蚕桑主要病虫害发生流行规律及防治措施，筛选高效、低毒、残效期短的除虫新农药，应用新型蚕室、蚕具、蚕座消毒药剂，控制我区桑蚕病虫害的大面积危害，研究环境污染对蚕茧生产的影响及预防对策。蚕业技术经济要求应用科技研究成果，摸索我区蚕业生产的合理布局，集约化经营模式。

(3)提高农户的桑蚕饲养水平：普及提高蚕农培桑养蚕的技术素质，是实现亩桑蚕茧高产稳产的基础，是提高桑蚕生产经济效益和社会效益的重要手段，培养实用技术人才，除发挥政府部门作用外，应大力推动基地办教育、企业办教育，人才培训应列为基地验收的一项重要指标，企业办教育利益直接，覆盖面广，不仅包括企业职工，应扩展到相应的种植、养殖和流通领域。农民研究会、农民辅导员、科技示范户是培养基层实用技术人才的好形式，应根据产业发展条件，采用培训班、广播会发放科普资料、电视、录像、黑板报等多种形式，不断提高他们的技术水平，普及蚕桑科学技术，每年蚕改费的三分之一，丝厂、外贸利润的5%~10%要用于智力开发、技术培训，下决心，花力气，建设一支要求高、管理严、能真正发挥骨干作用的农民技术员队伍。

(4)强化系列化服务体系建设：科学技术应用于生产，变为生产力，要有合理的系列化服务网络，这是提高亩桑产茧量、提高经济效益不可缺少的环节。基地乡镇必须配备专职蚕桑辅导员，村级配备农民辅导员、农民技术员，有条件的乡村，应提倡由专业户、科技户为主成立“蚕桑研究会”，并给予必要的技术和经费扶持，通过他们把蚕桑科学技术送到千家万户；为了拓宽服务领域实行有偿服务，有必要创办“经营服务部”，按照“立足推广搞经营，搞好经营促推广”的原则，为农民提供产前、产中、产后的系列化全程服务，经营蚕种、蚕药、蚕用物资及蚕茧、蚕种、桑苗、农药、化肥等。服务部以蚕桑站领办，下设经销服务户，由热心蚕桑事业的专业户、科技户组成。他们一方面为蚕农提供栽桑养蚕生产资料，负责订种、发种，又担当起技术咨询服务和上门技术辅导工作，服务体系的建立可加速科技成果的推广应用，也有利于增强农业技术推广部门的经济实力，实力增强又有利于技术推广，有利于提高亩桑产茧量和经济效益。

(五)基地建设投资

1.投资方向：建设商品茧基地，需要适当投资，按目前现有蚕桑水平，育苗1亩可移栽桑园10亩，1亩桑园每季养1张蚕，至少需要9~10平方米的蚕室面积，每生产50~100吨蚕茧需要扩建一个相应的茧站，每生产20~25吨茧，需要配备一名蚕桑技术干部，每发展数千张蚕种需要建一个催青室，数万张蚕种需要建立一个蚕种场……由此可见，在计划发展一定数量桑园的同时，就得考虑到农民在桑园、蚕室、蚕具、蔟具方面的投资和养蚕应具备起码的设备条件，考虑到国家的投资和技术力量的配套等，只顾育苗、栽桑，不管养蚕设备、基本建设和各个生产环节的相应配套，蚕桑很难得到正常发展。

2.投资概算：我区1.5万亩商品茧基地，据调查和测算，需新建茧站8个，费用80万元，催青室4个20万元，丝厂扩建、设备和技术引进350万元，桑园建设200万元，桑苗及其他补助150万元，培训费50万元，累计国家投资850万元。

3.资金来源：投资主体由农户、工业、外贸和农业组成。蚕室、蚕具、蔟具和桑园建设中的投入部分由农户投资自行解决；帮助农户培育桑苗，种植新桑园，建立综示区和购置必要器械，蚕桑站引进技术，培训农民，种场提高蚕种质量、研制新品种所需费用，应争取使用农业厅商品茧基地专项资金和地县（市）配套资金；新建茧站、催青室，兴修水利、道路等基础建设所需的费用由地外贸局申请，争取使用省纺织品进出口公司“扶持外贸出口商品生产周转金”。周转金由外贸局贴息，丝厂使用，3~5年到期后由丝厂一次性偿还；省民委民族产品基金主要用于丝厂扩建、改造、设备及技术引进，考虑到丝厂负担较重，采用贴息贷款、税金还贷或税前还贷较为合适。

（六）政策和措施建议

1.提高认识、加强领导

人类生存和发展的需要以及有限资源退化加剧和环境污染的日益加剧，迫使当今世界各国抛弃过去单纯发展“有机农业”“生态水业”“生物农业”等道路而致力于“SARD”即“持续农业与农村发展”的研究与实施。“SARD”的内涵和目标是：首先，生产足够的食物和纤维来满足人类的需求；其次，保护和改善资源及环境；然后，在确保各物质生产发展的基础上，促进农业和农村各种产业综合发展，扩大农村就业机会，增加农民收入，根除贫困。

发展桑蚕业符合“SARD”的内涵和目标要求：

首先，我国蚕区多是粮食与养猪、养蚕结合形成“粮—猪—桑”或“桑基鱼塘”的农业生产结构，这种配置形式相互协调可促进桑蚕业发展和粮食丰收，可同时为人类提供充足的食物和丝绸纤维。其次，桑蚕业财政收入虽不及烟、庶等经济作物，但在农业结构中它与农业和其他副业相结合，可以充分利用农家现成的房屋、农具、生产资料、剩余劳力进行物质能量的综合利用，可为农村提供较多的就业机会，为农民创造较高的经济收益，因此从社会就业效果和农村脱贫致富角度考察，桑蚕业明显优于烟、庶等产业。第三，桑蚕业在水土保持、防风、固沙、提供能源、保护森林、促进生态平衡维护环境与养分的永续良性循环方面，具有其他行业无法比拟的优越性，因此发展桑蚕业可确保资源得到有效利用并保持资源具有持久的开发潜力，桑蚕业由于其有较高的经济效益、社会效益和生态效益，是当今世界持续农业和农村发展的优势产业，所以，发展蚕桑已不是恢复传统产业的事，而是人类生存和发展的需要。因此，在产业结构调整中，粮、烟、蔗、茶、桑应各有其地位，今后桑园发展，在合理安排粮食和其他经济作物的同时，要选择土质较好、水利条件优越、交通便利的地方栽桑，以利于提高桑叶产量，保证蚕茧质量。桑园要成片发展，集体经营，形成稳定的经济规模，集中管理，集中投资，获取最大模效益，要结合山、田、水、林、路综合治理，保护环境，防止烟草中毒，农药污染和大气污染，走高产、优质、高效的发展道路。

2.组建丝绸公司，实行贸、工、农一体化经营管理体制

丝茧出口换汇高，对国家贡献大，但就各环节、各部门来说，利益分配是不平衡的，如以3吨干茧折1吨丝计，外贸利润至少在3万元，丝绸厂0.768万元，农业仅0.225万元，贸农利益相差十多倍，而且这种不平衡的现象还有进一步发展的趋势。真丝绸产品属国家指令性控制的计划出口商品，历来由国家丝绸进出口公司主渠道经营，而蚕茧生产和加工则又由地方错综复杂的职能相关部门负责，这种扭曲的经营方式最大弊病在于责、权、利相脱节，经营不过问生产，蚕桑生产发展与否完全取决于外贸，当外贸形势有利时，公司常实行垄断经营，生产部门并没有因蚕桑发展而增加多少实惠，而当产品滞销或认为过剩时，外贸一是撒手不管，“风险”“包袱”由生产部门一边承担；二是对蚕茧收购采取不当的行动，牺牲农民利益，打击农民积极性，出现挖桑转产，使地方投入大量人力、物力、财力发展起来的事业毁于一旦，从而挫伤农民和地方政府发展蚕桑的积极性。为了协调各部门利益，促进我区蚕丝事业健康发展，建议组建丝绸公司，丝绸公司作为一个综合性经济实体，下辖蚕桑技术指导站、收茧站、丝绸厂……公司以市场为导向，对茧丝绸生产、加工、销售、科研、服务实行统一管理，从而全面提高整个产业的经济效益，增加蚕桑投入，促进该产业的壮大和发展。

3.重视科研，培养人才

一个行业科学技术进步程度，决定着这个行业的兴衰。要充分认识到资源的作用是有限的，资源的优势是相对的，只有依靠科技进步，不断提高蚕茧的生产质量，提高经济效益，才能在商品竞争日趋激烈的形势下立于不败之地。为此，必须对科技投入实行保证性倾斜，一是建立和完成蚕业科研推广体系，配备必要的仪器设备；二是要保持课题经费和人员的相对稳定性；三是要加速人才的培养，建设好二支队伍，即蚕业科技研究队伍和技术推广管理队伍，其方法是让全区流失到各部门的蚕桑技术骨干归队，发挥专长，发挥技术优势，同时对现有在职人员进行有计划的轮训，更新知识。要有计划地不断培养、补充新生力量，防止断层和后继无人。

4.必要的扶持配套政策

要改变过去普遍无偿扶持为重点有偿扶持，要把扶持与经济效益挂钩，自然条件和社会经济条件确实具备的县、乡、村、户都要通过签订合同，对受扶持对象提出具体要求给予必要的有偿扶持。一是丝绸公司建立蚕桑风险基金，对栽桑、养蚕、蚕茧、厂丝实行“保险制度”。丝绸公司每年拿出一定比例的利润，返还给乡村、农户，扶持发展原料茧基地。二是对农户栽桑养蚕头三年免税，第四年起征收特产税、农业税全免。三是解决桑种育苗和化肥的经费问题，1980年省政府曾制定过有关政策，凡种活一株桑补助0.03元，现在有必要恢复这一补助，并提高到种活一株桑补助0.05~0.08元，桑地需大水大肥，化肥必须保证，今后每年对肥料要给予一定补助。四是贷款问题，种桑养蚕需一定的资金，特别是蚕房修建、水利设施配套所需资金较大，政府应给予贷款和适当补助。

5.加强蚕业综合开发实验区工作

选建蚕桑综合开发实验区，可促进蚕桑科技与生产紧密结合，使科技迅速转化为生产力，取得良好的社会、生态和经济效益，从而极大地激励领导、干部、群众发展蚕桑生产的积极性。办好蚕业综合开发实验区也是搞好蚕业开发必不可少的前期工作，通过开展技术、生产、流通相结合的试验示范，摸索“持续农业”开发模式，创办高产、优质、高效蚕业示范基地，不仅可验证和提升蚕业规划成果，而且能够指导和推动更大规模的区域开发和农村经济发展，因此必须加强领导和管理，对实验区建设给予必要的扶持。

蚕桑发展区域规划（2004—2015年）

（一）发展思路

围绕产业振兴和富民兴保的目标，充分发挥比较优势，着力扶强扶大龙头企业，建立健全“种养加、产供销”一体化的产业化运行机制，扩大开放，内引外联，积极争取多方支持，以项目开发带动产业发展，按照区域化布局、规模化种植、产业化经营的要求，强化新技术引进示范推广，把产业发展转到依靠科技进步上来，把保山建设成云南省优质原料茧和商品蚕丝的生产、加工和出口基地，使蚕桑成为又一支柱产业，重振永昌古道丝绸雄风。

（二）发展目标

根据我市蚕桑生产现状、开发利用条件，按照稳步发展的原则，发展目标及主要指标为：2004年，发展桑园至5万亩，亩产鲜茧25公斤，年养蚕3.75万张，产鲜茧1250吨，年生产桑蚕丝150吨，生丝等级4A~5A；2010年，确保全年有效桑园面积达10万亩，饲养蚕种15万张，平均亩桑产茧50公斤，鲜茧产量0.5万吨，生丝产量500吨，茧丝出口创汇250万美元,工农业总产值达1.5亿元以上;2015年,桑园面积稳定在10万亩,平均亩桑产茧量由50公斤提高至100公斤,鲜茧产量达1万吨,农民蚕茧收入1.2亿元。

(三)区域布局及重点

根据蚕桑对生态条件的要求,结合区划研究成果,我市蚕桑产业发展布局为:隆阳区板桥、西邑、辛街、汉庄、金鸡、河图、丙麻7个乡镇;施甸县由旺、水长、保场,仁和、旬阳5个乡镇;腾冲县荷花、团田、五合、芒棒、上营、中和6个乡镇。共18个乡镇列为蚕桑基地乡镇进行重点开发建设,要求每个乡镇发展5~6个蚕桑专业村,每个村连片发展桑园不少于2000亩,年产鲜茧200吨以上,使蚕桑成为这些村的主导产业,构筑我市蚕桑优势产业带。

(四)重点建设项目

1.良种繁育基地建设。此项目由保山茧丝绸公司、施甸县农业开发公司承担,2004—2005年在隆阳区西邑乡八鸭塘、施甸县由旺镇中村建设良繁基地5000亩,其中品种实验基地50亩,杂交桑苗圃地950亩,嫁接桑苗圃地4000亩。项目建成后可提供一级杂交桑苗3000万株,优质嫁接苗4000万株,实现经济效益1500万元。该项目预计投资500万元。

2.收烘设施建设。建立蚕茧收烘配套设施,计划新建20个收烘茧站,方便农户就地交售鲜茧,每个茧站计划投资119万元。

3.缫丝厂建设。2004—2005年,在隆阳区板桥镇建设自动缫丝机15组10000绪及其配套设备,设计年产白厂丝600吨,工业产值1亿元以上。需征地50亩,建筑面积3万平方米,投资概算4020万元。

(五)主要对策措施

1.大力推进产业化经营。蚕茧生产是为丝绸纺织事业提供原料的第一车间,企业要发展,农民要增收,必须建立起"公司+基地+农户"的产业化经营机制,形式上可实行直接参股、合同约定、保护价收购和二次返利等,下一步应解决好三大问题:一是龙头企业要做强,鼓励构建跨市、县,甚至省的规模化、一体化经营实体;二是切实解决好工、农的紧密连接,要通过一体化经营实体加大对种桑养蚕环节的投入和科技服务引导,下大力气解决蚕桑生产等农业基础薄弱的问题,把蚕桑技术服务和技术进步作为重点来抓,使农民真正融于"工"和"贸"的整体运行和利益之中;三是加快体制改革,整顿收购秩序,依法打击惩处对蚕桑生产无投资、无服务,自身又无资金、无收烘场所的"四无"茧贩子,为产业一体化经营营造良好的外部环境。

2.重视科研,培养人才。进一步提高蚕桑行业的运行质量和整体效益,使蚕丝产业化经营顺利进行。一是建立和完善蚕业科研推广体系,配备必要的仪器设备、工作设施；二是有计划地培训现有人员更新知识，积极培养和引进蚕桑技术人才、经营人才，补充新生力量，防止断层或后继无人；三是继续按照云政发〔1994〕261号文件规定提取蚕桑技术改进费，由技术部门用于良种引进、品种试验、技术培训、方格蔟推广、病虫害综合防治研究、省力化养蚕技术示范推广等，使我市蚕桑生产技术不断得到提高。

3.建立蚕桑风险储备金，稳定蚕茧价格。蚕桑产业的发展受国际、国内市场影响较大，尤其是对国际市场的依存度较高。过去我市蚕桑几起几落，很重要的一个原因就在于没有建立蚕桑风险储备金，茧丝价格一旦连续下滑，蚕茧收购部门往往采取“压级压价”不正当手段，损害农民利益，出现挖桑转产的现象，使地方投入大量人力、物力、财力发展起来的事业毁于一旦。

4.实施种桑养蚕科技工程。普及提高蚕农种桑养蚕的技术素质，是实现蚕桑高产稳产的基础，是提高蚕桑经济效益的重要手段。培训实用技术，除发挥政府部门作用外，要大力推动基地办培训、企业办培训。

5.制定扶持奖励政策。按照扶持龙头企业就是扶持农民的要求，加大对龙头企业的扶持力度。要把经济扶持与经济效益挂钩，把过去分散无偿扶持改为集中有偿和无偿结合扶持。由龙头企业对受扶持对象提出具体要求，在种桑建蚕房、添置蚕具方面给予适当资金补助，免费培训指导蚕桑生产技术，有偿提供蚕种、蚕药等生产资料，不打白条实行保护价收购蚕茧。政府部门要把发展目标、产茧任务列为乡镇行政考核内容，业务部门也要提出单产质量等经济技术指标，作为科技干部的岗位责任，年终进行检查评比奖励。

保山市“十二五”蚕桑产业发展规划

蚕桑产业是我市传统优势产业，在促进农民增收、加快农业产业化、新型工业化和城镇化中发挥着重要作用。我国蚕桑产业正呈现出“东桑西移”的格局，为西部地区发展茧丝绸业提供了良好的发展机遇。为充分利用保山市得天独厚的自然条件和区位优势，根据省委、省政府“加大力度，把蚕桑产业打造为云南省后续的优势生物产业，充分发挥云南省蚕桑产业的比较优势，重点培育一批上规模、上档次的贸工农一体化企业，建设一批有较强竞争力的生产、出口基地，增加农民收入，把云南建设成为全国最大的优质原料茧和高品位生丝加工出口基地之一，将蚕桑产业发展成为我省继烟、糖、茶、胶等传统产业之后的又一特色优势产业”的要求和《云南省蚕桑产业发展规划》《云南省人民政府关于加快蚕桑产业发展的意见》及中央新一轮西部大开发和云南省“两强一堡”战略的精神，结合保山实际，制订本规划。

（一）发展思路

按照“政府推动、企业带动、市场牵动、四级联动、农民主动、整体出动”的发展思路，重点建设蚕桑核心基地乡（镇）、重点村（组）和蚕桑专业合作社，巩固提升老桑园，加快发展新桑园，依靠科技进步，提高亩桑效益，大力扶持龙头企业，开发新产品，实现蚕桑副产物综合利用，加速产业化进程，把保山建成云南省优质蚕桑基地和茧丝绸纺织工业基地。

（二）基本原则

1.坚持市场主导、政府推动的原则。以市场需求确定蚕桑产业发展方向，推进产业结构调整和生产要素整合，发挥农民在蚕桑生产、企业在加工环节的主体作用，加强政府在统筹规划布局、产业政策环境、公平竞争市场秩序的宏观指导。

2.坚持龙头带动、集群发展的原则。大力发展“公司＋基地＋农户”等经营模式，实行全方位、多层次开发，突出规模和质量并重、速度和效益并举，促进粗放经营向集约化经营转变。

3.坚持优化布局、突出重点的原则。立足长远，统筹规划种植基地和加工生产布局配置。通过扶持重点蚕桑基地、重点蚕丝加工企业，带动产业全面发展。

4.坚持依靠科技、人才支撑的原则。以技术进步为根本，人才队伍建设为支撑，强化良种、良法和茧丝加工等研发、创新和推广应用，构建科技推广服务体系，逐步实现对蚕桑的深度开发和综合利用，提升产业竞争能力和综合效益。

5.坚持外引内联、开放合作的原则。坚持“引进来”和“走出去”相结合，积极承接产业转移，引进先进企业、资金、科技和管理经营人才。大力开拓国际市场，扩大丝绸产品直接出口规模。

6.坚持发挥优势、打造品牌的原则。充分发挥生产条件优越、产业比较效益显著、区位优势突出的优势，争创保山蚕茧、丝绸品牌，靠质量、品牌打市场，提高保山蚕桑产业的市场地位。

（三）主要目标

到2015年全市建成优质蚕桑基地30万亩，养蚕45万张，产茧1.6万吨，生丝产量达到1000吨，坯绸产量600万米，丝绵被15000条，实现农业产值4亿元，工业产值6亿元，工业增加值1.8亿元，税收3000万元，利润3250万元。改造中低产桑园面积10万亩，建设20个蚕桑核心基地乡（镇）、100个重点村（组）、20个蚕桑专业合作社，带动农户6万户。将保山建设成为云南优质原料茧和高品位丝、绸加工出口基地，将蚕桑产业发展成为继烟、糖、茶等传统产业之后的又一特色优势产业。

（四）规划布局

1.蚕桑基地规划布局。“十二五”期间，按照“因地制宜，突出重点，统一规划，集中连片，规模发展”的原则，并综合考虑其他农作物规划，蚕桑基地主要布局在隆阳区、施甸县、昌宁县三个县区的两大区域。

（1）最适宜区（海拔1400~1800米）。是我市栽桑养蚕最适宜区域，年均温16~20℃，此区域规划为隆阳区、施甸县、昌宁县的多数坝区乡镇，介于低热河谷和冷凉山区之间所有区域。主要包括隆阳区的板桥镇、瓦渡乡、瓦窑镇、西邑乡、辛街乡、丙麻乡、汉庄镇、河图镇、金鸡乡、蒲缥镇、水寨乡的部分村组等；施甸县的由旺镇、仁和镇、甸阳镇、何元乡及旧城的山区村等；昌宁县田园镇、漭水、勐统、更戛、鸡飞、翁堵、大田坝等。

（2）次适宜区（海拔1800米以上部分区域）。为我市的少部分冷凉山区。此区域适宜发展的产业少，产业之间争地矛盾不突出，经济来源不多，贫困面较大，农民用心做，发展蚕桑容易成功。此区域发展规划为隆阳区板桥镇的长岭岗村、柴河村、西山三乡的部分村、组等，施甸的太平镇、姚关镇、酒房乡、水长乡大山脚村等，昌宁县漭水、田园镇等群众积极性高的山区。

2.蚕种场布局。“十二五”期间，巩固提升年生产能力30万张的云南保山利根丝绸公司蚕种场，使之扩大供种规模和进一步提高蚕种质量，以满足全市及周边州市用种需求。

3.工业发展规划布局

（1）收烘站。“十二五”期间，在项目实施的34个基地乡（镇）新建鲜茧收烘站25个，改建、扩建原有9个收烘站，以满足该区域内蚕农就近售茧的需要。

（2）生丝加工基地布局。“十二五”期间，新建昌宁10组、施甸5组两个缫丝厂，使全市达到三个缫丝厂35组14000绪缫丝生产线，形成以隆阳区为中心的生丝加工基地；继续深挖丝绵被省内、外市场需求潜力，扩大丝绵被生产销售，将保山建设成为云南最大的优质原料茧和高品位生丝加工基地之一。

（3）丝绸加工基地布局。扩建云南保山利根丝绸有限公司300万米丝织生产线，达到年产坯绸600万米生产规模；积极招商引资，以保山中心城市和面向南亚、东南亚国际大通道建设为依托，以西部大开发和“桥头堡”建设为契机，建立保山丝绸工业园区，发展丝绸印染、服装深加工及副产品开发，延伸产业链，提升产业竞争力，增加综合效益。

（五）重点建设内容

1.优质蚕茧生产基地建设

（1）桑水工程建设。以桑园集中连片的主产区和生产基地为重点，加快水利设施建设。在山区和干旱地区，大力开展以集雨为主的“五小”水利工程建设。在有条件的地区大力推广喷灌、滴灌等高效节水技术，扩大灌溉面积，提高灌溉保证率，使基地县桑园有效灌溉率达到50%以上。

（2）新植桑园建设。从2011年起，继续选择优势区域，高起点、高标准新建高稳产桑园，每年不低于2.5万亩，力争到2015年建成新桑园30万亩。通过桑园沟渠、道路、水池、水窖等设施建设及对桑苗、农膜的补助，确保新桑园每亩产叶量达到1500公斤、产茧100公斤以上。

（3）中低产桑园改造。结合中低产田改造项目，实施10万亩中低产桑园改造，从2011年起每年改造2万亩，到2015年通过良桑嫁接改造、老树更新复壮、缺塘补株、新植、改土、改水等措施，每亩产叶量达到1500公斤、产茧100公斤以上。

（4）推广桑园合理间作套种。因地制宜，大力推广桑园立体种植技术，扩大合理间作套种面积，间作套种面积达到50%以上，提高土地产出率和综合效益。

（5）鲜茧收烘站和蚕种催青室建设。按照每万亩桑园建设1个鲜茧收烘站的标准，新建鲜茧收烘站25个，改建、扩建原有9个收烘站；在原有2个蚕种催青室的基础上，昌宁新建1个100平方米的蚕种催青室，从而达到每个县区1个。

（6）蚕房建设。按每30亩桑园配套建设一个100平方米的小蚕共育室，到2015年共新建小蚕共育室4700个（47万平方米），确保小蚕共育率达到100%；按照每1亩桑园配套建设10平方米大蚕房，新建16.4万亩桑园、164万平方米的大蚕房。每个大蚕房配套修建一个消毒池和购置一台消毒机具。

（7）桑、蚕良种繁育基地建设。建设1000亩标准化、专业化的桑树良种繁育基地；巩固提升年生产能力30万张的云南保山利根丝绸公司蚕种场，加快培育产量高、质量优、抗性强的桑、蚕新品种，完善家蚕良种繁育体系，全面提高良种供给能力。

2.做大做强龙头企业

按照“扶优、扶强、扶特”的原则，新建昌宁10组、施甸5组两个缫丝厂，使全市达到三个缫丝厂35组14000绪缫丝生产线，年产生丝1000吨；推行“公司+农户”“公司+蚕农合作组织+农户”“公司+基地+农户”等农民乐于接受的模式，实现产业化经营。鼓励龙头企业通过股票上市、兼并、联合、重组等方式，主动加强与国内外蚕桑产业重点龙头企业的战略合作。以最优惠的政策、最宽松的环境、最优质的服务引进丝绸集团，利用其先进的经营理念、管理水平和营销网络，建设具有世界丝绸最新生产技术，具备自主创新能力，并与蚕桑基地建立紧密产业链关系的丝绸精深加工的蚕桑企业集群和工业园区。坚持走“节本增效、多元开发、综合经营”之路，实行全方位、多层次开发，延伸产业链，增加产业附加值。推动蚕桑产业由原料生产为主逐步向缫丝、织绸、服装等后续产业发展，加快蚕桑产品如桑叶、桑葚、蚕沙等综合利用的研究和开发,进一步挖掘蚕桑资源在保健、药用、食品、造纸、饲料等领域的用途,培育蚕桑分支产业,推进单一蚕桑生产粗加工型向精、深加工型高附加值产业升级。

3.科技创新和推广服务体系建设

通过实施现代农业蚕桑体系建设,加快引进推广桑蚕新品种,大力推广应用小蚕共育、方格蔟上蔟、省力化养蚕和桑园间套种等先进实用技术,加快新型蚕药和蚕机具的研发推广应用。编制桑、蚕、种、茧、丝等质量标准,建立健全质量标准化体系。构建市、县、乡、村四级蚕桑技术推广服务网络,建立健全蚕桑病虫害防控体系,开展蚕农技术培训,多层次培养引进蚕桑专业人才。

4.市场开拓和品牌建设

支持企业通过"走出去""引进来"的方式建立相对稳定的国际销售网络,鼓励有基础、有条件、有能力、有关系的企业采取"借船出海"方式,以海外直销、代理、加盟、连锁等现代营销方式,构建保山茧丝绸走向国际市场的多元渠道,有条件的企业到境外,特别是东南亚、南亚投资建厂,在猴桥中缅经济合作实验区建立云南茧丝及丝织品交易中心,拓展我市茧丝绸产品国际市场。挖掘传统丝绸文化,积极培育国内消费市场,培养和吸纳更多优秀的营销人才,举办茧丝绸产品博览会、推介会,加快国内丝绸产品专卖店建设,打造营销网络,扩大我市茧丝绸产品知名度,打造知名品牌,把蚕桑产业建设成为开放式大产业。

(六)政策措施

1.加强领导,进一步统一思想

我市是中国向西南开放桥头堡建设的重要前沿,区位优势明显,是种桑养蚕的最适宜区,种桑养蚕历史悠久,市场前景广阔,龙头企业茁壮成长。"十二五"期间,我市将紧紧抓住国家实施新一轮西部大开发和云南桥头堡建设的战略机遇,坚定发展蚕桑产业的信心不动摇,发展目标任务不改变,加强领导,进一步统一思想,加快发展。建立和完善蚕桑产业考核奖惩机制,制定科学的蚕桑考评体系和奖补办法,将蚕桑发展主要指标列入年度综合考核的主要内容。同时,由公司、物价部门、市农业局蚕桑办协商制定全年蚕茧收购基准价和市场浮动价,完善蚕茧价格机制,提高蚕农收入,努力把保山建成云南省重要的蚕桑基地和茧丝绸纺织工业基地。

2.加大投入,落实优惠政策

"十二五"期间,蚕桑产业继续作为重点产业列入市财政预算,在蚕桑重点村建设、方格蔟推广、小蚕共育室、大蚕房建设、省力化活动蚕台、病虫害统防统治和技术培训等方面给予扶持。多渠道积极争取国家和省的项目资金,整合农业、农业综合开发、水利、中低产田地改造、扶贫、林业、小额信贷等项目资金,加大对桑园水利基础设施建设、中低产桑园改造、桑树良种繁育、鲜茧收烘站、蚕种催青室、缫丝厂建设、丝绸印染、服装生产等新产品开发项目给予立项扶持，支持龙头企业做大做强。同时要加大税收、土地、金融支持等优惠政策的落实力度，推动蚕桑产业持续健康发展。

3.强化科技，健全服务体系

加强蚕桑科技服务体系建设，充实科技推广队伍力量，建立健全市、县、乡、村四级蚕桑科技服务体系，加大乡级基层蚕桑专业技术人员配置，确保蚕桑科技创新、技术推广、技术培训等经费投入。加强技术培训，提高蚕桑科技含量。加强蚕桑辅导员队伍管理，严格推行绩效考核，充分调动其工作积极性和主动性。全面推广小蚕共育、方格蔟、省力化活动蚕台育、病虫害统防统治等技术，积极推广大棚养蚕技术。加大桑园间套作技术推广，以短养长，提高综合效益，增加农民收入。

4.加强监管，规范市场秩序

引进先进的蚕茧收烘技术和设备，推广蚕茧电子收购仪评级，做到按质论价，优质优价。推动建立行业协会和各种合作组织，建立企业与农民的利益共同体机制，引导协会和企业在规范经营行为、价格协调、利益分配、行业管理等方面发挥作用，杜绝压级压价、克扣斤两、打白条等不良现象，公平合理收购，保护蚕农利益，宽松发展环境。按照国家、省有关规定，加强蚕茧、蚕种市场管理，加大执法力度，加强对蚕茧收购交易行为的监管，严厉查处无证收购、非法经营行为。加强蚕种检疫和质量检验体系建设，维护和规范正常的生产经营秩序，确保蚕桑产业健康有序发展。

5.壮大龙头，提升产业竞争力

继续加大对龙头企业的扶持力度，充分发挥茧丝加工企业的龙头带动作用，大力推广以订单为纽带的“公司＋合作社＋基地＋农户”生产经营模式，鼓励龙头企业向合作社、蚕农签订单，实行“保护价收购、二次返利”等政策，与蚕农建立紧密的利益联结机制。同时，积极招商引资，引进丝绸印染、服装生产，蚕沙提取叶绿素、叶绿素铜钠盐，桑葚开发果酱、果酒，桑枝造纸、栽培食用菌等项目，实现蚕桑副产物的精深加工和综合利用，增加附加值，延伸蚕桑产业链，提升产业竞争力。

四、技术规程

保山市果桑生产技术规程

1 范围

本标准规定了果桑的建园条件、桑苗定植、桑园管理、桑果采收、粗加工等技术和相关指标。本标准适用于保山市果桑生产。

2 规范性引用文件

下列文件对于本标准的应用是必不可少的。凡是注日期的引用文件，仅所注日期的版本适用于本标准。凡是不注日期的引用文件，其最新版本（包括所有的修改单）适用于本标准。

GB 19173 桑树种子和苗木

NY/T 391 绿色食品产地环境质量标准

NY/T 393 绿色食品农药使用准则

NY/T 394 绿色食品肥料使用准则

3 定义

3.1 果桑

以结果为目的，果叶兼用桑树的统称。

3.2 幼龄树

果桑苗从定植到开花结果时期的桑树。

3.3 结果树

结过一次果实之后的桑树。

4 建园

4.1 种植区划

种植适宜区：海拔 1200~2000 米，年平均气温 13~16.5 ℃，≥10 ℃活动积温 2100~5500 ℃，年降雨量 1000~1700 毫米。

4.2 园址选择

园址的选择按 NY/T 391 规定执行。

4.3 园区建设

4.3.1 田间道路建设

合理规划机耕路和田间作业道路。

4.3.2 灌排水系统建设

建设进水渠道、排水渠道、蓄水池以及节水灌溉设备。

4.3.3 生产保障系统建设

包括农业生产设备、电力供应保障以及生产用房建设。

5 品种选择与苗木质量

5.1 品种选择

选择适宜保山市区域内种植的“云桑 2 号”“云桑 6 号”“粤椹大十”“白珍珠”“白玉

王”“红果2号”“台湾长果桑”等早、中、晚熟品种搭配。品种特性见附录A。

5.2 苗木质量

符合GB 19173规定，嫁接苗、扦插苗质量指标达3级及以上。

6 桑苗定植

6.1 栽植时间

当年11月至次年2月初桑苗发芽前进行定植。

6.2 栽植规格

株行距1.0米×2.0米，亩栽330株，或者株行距1.2米×1.8米，亩栽300株。

6.3 授粉树配置

配置5%左右的雄株作授粉树，授粉树呈梅花形或其他方法均匀分布于桑园。

6.4 栽植方法

6.4.1 种植槽

按种植行距、株距规格拉线挖40厘米×40厘米的种植沟。

6.4.2 施足基肥

每亩施入腐熟农家肥1000~2000公斤或商品有机肥500~1000公斤，另加施中、高浓度复混（合）肥40~60公斤。

6.4.3 苗木处理

桑苗定植前应酌情修剪苗根，剪去过长、破伤的桑根，剔除病虫苗，并用浓度为20%澄清石灰水蘸根5秒钟做消毒处理，大小桑苗分开栽种。

6.4.4 定植

相邻两行按照三角形对空栽植，深度以根颈部（即嫁接口）埋入土中7~10厘米为宜。先在种植沟内施入基肥，上覆约1厘米厚的表土，扶正桑苗，舒展根系，填入细土再握住苗木，轻轻向上提抖，最后把土踩紧踏实，栽植后立即浇透定根水，覆盖地膜，最后离地面25~30厘米定干。

7 桑园管理

7.1 幼龄树的管理

7.1.1 浇水

定植当年春天，果桑苗发芽以后灌一次透水，以后根据土壤墒情适时灌水。

7.1.2 留芽

新芽发出后，每株选留2~3个健壮芽，其余的芽全部抹除。

7.1.3 除草

雨季来临后，揭膜除草培土。

7.1.4 施肥

新梢长至20厘米高后，每株幼苗离根部15~20厘米处穴施尿素100克，7月中旬以后至落叶前，叶面喷施0.3%磷酸二氢钾2~3次。

7.1.5 病虫害防治

种植当年5月中下旬，用70%的甲基托布津1000倍液进行喷施。第2年早春桑树发芽前，喷波美4~5°石硫合剂。

7.2 结果树的管理

7.2.1 水分管理

春季萌芽期，是果桑的需水高峰期，当土壤含水量低于最大持水量50%时需及时灌水。雨季随时排尽桑园积水，避免桑树涝害。

7.2.2 摘心

挂果后对营养生长旺盛的枝条(20厘米以上)，留6片叶左右，摘去新梢顶部嫩芽。

7.2.3 摘叶

摘叶在3月上旬至5月上旬，当桑果快成熟时，如桑叶很密集，应将果桑枝条中、下部较密集的叶片适当摘除。

7.2.4 除草

采用黑色地布覆盖桑树行间抑制杂草生长。12月冬耕前，清除桑园内落叶、杂草。

7.2.5 施肥

符合NY/T394 A级绿色食品的规定。施肥方法见附录B。

7.2.6 病虫害防治

保山市常见病害主要有桑褐斑病、桑疫病、桑里白粉病、桑葚菌核病等；常见害虫主要有桑粉虱、红蜘蛛、桑螟、桑白蚧等。

7.2.6.1 防治原则

优先采用农业防治、物理防治、生物防治等方法，化学防治必须严格遵循农药安全间隔期。

7.2.6.2 防治方法

符合NY/T 393 A级绿色食品的规定。防治方法见附录C。

7.3 整形

7.3.1 整形要求

中干拳式树型养成，由主干和两层支干组成，树干高度100~120厘米。全树4~5个分枝，4~5个桑拳，10~12根桑条。

7.3.2 整形方法

第一年苗木定植后，离地面25~30厘米处剪去苗干即为主干。第二年桑果收获后，离地面65~70厘米处剪定，留2~3根枝条养成第一支干，第三年收果后离地面100~120厘米处剪定，每根支干留2~3根枝条养成第二支干，以后每年在枝条基部伐条，养成拳式中干树形。

7.4 修剪

7.4.1 修剪时期

修剪分夏剪和冬剪。夏剪于春季收果结束后或5月底前进行，冬剪在落叶后至发芽前进行。

7.4.2 夏剪

按照整形要求，选留好主干和两层支干，在春季结果枝基部进行剪伐，形成桑拳后，在支干拳部进行剪伐。同时去掉下垂枝、中心过密枝，内膛枝，四周均匀保留10~12个枝条。

7.4.3 冬剪

宜在12月下旬进行，剪去枝条顶端幼嫩部分，修剪病枝、枯枝，清除树上残叶。

8 桑果采收

鲜果含水率80%~85%，果皮极薄，不耐贮运和保鲜，且成熟后易脱落，需要及时采摘和加工。

8.1.1 采收时期

当桑葚刚刚由红变黑（白色品种果梗由青绿变黄白），果实接近该品种成熟的固有色泽时表明桑葚已成熟。

8.1.2 采收方法

清晨采果，采摘时佩戴口罩和手套，注意轻拿轻放，保证果实完整，并选用无毒、无异味、通风良好的竹篮或塑料筐（食品接触用）保存，避免挤压和暴晒。盛果期每天采收一次，结果早期和末期隔天采收一次。

8.1.3 包装

经人工选择分级后，采用聚乙烯（PE）薄膜自发气调包装。

8.1.4 储运

冰温贮藏（-0.6~-0.3℃）结合乙烯吸收剂保鲜运输鲜果。

9 粗加工

主要粗加工产品有桑葚干、桑葚汁、桑葚酒、桑葚醋、桑葚膏五大类。

9.1.1 桑葚干

工艺流程为：选果→烘干（温度控制在50~60℃，干燥时间8~14小时，含水率≤

11%。)→回软→筛选→包装→检验→贮运。

9.1.2 桑葚汁

工艺流程为:选果→选果热烫→打浆、护色→粗滤→调配→预热→胶体磨处理→均质→脱气→灌装→杀菌→冷却→检验→成品。

9.1.3 桑葚酒

工艺流程为:桑葚→清洗晾干→压榨→桑葚汁→主发酵3天→压滤→酒醪→后发酵→陈酿→调节→过滤→桑葚酒。

9.1.4 桑葚醋

工艺流程为:选料→清洗风干→备好底醋(可用米醋或陈年醋)和玻璃罐→将桑葚和底醋放入(比例4:5)罐内→阴凉静置3个月左右→装瓶食用。

9.1.5 桑葚膏

工艺流程为:选果→清洗除杂→破碎、榨汁→过滤→煎煮→加料煎煮→浓缩收膏→杀菌→装瓶→真空密封。

附录A

(资料性附录)

适宜保山市种植的部分果桑品种

品种	育成单位	品种特性
云桑2号	云南省农业科学院蚕桑蜜蜂研究所	早生早熟白桑种抗旱、耐寒性中等,桑果外形好、糖度高、口感好,适宜鲜食和加工使用。亩产桑叶2000公斤左右,产鲜桑果1000~2000公斤
粤葚大十	广东省农业科学院蚕业与农产品加工研究所	果叶兼用无核三倍体早熟品种。每亩产桑葚1500公斤左右,单芽果数5~6个,果型大,单果重3~4克,紫黑色,含总糖14.87%,果味酸甜可口,适合鲜食和加工。4月下旬成熟,采摘期30天以上。抗病性较强,抗旱耐寒性较差
台湾长果桑	台湾	果形细长,果长8~12厘米,果径0.5~0.9厘米,单果重6~7克,含糖量20%,甘甜爽口,具有四季结果的习性,果期3~4月,每亩产桑葚2500公斤以上,是观光采摘园不可缺少的珍贵品种

续表

品种	育成单位	品种特性
红果2号	西北农林科技大学蚕桑丝绸研究所	果桑专用晚熟品种。花芽率高，单芽果数6~8个，果型偏小，单果重3克左右，每亩产鲜果2000公斤以上。紫黑色，果味酸甜爽口，果汁鲜艳，含总糖14.8%，适合果汁、果酒加工。5月上旬成熟，成熟期30天以上。抗病性较好，适应性强
白玉王	西北农林科技大学蚕桑丝绸研究所	花芽率高，单芽果数5~7个，果实大，单果重5~6克，果色乳白色，汁多，甜浓味，含糖量高达20%，适宜鲜食。5月中下旬成熟，成熟期30天左右，每亩产桑葚1000公斤左右。适应性强，抗旱耐寒
四季果	台湾	枝条细长，花芽率高，单芽果数5~6个，果长3~4厘米，果径1.5厘米，长筒形，单果重4~6克，长圆形，紫黑色，汁多无籽，味酸甜适中，4月中旬成熟，采摘期25天左右

附 录 B

（规范性附录）

果桑施肥方法

施肥时期	肥料种类	施肥量	方法
催芽肥（桑树萌芽前）	生物有机肥	100公斤/亩	生物有机肥和氮磷钾复合肥二选一，离根部15~20厘米挖沟施入后覆土
	氮磷钾复合肥	(15:15:15)10~20公斤/亩	
壮果肥（青果期）	生物有机肥	50~100公斤/亩	离根部15~20厘米挖沟施入后覆土
壮果肥（青果期）	0.3%磷酸二氢钾	150~200克/亩	傍晚或阴天根外叶面喷施，每隔10天左右喷施1次

续表

施肥时期	肥料种类	施肥量	方法
采后肥（桑园夏伐后）	生物有机肥	100公斤/亩	根部15～20厘米挖沟施入后覆土
冬基肥（地上部休眠后）	农家肥或商品有机肥	1000～2000公斤/亩	离根部15～20厘米挖沟施入后覆土

附 录 C

（规范性附录）

果桑主要病虫害防治方法

病虫害种类	主要危害状	防治方法
桑褐斑病	初发时正面和背面可见暗褐色芝麻粒大小、水渍状病斑，后逐步扩大成黑褐色。病斑常连接成片，遇高温多湿或阴雨连绵时，腐烂、穿孔；干燥时，中部开裂，叶片枯黄脱落	1.冬季清除病叶，剪除病梢，消灭越冬病原 2.合理密植，雨后及时排水，增施有机肥，采果后及时夏伐 3.冬季用波美4~5度石硫合剂，10%石灰浆刷白枝干，消灭越冬病菌（安全间隔期15天） 4.采果以后发病初期，用70%甲基托布津或25%丙环唑1500倍液喷雾（安全间隔期2天）
桑疫病	缩叶型疫病发生在嫩叶和嫩梢上，叶向背面卷曲皱缩，新梢产生黑色裂口病，新梢畸形，甚至死亡，侧枝萌发丛生。黑枯型疫病侵染桑叶时，整个梢端呈黑褐色，发生烂头症；枝条感病后，出现粗细不等的棕褐色点线状病斑	1.及时剪除病枝、病梢、病叶深埋或烧毁 2.增施有机肥、磷、钾肥；防治害虫，减少虫伤，早秋季摘叶留柄，避免伤口 3.冬季用波美4~5度石硫合剂喷洒枝条和树干 4.开花初期用72%农用链霉素9～15克喷叶防治（安全间隔期7天）

续表

病虫害种类	主要危害状	防治方法
桑里白粉病	发病初期叶背出现许多白色、细小而分散的霉斑，随着病情发展，霉斑逐渐扩大，连成一片，严重时布满全叶背面	1.施足夏肥，早施秋肥，延迟桑叶硬化 2.合理采秋叶，防止老化，减少发病 3.冬季用波美4~5度石硫合剂喷枝条、树干，消灭越冬病菌 4.采果以后用70%甲基托布津1500倍液或70%甲基硫菌灵可湿性粉剂1000倍液，10~15天喷1次，连续2次（安全间隔期7天）
桑葚菌核病	桑树开花时病菌开始浸入，结果后果实颜色呈白色，有臭味，病果无商品和食用价值。发病迅速，感病后很快扩展	1.病果及时摘除，带出园外深埋；开沟降湿，减少病菌繁殖机会；深耕桑园，埋压菌核；剪枝增光，杀灭病原菌。黑布覆盖桑园，隔绝病原菌 2.鹊口期开始至盛花期选用70%甲基托布津1000倍液和25%丙环唑1500倍液交替喷施，每次间隔7~8天
桑粉虱	成虫群集新梢嫩叶产卵，幼虫吸食中部叶汁，出现很多黑色斑点，受害叶卷缩、干瘪、老化。幼虫常分泌蜜汁，滴落在下部叶面上，易诱发烟煤病	1.冬季清除枯枝、落叶、烧毁杂草，杀死越冬蛹 2.成虫群集新梢嫩叶上，网捕成虫 3.采果以后选用80%敌敌畏1000倍液喷叶（安全间隔期4天）
红蜘蛛	幼虫、若虫及成虫群集叶背吮食汁液，使叶组织萎缩，初害时叶正面出现黄褐色斑块，严重时全叶红褐枯焦	1.冬季清除落叶、杂草，消灭越冬成虫。全年勤锄桑园及周边杂草，减少滋生场所 2.采果以后发病初期用73%炔螨特3000倍液喷叶，以叶背为主（安全间隔期7天）

续表

病虫害种类	主要危害状	防治方法
桑螟	夏秋期1~2龄幼虫在叶背叶脉分叉处取食叶肉，3龄幼虫吐丝卷叶或将两叶重叠，藏在中间嚼食叶片绿色组织，仅留一层黄褐色透明表皮，俗称“开天窗”	1.杀虫灯诱杀成虫，人工捏杀卷叶、重叠叶内幼虫 2.冬季清除落叶、杂草，用黏土填塞树干裂缝，束草诱杀越冬老熟幼虫 3.采果后用桑蚕宝1000倍液喷杀（安全间隔期1天）。晚秋至初冬用20%杀灭菊酯乳油6000倍液重杀关门虫（安全间隔期90天）

昌宁县蚕桑种植技术规程

1 范围

本规程规定了桑园规划、品种选择、桑树栽植与树形养成、桑叶收获、桑园施肥、桑园管理及桑园病虫害防治。

2 桑园规划

2.1 环境设施

全面了解当地气象、水文、地理、土壤、环境污染、桑树病虫害等情况，选择水源充足、排灌方便、光照充足、通风良好、地面平整、坡度小于45度，远离烟尘、废气、烟草等污染源的地段，并以乡或村为单位统一规划发展连片桑园，配套建设道路、沟渠等设施。

2.2 土壤质地

栽桑的土地以壤土或砂壤土为宜。要求土壤肥沃、土层深厚，耕作层不少于25厘米。地下水位距地面1米以上，有机质含量1.5%以上，pH值6.5~7.5。土壤贫瘠的地块应采取挑客土、增施有机肥等措施进行改良。

3 品种选择

同一地块种植的桑品种要纯正一致。主要选用农桑14号、强桑1号。

4 桑树栽植与树形养成

4.1 栽植

4.1.1 栽植时期

桑苗落叶后至次年春季发芽前均可栽植。

4.1.2 栽植密度

田桑每亩种1100株，行距150厘米，株距40厘米；地桑每亩种1200株，行距140厘米，株距40厘米。

4.1.3 栽植方法

4.1.3.1 深挖种植沟

种植沟宽40厘米，深40厘米。

4.1.3.2 施足基肥

每亩施厩肥2000公斤以上。

4.1.3.3 整修苗根

桑苗定植前应修剪苗根，剪去过长、破伤的桑根，剔除病虫苗，大小桑苗要分开栽种。

4.1.3.4 桑苗定植

栽植深度以根颈埋入土5~6厘米为宜（即嫁接口上5厘米）。先在植沟内施入基肥，上覆约10厘米厚的表土，然后把桑苗放入预定位置，扶正桑苗，舒展苗根，填入表土覆盖，再捏住苗木，轻轻向上提抖，最后把土踩实，种完后应定干（将桑苗距地面10~15cm高度处剪去即为定干），剪口呈马蹄形与芽相差1厘米，再浇足定根水，然后进行地膜覆盖，根基部填满表土成碗口式，防止高温灼伤苗干。

4.1.3.5 种植后管理

桑苗定植后，当新梢芽长到15~20厘米时，选留位置适中的健壮芽2~3个，其余全部疏去，独芽的需要摘心。疏芽后及时追施尿素：每亩5公斤尿素兑水（100~150倍液）浇施或直接穴施尿素10~15公斤。雨下透后及时揭膜、中耕除草。遇干旱及时补水保苗。及时防治红蜘蛛、蚜虫、桑瘿蚊、桑蓟马等虫害。

4.2 树形养成

第一年桑苗栽植定干后，即养成主干，发芽后在主干上选留2~3个壮芽生长，当年冬季养成2~3根枝条；第二年春季发芽前，距地面30厘米剪去枝条，养成2根支干，发芽后每一支干选留2~3个芽生长；第三年春季发芽前，离地40厘米剪去枝条养成二级支干，发芽后每一支干选留2~3个芽生长，每株有8~10根枝条；第四年开始每年在枝条基部伐条，养成拳式低杆树形。

4.3 群体结构

每亩桑园留拳3000个，有效条8000~9000根，总条长10000米以上。

5 桑叶收获

5.1 采摘时间

早晨或傍晚采叶，不采日中叶，避免采湿叶。

5.2 适熟叶

收蚁当日选采新梢最大叶上一叶，1~2龄选采枝条上部适熟叶，3~4龄时采摘枝条中下部适熟叶，5龄期开始自下而上采摘，最后一批蚕养殖结束后，每根枝条上部保留5片叶，任其自然脱落。

6 桑园施肥

6.1 施肥目标

每亩年产优质桑叶2500公斤的桑园，纯氮施用量50公斤、磷20公斤、钾25公斤，氮、磷、钾比例10:4:5。土壤贫瘠的桑园应增施有机肥，并适当提高磷钾肥施用量。酸性土壤应施用碱性或生理碱性肥料，酸性重的土壤适当施用石灰，增施磷肥。春、夏、秋、冬四季施肥量分别占全年总量的25%、40%、15%、20%。

6.2 施肥时间、数量

6.2.1 春肥

第一次在3月中下旬施入，施肥量每亩尿素20公斤；第二次在4月中旬施入，施肥量每亩尿素15公斤、过磷酸钙50公斤、硫酸钾15公斤。

6.2.2 夏肥

第一次在夏伐后即施，施肥量每亩尿素20公斤、过磷酸钙50公斤；第二次在6月下旬至7月初施，施肥量每亩尿素30公斤、硫酸钾25公斤。

6.2.3 秋肥

在8月底前施入，施肥量每亩尿素20公斤。

6.2.4 冬肥

在桑树落叶后至土壤封冻前施入，施肥量每亩厩肥2000公斤。

6.3 施肥方法

6.3.1 沟施

厩肥等有机肥采取沟施，在行间开沟，沟深20厘米，施肥后及时覆土。

6.3.2 穴施

化肥及人粪尿采取穴施，施肥部位离树干30~45厘米，施肥后及时覆土，施肥穴位要轮换。

6.3.3 根外施肥

在日照不足等不良气候条件下，可采用尿素、磷酸二氢钾根外施肥。尿素浓度为0.5%，磷酸二氢钾浓度为0.2%，可单独施用或二者混合施用。根外施肥在阴天或晴天傍晚进行，每隔3天1次，连施2~3次。所用喷雾器和清水必须清洁无污染。秋季根外施肥可结合治虫进行，但不能与碱性农药混合使用。

7 桑园管理

7.1 排水与灌溉

雨后及时排水，长期干旱时，及时灌水。

7.2 除草

7.2.1 时间

全年3~4次，春季在桑树发芽前结合施用春肥春耕除草，夏伐施肥和夏叶收获前结合夏耕除草，秋季在杂草结实之前除草。

7.2.2 方法

7.2.2.1 人工除草

结合桑园翻耕清除杂草。

7.2.2.2 化学除草

在桑园杂草幼草期，用除草剂除草。每亩用10%草甘膦500~600克，加水50~75公斤，在晴天傍晚喷施，勿喷到枝条及芽叶上。

7.3 翻耕

桑园翻耕分冬、夏2次。11~12月进行冬耕，深度为15~20厘米，土块不打碎。夏伐后进行夏耕，深度为7~10厘米。

7.4 摘心

采取夏伐的桑园，在春蚕期2龄眠时摘去枝条顶端燕口状的嫩头，一般摘去一心一叶。先用先摘，迟用后摘，早用多摘，迟用少摘。摘下的芯叶带出桑园集中处理。

7.5 伐条

夏伐，在春蚕5龄期结合桑叶收获伐条。

7.6 疏芽

伐条后，当新梢长到3~5厘米，进行第一次疏芽；当新梢长到15厘米时，进行第二次疏芽。每拳留2~3根健壮枝条。

7.7 剪梢

在12月下旬至翌年1月上旬进行，剪梢后桑条平均条长为0.8~1米。

7.8 整枝、修拳

在冬季桑树休眠期，将桑树上的死拳、枯桩、病虫枝、细小不良枝条等修去。修剪下来的死拳、枯桩、解束的绳子都应带出桑园，集中烧毁。

8 害虫防治

在做好桑树害虫测报的基础上，以人工防治、农业防治为主，在虫害严重时选用合适的药剂进行防治，药械必须专用，使用方法（见表1、表2）。

8.1 人工防治

桑芽萌发时及时捕捉桑尺蠖等幼虫；清晨露水未干时打落捕杀叶虫类及金龟子；

傍晚用灯光诱杀害虫;春季摘芯防治桑瘿蚊。

8.2 药剂防治

3月中下旬发芽前喷药一次。

8.3 夏伐后防治

夏伐后及时进行白拳治虫,7天内防治完毕。

8.4 晚秋蚕结束后防治

晚秋蚕结束后及时进行农药封园。冬季进行翻耕、剪梢、整枝、修拳、除草,并清理出园及时烧毁。

9 病害防治

加强检疫,不从疫区购苗;选种抗病品种;挖除病株;加强水肥管理;采用人工和药剂防治相结合,药械必须专用,常见桑病防治(见表3)。

表1 药剂常规防治

防治适期		主要防治对象	选用农药品种	稀释倍数	安全间隔期(天)	注意事项及说明
时期	蚕期					
3月至5月		多种桑虫	73%炔螨特乳油	3000	10	
			80%敌敌畏乳剂	1000	7	
夏伐后	春蚕结束	桑象虫 桑蓟马 桑瘿蚊	50%杀螟松乳油+80%敌敌畏乳剂	1000	12	对所有夏伐桑、新种桑、春蚕余叶桑等全面进行喷治
7月中旬	夏蚕结束	桑尺蠖 桑蓟马	80%敌敌畏乳剂	1000	7	夏蚕上蔟后立即防治,以防早秋蚕中毒
8月上旬	中秋蚕前	桑蓟马 红蜘蛛	40%乐果乳剂	1000	7	分片轮流防治。防治桑蓟马要注意对枝条中、上部叶叶背喷湿
			73%炔螨特乳油	3000	10	
10月	晚秋蚕结束	各种越冬害虫	20%杀灭菊酯乳油	6000		桑树的树干、拳、条全部喷到

表2 常见害虫防治技术

害虫名称	药剂防治适期	选用农药	稀释倍数	安全间隔期(天)	综合防治措施
桑瘿蚊	6月上旬	80%敌敌畏乳剂	1000	7	1.翻土除草,杀死虫蛹 2.春季摘心,消灭第一代幼虫 3.顶芽喷药
	7月上旬				
	8月上旬	40%乐果乳剂	1000	7	
	9月下旬				
桑螟	6月上旬	80%敌敌畏乳剂	1000	7	1.冬季束草或堆草诱集越冬成熟幼虫 2.夏秋季用频振杀虫灯诱杀
	7月下旬				
	8月下旬				
	9月上旬				
桑象虫	4月上中旬	50%杀螟松乳剂	1000	15	1.整枝修拳,剪除枯枝枯桩 2.齐拳夏伐,减少半截枝
	6月上中旬				
金龟子	4月下旬至5月上旬	80%敌敌畏乳剂	1000	7	1.利用假死性,采用打落捕杀 2.有趋光性,可采用频振杀虫灯诱杀
叶虫类	4月下旬至5月上旬	40%乐果乳剂	1000	7	1.有假死性,清晨露水未干前打落捕杀 2.夏伐后留少数枝条不剪,诱集后捕杀
		80%敌敌畏乳剂	1000	7	
斜纹夜蛾	7月至8月	80%敌敌畏乳剂	1000	7	1.人工摘除卵块 2.捕捉幼虫
野蚕	6月中旬	80%敌敌畏乳剂	1000	7	1.冬季刮除枝干上的越冬卵 2.人工捉除幼虫,摘去虫茧
	8月上旬				
	9月中旬				
桑尺蠖	3月至4月上旬	80%敌敌畏乳剂	1000	7	1.人工捕捉,早春桑芽未发时捉越冬幼虫 2.束草诱杀
	6月上中旬10月下旬				
红蜘蛛	3月至11月	73%炔螨特乳油	3000	10	1.冬季清除枯枝落叶和杂草 2.在叶背喷水冲刷成虫

续表

害虫名称	药剂防治适期	选用农药	稀释倍数	安全间隔期(天)	综合防治措施
桑蓟马	4月至10月	40%乐果乳剂	1000	7	清洁桑园
		80%敌敌畏乳剂	1000		
桑粉虱	4月至10月	40%乐果乳剂+80%敌敌畏乳剂	1000	7	清洁桑园

表3 常见桑病防治技术

病种	防 治 方 法
桑萎缩病	40%乐果1000倍及时喷杀菱纹叶蝉
桑疫病	波尔多液0.6%~0.7%喷防，在发病初期可用土霉素或链霉素喷药防治
桑青枯病	1:50福尔马林或20%石灰水，进行土壤消毒
桑紫纹羽病	0.3%漂白粉液浸苗根30分钟，酸性土壤每亩用石灰150公斤
桑根结线虫病	二溴氯丙烷乳剂稀释10～15倍沟施，然后覆土，或亩施石灰150公斤并覆土
桑芽枯病	合理用叶，不偏施氮肥，增施有机肥，防创伤
桑褐斑病	50%多菌灵、70%甲基托布津1000～1500倍、25%丙环唑2500倍喷防
桑里白粉病和污叶病	70%甲基托布津或5%退菌特1000倍喷防

五、蚕桑生产统计表

表1 保山市1952—2020年蚕桑生产统计表

年份	桑园(亩)					蚕茧产量(吨)					发种量(张)
	合计	隆阳	施甸	昌宁	腾冲	合计	隆阳	施甸	昌宁	腾冲	
1952年	2.58万株					3.06	2.47				330
1953年						3.56	2.25				
1955年						23.5	18.45				
1956年	600		146			28.3	25.30				
1957年						23.5	18.45	0.71	3.15	0.10	
1958年						25					
1959年						20					
1960年						5.2	5.2				590
1962年	26	80				4.7	4.7				196
1963年	103	103				7.2	7.2				300
1964年	833	833				7.7	7.5	0.2			
1965年	4163	2463	1700			13.8	12.5	1.3			639
1966年	11100	6800	4100		200	31.9	22.5	9.4			1531
1967年	13200	8800	3800	500	100	59.2	44.2	15			1807
1968年	12300	8800	3200	200	100	54.2	39.7	14.5			3084
1969年	15984	13184	2500	200	100	63.8	53.8	10			3084

续表

年份	桑园(亩)					蚕茧产量(吨)					发种量(张)
	合计	隆阳	施甸	昌宁	腾冲	合计	隆阳	施甸	昌宁	腾冲	
1970年	10600	8800	1600	200	100	74.7	65.0	9.7			2200
1971年	10530	8830	1500	200	100	49.4	39.0	9.5			2500
1972年	10042	8942	1000	100		46.5	43.1	3.4			2300
1973年	4504	4404	900			63.9	59.1	4.8			2613
1974年	4900	4000	100			65.1	57.7	7.4			2990
1975年	5100	4000	1100			62	49.9	12.1			2635
1976年	5310	4200	1100			66.4	54.2	12.2			2821
1977年	5119	3784	1335			73.7	59.9	13.8			2530
1978年	5008	3680	1320		8	77.4	62.4	13.2			2630
1979年	3900	2586	1314			57.8	41.1	16.7			2039
1980年	3600	2400	1100		100	62	42.5	18.5		1	2401
1981年	3700	2478	1222			72	44.7	26.3		1	3143
1982年	3997	2662	1154		181	97	60.3	36.7		1	3700
1983年	3857	2666	1191			98.6	55.1	42.5		1	4175
1984年	3620		1209			89.25	47.3	41.95			3380
1985年	2262	1385	856		21	78.9	38.2	40		0.7	2970
1986年	1466	918	548			67.9	37.5	30.4			2091
1987年	1237	835	402			61	36.6	24.4			1762

续表

年份	桑园(亩)					蚕茧产量(吨)					发种量(张)
	合计	隆阳	施甸	昌宁	腾冲	合计	隆阳	施甸	昌宁	腾冲	
1988年	1130	747	383			46.8	27.1	19.7			1563
1989年	879	694	185			36.6	24.6	12			1534
1990年	770	577	200			50.4	34.6	15.8			1587
1991年	749	554	196			50.4	34.2	16.2			1744
1992年		664					33.1				1305
1993年	1545	1545					43.5				
1994年	2935	2935					78.7				2633
1995年	3550	3550					79.1				3451
1996年	7400	7400					78.7				2633
1997年	7400	7400					57.4				1959
1998年	2008	2008					46				
1999年	2007	2007					45.3				
2000年	1130	980	150				43.4				1414
2001年	2630	980	1650			57.1	52.3	4.8			1900
2002年	9521	5900	3621			117.3	87.3	30			3000
2003年	24661	20040	4621			276.4	220.4	56			8628
2004年	34458	25345	9113			637.4	538.4	99			20153
2005年	63439	49000	14439			900.6	701.6	199			28432

续表

年份	桑园（亩）					蚕茧产量（吨）					发种量（张）
	合计	隆阳	施甸	昌宁	腾冲	合计	隆阳	施甸	昌宁	腾冲	
2006年	74939	56100	18839			1706	1286	420			52615
2007年	94500	71500	23000			3000	1961	1039			83162
2008年	134587	91297	32100	11190		2999.5	1783.6	1120.4	95.5		77556
2009年	113506	59000	25000	29506		2163.7	1028.7	977	158		60904
2010年	129216	63154	30292	35770		2012.8	1020	676	316.8		61118
2011年	143106	73390	26005	43711		3004.9	1508	945	551.9		75849
2012年	171040	84430	34530	52080		3126	1591.2	872	662.8		79158
2013年	184382	89100	37700	57582		4042.2	1867.2	1152.3	1022.7		89800
2014年	200435	94100	41740	64595		4696.6	2117.2	1478.7	1100.7		103924
2015年	205315	96300	42700	66315		5581.6	2722.5	1620	1539.1		130603
2016年	201254	89500	43160	68594		6373.3	2950	1750	1673.3		142400
2017年	200585	88700	41510	70335		7225.3	3498.5	1770.7	1956.1		157038
2018年	201547	88700	39712	73135		6909.2	3465	1303	2140.9		147556
2019年	204679	109000	19269	75609	801	5014.7	2248	1141.7	1625	33.6	124200
2020年	165563	72000	17839	74280	1444	3953.6	2306.2	877.5	670.4	99.5	98546

表2 保山市2020年各乡镇蚕桑生产统计表

县(市、区)	乡镇	桑园面积(亩)	养蚕量(张)	鲜茧产量(吨)	鲜茧产值(万元)
隆阳区	板桥	10780	9665.5	412	1442.0
	金鸡	832	1811	79.7	279.0
	永盛	354	828.5	36.4	127.4
	辛街	423	512	22.5	78.8
	西邑	14395	10076	393	1375.5
	内麻	2597	2818.5	124	434.0
	瓦渡	4524	5006	220	770.0
	瓦房	18921	11500	506	1771.0
	蒲缥	2492	2156	95	332.5
	芒宽	4393	5176.5	212.2	742.7
	瓦马	11592	3801	167	584.5
	瓦窑	567	430.5	18.9	66.2
	汉庄	95	237	10.4	36.4
	水寨	88.5	207.5	9.1	31.9
施甸县	水长	3977.1	3072.5	122.46	432.28
	太平	24	19.5	0.44	1.54
	甸阳	223.9	494	19.72	69.45
	酒房	3850	1347	53.66	188.23
	由旺	6440.2	8937	355.60	1255.45
	仁和	3050	8121.5	323.02	1141.58
	何元	53	44	0.99	3.32
	旧城	114	30.5	1.05	3.62
	老麦	107	18	0.58	2.05
昌宁县	漭水	23014.8	5689.5	203.3	759.39
	田园	20874	4542.5	170.7	635.02
	勐统	15990.8	4887	153.2	562.67
	更戛	8604.8	2634	85.3	311.41
	大田坝	3632.1	1084	39.1	144.81
	柯街	2163.4	661	18.78	70.6
合计	29	164119	95808	3854.1	13653.1

表3　隆阳区蚕桑重点村2020年生产统计表

乡镇	村名	桑园面积（亩）	养蚕量（张）	鲜茧产量（吨）	鲜茧产值（万元）
板桥镇	长岭岗	2089	1506.5	67.8	237.3
	秋山村	820	506.5	22.8	79.8
	苏家村	1004	985	44.3	155.1
	卧佛村	1124	999	45.0	157.3
	西河村	2913	1777.5	80.0	280.0
	左所村	576	840	37.8	132.3
金鸡乡	育德	487.4	1010	45.5	159.1
	金鸡	281.6	723	32.5	113.9
西邑乡	西邑	1897.60	1425.5	64.1	224.5
	吴山	1095.00	996	44.8	156.9
	乌马	3723.00	4773	214.8	751.7
	补麻	1183.90	1142	51.4	179.9
	竹林	598.00	416.5	18.7	65.6
	铺门前	1305	684	30.8	107.7
丙麻乡	老南	695	573	25.8	90.2
	小寨	1264	1658.5	74.6	261.2
瓦渡乡	瓦渡村	2800	2372.5	106.8	373.7
	打坪村	342.5	499	22.5	78.6
	平场子	943	1364	61.4	214.8
	土官村	530	463.5	20.9	73.0
蒲缥镇	双桥村	247	313.5	14.1	49.4
	马街	651	790.5	35.6	124.5
	罗板村	212	485.5	21.8	76.5

续表

乡镇	村名	桑园面积（亩）	养蚕量（张）	鲜茧产量（吨）	鲜茧产值（万元）
芒宽乡	芒窝	637.2	2015	90.7	317.4
	空广	348.5	1010	45.5	159.1
	大门坎	391	764.5	34.4	120.4
	勐林	286	805.5	36.2	126.9
瓦房乡	干塘	2896.5	2010	90.5	316.6
	大陷坝	964	675.5	30.4	106.4
	徐掌	1657.5	610.5	27.5	96.2
	巴嘎	1795	1167.5	52.5	183.9
	麦庄	927	518.5	23.3	81.7
	油房	1599	1421.5	64.0	223.9
	水源	1771	1064	47.9	167.6
	瓦河	720	488	22.0	76.9
	白龙井	705.5	215.5	9.7	33.9
	梅兰山	899.3	293.5	13.2	46.2
	浪嘎	1187	611	27.5	96.2
瓦马乡	岩脚	3750	1900.5	85.5	299.3
	秧草村	1278	358.5	16.1	56.5
	小水井	410	189	8.5	29.8
	搭板桥	670	190	8.6	29.9
	安邦村	860	359	16.2	56.5
	下拉堡	148	225	10.1	35.4
	汶上村	300	192	8.6	30.2
合计	45	50982.5	43389	1952.5	6833.8

表4　施甸县蚕桑重点村2020年生产统计表

乡镇	村名	桑园面积（亩）	养蚕量（张）	鲜茧产量（吨）	鲜茧产值（万元）
由旺镇	永福	1500	2081.6	82.82	292.45
	大庄	280	388.5	15.46	54.59
	坡脚	690	957.5	38.10	134.53
	华兴	683	947.8	37.71	133.16
	木榔	670	929.8	37.00	130.63
	常村	672	932.5	37.11	131.02
	银川	890	1235.0	49.14	173.52
	中村	380	527.3	20.98	74.09
仁和镇	查邑	857	2399	95.41	337.17
	苏家	746	1865	74.17	262.12
	土官	351	877.5	34.90	123.33
水长乡	九条沟	1486	1248	49.74	175.58
	兵斗	626	585	23.32	82.31
	水长	1241	1042	41.53	146.60
酒房乡	后寨	1204	220.5	8.78	30.81
	垭口	667	150	5.98	20.96
	沙子	1253	630.5	25.12	88.11
合计	17	14196	17017.5	677.27	2390.98

表5　昌宁县蚕桑重点村2020年生产统计表

乡镇	村名	桑园面积（亩）	养蚕量（张）	鲜茧产量（吨）	鲜茧产值（万元）
田园	新城	2140	758	26.1415	97.70
	右文	1525.5	335	14.217	53.08
	四角田	4508	1280.5	51.7416	192.02
勐统	长山	7094.5	3104	97.8531	358.84
	刺竹山	1295.7	727.5	24.076	89.05
漭水	明华	4153.5	1983.5	64.58	238.9
	联福	3406.3	539	20.49	75.88
更戛	打瓦	2113.2	1257.7	39.68	143.18
	小街子	1902.7	780	24.92	91.49
大田坝	华严	2198	860.5	32.52	121.02
合计	10	30337.4	11625.7	396.2192	1461.16

参考文献

[1] [晋].常璩.华阳国志[M].重庆出版社,2008.

[2] 杨沛.施甸县几种嫁接培苗方法成活和成长调查及今后培苗的几点意见 [J].云南蚕桑讯,1981(4).

[3] 寸可昌.保山地区蚕病为害及控制意见[J].云南蚕桑讯,1982(3).

[4] 杨沛,杨锡珍.首次方格蔟试验小结[J].云南蚕桑讯,1985(4).

[5] 寸可昌.家蚕种小容积催青[J].云南蚕桑通讯,1986(4).

[6] 叶元柏,等.中国桑树栽培学[M].上海:上海科学技术出版社,1985.

[7]杨沛.保山蚕桑生产史略[J].云南蚕桑讯,1987(4).

[8] 邓士俊.云南省志·农业志[M].昆明:云南人民出版社,1998(22).

[9] 宋蜀华.论西南丝绸之路的形成作用和历史意义[D]. 北京:中央民族大学,1996(6);6-10.

[10] 高镇仁.保山地区志·中卷[M].中华书局出版,1998.

[11] 保山地区农牧业志.

[12] 保山地区工业志.

[13] 保山地区对外经济贸易志.

[14] 保山地区综合农业区划.

[15] 黄兴奇.云南作物种质资源[M].昆明:云南科技出版社,2007.

[16] 杨旭.保山茶叶志 [M].昆明:云南民族出版社,2013.

[17] 黄先智.中国桑树生态产业研究[M].北京:中国农业出版社,2017.

[18] 张泽.云南桑树病虫害防治 [M].昆明:云南科技出版社,2018.

[19]李宗华.穿越时空的古道[M].德宏:德宏民族出版社,2019.

[20] 罗坤.云南蚕业志[M].昆明:云南科技出版社,2019.

[21] 永昌道遗址[EB/OL].百度百科.

[22] 茶马永昌道[EB/OL].保山新闻网.

[23] 隆阳区标准化技术手册.

[24] 施甸种桑养蚕实用技术.